边缘工作流系统

Edge Workflow System

李学俊　徐　佳　刘　晓　杨　耘　著

科学出版社

北　京

内 容 简 介

全新的分布式计算范型——边缘计算给支撑业务流程管理的工作流系统技术带来了新的挑战。本书探讨了在边缘计算环境中设计和开发工作流系统（即边缘工作流系统）的解决方案。本书分为两部分，共 8 章。第一部分从边缘工作流系统的需求、架构、基础功能和服务质量等角度进行详细阐述。通过分析边缘计算环境架构、软件架构和系统架构，详细介绍了边缘工作流系统的设计。同时，讨论了边缘计算环境中构建工作流系统所需的模型和基础功能，并重点探讨了边缘计算和云计算环境下的服务质量管理。通过边缘工作流系统 EdgeWorkflow，全面展示了边缘计算环境中工作流系统的设计和实现过程。在第二部分中，本书结合智慧物流领域的最后一公里配送场景，介绍了边缘计算环境中的任务卸载、服务组合和入侵检测方面的解决方案。

本书是边缘计算、工作流系统、服务计算及相关课程的参考书，适用于高等院校软件工程、分布式计算及业务流程管理等相关专业与方向的本科生、研究生，也可供软件工程、人工智能等专业的研发人员参考。

图书在版编目（CIP）数据

边缘工作流系统/李学俊等著. —北京：科学出版社，2024.6
ISBN 978-7-03-078298-4

Ⅰ.①边⋯ Ⅱ.①李⋯ Ⅲ.①无线电通信–移动通信–计算–业务流程
Ⅳ.①TN929.5

中国国家版本馆 CIP 数据核字（2024）第 061305 号

责任编辑：蒋 芳 曾佳佳/责任校对：任云峰
责任印制：张 伟/封面设计：许 瑞

科学出版社 出版

北京东黄城根北街 16 号
邮政编码：100717
http://www.sciencep.com

北京中石油彩色印刷有限责任公司印刷
科学出版社发行 各地新华书店经销

*

2024 年 6 月第 一 版 开本：720×1000 1/16
2024 年 6 月第一次印刷 印张：14 3/4
字数：300 000

定价：119.00 元
（如有印装质量问题，我社负责调换）

序

业务流程管理(business process management，BPM)是一种优化和改进组织内部业务流程的管理方法和技术，以提高效率、降低成本、增加灵活性和响应能力，并增强用户满意度。工作流系统是业务流程管理在自动化和规范化业务流程方面的范型。它是业务流程管理的一种具体实现，旨在通过软件和技术手段来支持、执行和监控业务流程，从而提高业务的效率和质量。边缘计算是一种将计算和数据处理推向网络边缘，靠近数据源和终端设备的计算模式，被广泛应用于智能软件系统。由于边缘计算的特点，传统工作流系统在架构、计算、存储、安全等方面均面临挑战。因此，在边缘计算环境中，工作流系统也需要进行重新设计和优化，并确保在边缘环境中高效地管理和执行任务。

《边缘工作流系统》专著正是针对这一问题而产生的。该书是安徽大学智能软件与边缘计算实验室、澳大利亚迪肯大学以及斯威本科技大学相关团队近年来突破边缘工作流系统发展瓶颈的最新研究成果。该书的大部分内容源自李学俊教授主持完成的国家自然科学基金面上项目"边云协同计算下业务流程系统的任务卸载与调度研究"的成果。该书深入研究了边缘工作流系统的设计与应用，为读者提供了全面的理论和实践指导。书中系统地介绍了边缘计算环境中工作流系统的基本概念、架构设计、功能和服务质量管理等方面的内容。同时，通过边缘工作流系统 EdgeWorkflow 的案例分析，读者能够深入了解其全生命周期过程，并结合实际应用场景进行解决方案的探讨。

该书的内容具有下列特点：

一是从边缘工作流系统设计全生命周期切入。工作流系统的研究大多面向工作流系统研究问题的线索展开，如构建与表示阶段问题、工作流控制问题、工作流映射问题等。该书涵盖了边缘工作流系统的设计和实现的各个关键阶段和方面。它提供了一个全面的视角，帮助读者了解边缘工作流系统的发展过程和实践，反过来指导边缘工作流系统的构造与优化。

二是将边缘工作流系统安全性能纳入。现有边缘工作流系统的设计与构建大多强调性能与效率方面的优化，但难以保证边缘计算环境中可能出现的系统安全性问题。该书在设计和实现边缘工作流系统时，特别注重安全性能的考量和解决方案。在系统架构设计中，安全性被视为一项重要的设计原则，包括安全边界的划分、安全策略的制定以及边缘节点和云端之间的安全通信等方面。

三是讨论研究工作的实践价值。该书强调了边缘工作流系统的实际应用和研究工作的实践价值。成果包括服务管理、人工智能和安全与隐私保护等方向的研究，为读者展示了实际的科研工作和创新成果。读者可以从中获得对边缘工作流系统实施和研究的启示和启发，并了解其在现实世界中的潜在贡献和意义。

通过该书的出版，我们希望能够推动边缘计算与工作流系统的发展。相信通过共同的努力，边缘工作流系统将在智慧物流、智慧交通等领域产生更大的应用价值。希望读者能够从该书中获得宝贵的知识和启发，进一步拓展自己的思路，为推动边缘计算和工作流系统的发展贡献自己的力量。

最后，衷心祝愿该书能够在读者中产生广泛的影响，为边缘计算、工作流系统、服务计算的研究与应用做出积极的贡献！

2023 年 9 月 23 日

前　言

工作流是研究整个或部分业务过程在计算机支持下的全自动或半自动化的技术，也是业务过程管理技术。它是 20 世纪 90 年代兴起的一门计算机新兴技术，是继关系数据库技术之后又一个基础软件平台技术。工作流系统是一个定义、管理和执行工作流的中间件平台系统，也称业务操作系统，广泛应用于电子政务、电子商务、企业信息化等领域。然而随着物联网、边缘计算、人工智能技术的发展，传统工作流系统难以满足智慧物流、智慧医疗、无人驾驶等新型智能应用的性能、安全等指标要求。

为了解决上述问题，一种全新的分布式计算范型——边缘计算应运而生。边缘计算环境具有低延时、分布式、动态可伸缩等优势。与云计算环境中资源与服务的通用性不同，边缘计算环境中的资源与服务具有异构性与多样性的特征，对边缘计算环境中工作流系统(即边缘工作流系统)的开发提出了新的挑战与机遇。目前暂无全面阐述边缘计算环境中的工作流系统设计与开发的研究工作，需要根据边缘计算的特点，重新设计一种新的工作流系统即边缘工作流系统，对系统需求、架构、功能和服务质量进行全面研究与设计。

作者在国家自然科学基金项目(61972001、62076002)和安徽省高峰学科建设项目(计算机科学与技术)的支持下，对边缘工作流系统开展了深入的理论与实践研究，包括资源管理(任务卸载与调度)、服务管理(服务组合与选择)、人工智能(深度学习应用)以及安全与隐私保护。本书是针对上述研究成果的系统总结，旨在促进工作流系统在边缘计算环境中的理论研究、技术发展与推广应用。

本书分为两部分。第一部分基本概念篇是边缘工作流系统的基本概念与现状分析。第 1 章介绍边缘计算、工作流系统所涉及的相关概念，以及设计边缘工作流系统的动机与关键性因素。第 2 章边缘计算工作流系统参考架构，对边缘计算环境架构、软件架构以及系统架构进行分析。第 3 章边缘工作流系统功能，介绍边缘计算环境中构建工作流系统所需要的模型与基础功能。第 4 章边缘工作流系统服务质量，介绍了边缘计算环境中云计算和边缘计算的服务质量，并从时间、能耗和安全性等方面举例说明。第 5 章边缘工作流系统——EdgeWorkflow，全面介绍了边缘计算环境中工作流系统从设计到实现的全生命周期过程。

第二部分研究实践篇结合 EdgeWorkflow 系统，介绍其在智慧物流最后一公里配送场景中的应用。其中，第 6 章阐述了边缘计算环境中深度神经网络计算任务的协同卸载机制，设计了面向深度神经网络的边缘计算协同框架、模型与卸载策略等。第 7 章介绍了边缘计算中无人机服务组合优化方法，资源受限环境的无人机服务组合策略以及不确定环境的无人机服务组合策略。第 8 章阐述了边缘计算中无人机配送系统的边缘计算入侵检测框架和入侵检测方法。

本书由安徽大学的李学俊教授、徐佳博士后、澳大利亚迪肯大学的刘晓副教授、澳大利亚斯威本科技大学的杨耘教授撰写。安徽大学智能软件与边缘计算(ISEC)实验室的姚爱婷、丁燃、范凌敏、高寒、章岩松、褚立菊、徐雷雷、章翼飞、潘武振、张政等研究生为相关研究和书稿撰写做了大量辅助性工作。此外，本书第 5 章所提及的"一键部署边缘工作流系统——EdgeWorkflow"，是由安徽大学李学俊教授、迪肯大学刘晓副教授、斯威本科技大学杨耘教授和蒙纳士大学 John Grundy 教授多方合作的成果，在此向 John Grundy 教授表达衷心的感谢。

由于作者经验和水平有限，书中难免存在疏漏之处，衷心希望广大读者提出宝贵意见和建议。

作 者

2023 年 8 月

目　录

第二部分　研究实践篇

第一部分　基本概念篇

第1章 绪 论

目前，在物流、医疗与交通场景中，由流程所驱动的智能系统被广泛应用[1]。工作流系统作为流程模型创建、执行与监控的基础平台，受到研究人员的关注[2-4]。云计算是一种具有海量计算资源与数据资源的计算范式[5]。云工作流系统通过将云计算环境与工作流系统相结合，既能够发挥工作流系统的高效流程管理能力，又能够拥有云计算的海量资源优势[6, 7]。然而，随着海量的终端用户开始接入并访问云计算环境，传统云工作流系统存在高延时、网络拥塞、服务多样性等问题[8]。边缘计算环境通过将计算与数据资源下沉至更靠近终端设备侧，能够有效降低任务与服务的响应延时，并提升用户的服务体验[9]。边缘计算与云计算相比存在更加丰富且复杂的资源。因此，如何对边缘计算环境中的资源进行高效的管理，成为亟待解决的问题[10]。云工作流系统仅适用于管理云计算环境中通用计算资源，无法支持边缘计算环境中应用对实时性与可靠性的高标准要求[11]。如何根据边缘计算环境中资源的属性与应用的需求，设计出适用于边缘计算环境的工作流系统，即边缘工作流系统，成为目前亟待解决的问题[12]。实现这一目标涉及边缘计算、软件工程、流程管理和智能系统等多个方向和学科，对学术界和企业界都是巨大的挑战。要实现这一目标，需要明确以下几个问题：

(1)工作流系统是什么？

(2)云工作流系统有哪些优势以及存在哪些问题？

(3)边缘计算可以解决云计算中的哪些问题？

(4)为什么需要将工作流系统部署于边缘计算环境中？

上述四个环节构成了边缘工作流系统开发的需求分析，本书的边缘工作流系统的设计理念也是以这四个问题为基础的。因此，本章以回答上述四个问题的脉络进行展开，首先对工作流系统的概念进行描述。然后对云工作流系统的特点与优势进行介绍，并对其所存在的问题进行分析。接着对边缘计算环境的特点进行详细描述，重点阐述其能够解决云计算环境中存在的哪些问题。最后，对边缘工作流系统的特点与优势进行介绍，并详细展示了场景应用案例。

1.1 工作流系统

1.1.1 工作流概念

在抽象与定义的层次上，工作流实例由一组任务集合及其之间的依赖关系组成[13]。在工作流实例的执行过程中，任务间的依赖关系必须得到满足[14]。例如，在智能应用中，某一项功能可能会由若干个具有相互依赖关系的任务组成，通过对这些任务的依次执行，来完成这一功能[15]。在工作流系统中通常使用有向无环图(directed acyclic graph，DAG)或佩特里(Petri)网来表示任务执行的先后顺序以及相互依赖关系[16]。如图 1.1 所示，DAG 图反映了在一个工作流中 5 个任务的执行先后顺序，节点代表工作流中的任务，各节点之间的连线代表工作流中任务之间的先后依赖关系。任务 A 执行完成后，任务 B、C 才能开始执行，而任务 D 则必须在任务 C 执行完成后才能开始执行。最终，当工作流中的最后一个任务 E 执行完成后，代表该工作流执行完成。

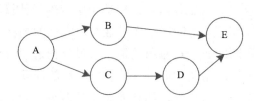

图 1.1　DAG 工作流示例

如图 1.2 所示，Petri 网表示的物流运输工作流包含：5 个圆形表示的库所节点、4 个矩形表示的变迁节点、8 条箭头表示的有向弧、实心黑点表示的输入令牌。运作流程如下：对每个变迁节点而言，当每个输入库所都拥有足够数量的令牌时，该变迁节点将被设置为允许状态。当变迁节点被允许时，变迁将发生，原输入库所的令牌将被变迁节点消耗，同时为输出库所产生令牌。具体而言，订单接收变迁节点被激活的前置条件为开始库所的输入令牌。订单接收变迁节点再激活后会消耗开始库所的输入令牌并生成仓库采购库所的令牌。如此反复，最终当结束变迁节点被激活后，代表整个 Petri 网物流运输工作流运行结束。

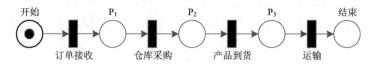

图 1.2　Petri 网工作流示例

在表示和执行的层次上，工作流实例的子任务可以由计算机程序来实现，它可以用任意一种现代编程语言表示。然而，科研人员使用诸如 Perl、Java 或 Python 语言编写计算机程序来协调工作流实例在分布式系统上的部署与执行时，需要关注任务执行方式、依赖关系等与工作流实例无关的因素，这将严重影响到工作流实例的运行效率与科研人员的研究效率。因此，能够自动执行任务的工作流系统应运而生。

1.1.2　工作流参考模型

工作流系统可以实现过程管理、过程重新设计/优化、系统集成等功能，具有灵活性高、可维护性强的优点[17, 18]。因此，在工作流系统研发的早期，研究人员会根据解决问题的需求设计其对应的工作流系统功能[16]。例如美国北卡罗来纳大学威尔明顿分校针对工作流管理中的流程可视化问题提出了 GridNexus 图形工作流系统，该系统用于在网格环境中创建和执行科学工作流，它允许用户通过可视化界面来组装复杂工作流[19]。德国莱比锡大学针对工作流管理中的服务质量问题提出了支持基于规则工作流适应性的工作流系统（AGENTWORK），该系统利用基于时间逻辑的事件-条件-行动规则（event-condition-action，ECA）自动处理工作流执行过程中发生的逻辑故障，同时支持工作流的反应性和预测性适应。其对逻辑故障的实时和大规模自动化处理可以显著提高工作流执行的质量[20]。而日本科学家提出的用于帽分析基因表达（cap analysis of gene expression，CAGE）的小型工作流程系统（a compact workflow system for CAGE analysis）MOIRAI 则更加关注系统的灵活性，该系统主要用来处理和分析 CAGE 数据。MOIRAI 具有图形界面，可以让研究人员创建、修改和灵活地调整与分析工作流程，同时能够处理大量基于下一代基因测序（next-generation sequencing，NGS）技术的数据[21]。

工作流系统在带来丰富功能接口的同时，也存在功能定义不明确以及缺乏统一概念模型的问题[22]。因此，为了解决上述问题，工作流管理联盟（Workflow Management Coalition，WfMC）于 1995 年发布了工作流参考模型。WfMC 是一个致力于标准化工作流管理术语以及工作流系统和应用程序之间数据交换标准的组织[23]。如图 1.3 所示，工作流参考模型定义了工作流系统所包含的系统接口与功能，使产品能够在不同层次上进行互操作。

工作流参考模型定义了工作流执行服务和其他 5 个主要组件之间的接口，它们分别是流程定义工具、工作流客户端应用、被调用应用、其他工作流执行服务、管理和监控工具。

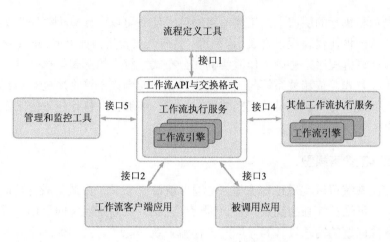

图 1.3 WfMC 的工作流参考模型

流程定义工具(接口 1)：是指流程定义工具提供给其他系统或应用程序调用的一组应用程序接口(application program interface, API)或接口。通过这些 API 或接口，其他系统或应用程序可以与流程定义工具进行交互，实现自动化的流程定义和管理等功能。流程定义工具接口通常包括创建和修改流程定义、查询流程定义和实例信息、启动和暂停工作流程、分配和处理任务、查询和修改任务状态等功能。这些接口通常基于一些开放的标准和协议，如 RESTful、SOAP 等，使得其他系统和应用程序可以方便地集成和使用流程定义工具的功能。常见的流程定义工具接口包括 Activiti 的 REST API、Camunda 的 Java API、Bizagi 的 SOAP API 等。

工作流客户端应用(接口 2)：是指工作流客户端应用提供给其他系统或应用程序调用的一组 API 或接口。通过这些 API 或接口，其他系统或应用程序可以与工作流客户端应用进行交互，实现自动化的工作流程执行、任务管理和数据处理等功能。工作流客户端应用接口通常包括启动和停止工作流程实例、处理和完成任务、查询和修改任务状态、获取工作流程实例和任务的信息等功能。

被调用应用(接口 3)：是指其他系统或应用程序调用被调用应用程序提供的一组 API 或接口，以实现与被调用应用程序的交互和数据传输。被调用应用程序接口可以实现应用程序的数据交互、服务调用、查询和修改数据等功能。

其他工作流执行服务(接口 4)：是指工作流系统与其他系统或应用程序之间进行交互和数据传输时使用的一组标准化接口。这些接口可以帮助不同的工作流系统之间进行互操作性，以实现跨系统的工作流程协同和数据交换等功能。工作流互操作性接口通常基于一些开放的标准和协议，如业务流程模型和标注(business process model and notation，BPMN)、XML 流程定义语言(XML process definition language，XPDL）、工作流 XML（workflow XML，Wf-XML）等。这些标准和协议定义了工作流模型和数据的表示方法、流程定义和执行规则、工作流引擎和流程实例的交互规范等。通过使用这些标准和协议，不同的工作流系统可以进行跨系统的工作流程协同和数据交换。

管理和监控工具（接口 5）：是指工作流系统提供的一组标准化接口，用于管理和监控工作流系统的各组件和流程实例，以及与其他系统或应用程序之间进行交互和数据传输。这些接口可以帮助工作流系统管理员或开发人员进行对工作流系统的监控和管理，以及对工作流系统的扩展和集成。管理和监控工具接口通常基于一些开放的标准和协议，如 Java 管理扩展（Java management extensions，JMX）、简单网络管理协议（simple network management protocol，SNMP）等。通过使用这些接口，工作流系统可以提供丰富的管理和监控功能，如流程实例的状态查询和修改、流程性能统计和优化、错误和异常信息的收集和处理等。同时，工作流系统也可以通过这些接口与其他系统或应用程序进行集成，实现更高效、更灵活的工作流程管理和执行。

工作流执行服务：工作流执行服务是工作流系统中负责执行实际工作流程的组件，它管理流程实例、任务分配和执行、数据传输等任务。具体来说，工作流执行服务负责从流程定义中读取流程信息，创建并维护流程实例，分配任务给参与者，监控任务执行进度，处理异常情况等。工作流执行服务还负责与其他组件进行通信，如工作流引擎、任务管理、数据管理等组件。

工作流引擎：工作流引擎是工作流系统中负责驱动和控制整个工作流程执行的核心组件。工作流引擎根据定义的工作流程规则和条件，调用执行服务分配任务和执行流程实例，对任务进行控制和协调，并记录和管理流程实例的状态和历史信息。工作流引擎还可以处理一些高级流程控制和优化，如并发执行、分支合并、自动异常处理等。

流程定义工具：流程定义工具是指一类用于创建和编辑工作流程定义的软件工具。它们通常提供可视化的界面和拖拽式的操作方式，使用户可以轻松地创建和修改工作流程的节点、任务、条件和流程控制等相关信息，从而定义出一个完整的工作流程。流程定义工具通常能够支持多种工作流程标准和规范，如 BPMN、XPDL 等，用户可以根据自己的需求选择不同的标准和规范进行工作流程定义。流程定义工具还可以支持版本控制、权限管理、导入/导出等多种功能，帮助用户更加方便地管理和维护工作流程定义。

工作流客户端应用：工作流客户端应用是指用户使用的工作流程管理软件，通常以图形化的方式展示工作流程的各节点、流程和相关信息，帮助用户更方便地设计、运行和管理工作流程。工作流客户端应用通常具备可视化的界面和交互方式，能够让用户轻松地创建、修改和删除工作流程，配置任务、条件和流程控制等相关信息，以及执行、监控和管理工作流程的运行状态和结果等。

被调用应用：被调用应用通常是指工作流程中需要被执行的各任务所对应的应用程序。在一个工作流程中，可能会有多个任务需要执行，而这些任务可能需要依赖不同的应用程序来完成。这些应用程序可以是各种不同的软件、工具或者系统，例如数据库系统、Web 应用程序、桌面软件等。在工作流中，当一个任务需要执行时，工作流引擎会根据任务定义中的相关信息，选择并调用相应的应用程序来完成该任务。通常情况下，这些应用程序会通过 API、命令行或者其他接口与工作流引擎进行交互，以完成相应的任务。被调用的应用程序是整个工作流程的重要组成部分，它们直接影响到工作流程的效率、准确性和可靠性。

管理和监控工具：管理和监控工具是指一类用于管理和监控工作流程执行状态和结果的软件工具。它们通常能够提供实时的数据统计、监控和报告功能，让用户可以方便地了解工作流程的执行情况、问题和瓶颈等信息，从而更好地优化和管理工作流程。管理和监控工具还可以支持多种操作和管理功能，如启动、暂停、终止工作流程的执行、设置工作流程参数和配置、分配任务、管理权限、审计等。

1.1.3　工作流系统生命周期

一个工作流系统的生命周期主要分为四个阶段：构建阶段、映射阶段、执行阶段、记录阶段，如图 1.4 所示[24]。构建阶段为通过程序、图形、文本等不同的方法对一个工作流进行构建。经过构建阶段的工作流可以为抽象或具体的可执行程序。映射阶段则将为工作流中的任务与系统中的底层资源建立映射关系。执行阶段为将工作流中的任务按照规定的先后顺序进行执行。当前三个阶段完成后通过记录阶段来记录在此过程中所产生的所有数据结果与其他信息。

在工作流构建阶段，用户可以根据自己的需求进行不断迭代构建，直到所生成的工作流满足其最终需求。当工作流一旦确定，才会进入映射与执行两个阶段。在这两个阶段中，工作流需要对不同任务以及资源的分配与调度进行优化。最后，随着工作流中所有任务的完成，将需要对工作流中所有结果数据进行存储与分析，即记录阶段。针对工作流系统的研究工作也围绕这四个阶段展开。

构建阶段：工作流的构建是工作流系统中的一个重要阶段。它允许工作流用户或程序员根据实际边缘计算环境场景中的业务流程，使用具体或抽象的方式构建任务的特征与任务间的依赖关系。现有的研究工作提出了指定工作流任务或依赖关系的机制。首先，需要根据实际系统业务流程设计对应工作流模型(抽象的工作流实例)，该模型也可以用来支持工作流的共享和重用。然后，根据任务的实际数据将工作流模型实例化。目前，常用的工作流表示方法主要分为三大类：文本、图形化和基于机制的语义模型[25]。

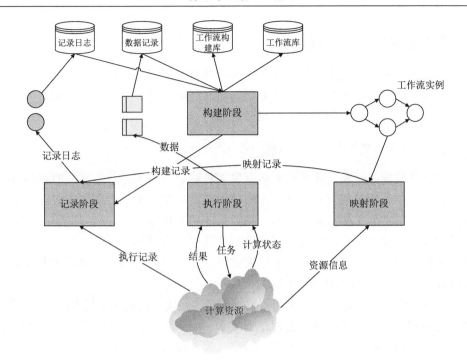

图 1.4 工作流系统的生命周期

映射与执行阶段：工作流的映射与执行阶段是指根据工作流任务属性为其分配对应边缘计算环境资源，即生成可执行的工作流的阶段。工作流映射方法有用户自定义、工作流系统映射。用户自定义方式是指用户为工作流任务选择合适的边缘计算资源来直接执行映射。工作流系统映射是指在用户设置工作流任务的边缘计算执行环境与工作流模型后，工作流系统需要针对用户工作流任务的 QoS 需求为其分配不同的计算资源，这就需要对映射过程采取不同的方法。工作流任务与边缘计算资源的映射是一项 NP 难问题，搜寻最优任务调度方案十分困难。目前工作流映射与执行阶段所考虑的 QoS 目标通常为任务完成时间、任务执行费用、任务执行能耗、资源利用率、负载均衡等。粒子群优化(particle swarm optimization, PSO)算法、蚁群算法、遗传算法(genetic algorithm, GA)等群智能算法用于优化工作流映射问题[26-28]。

记录阶段：工作流数据记录阶段是指对工作流数据对象从创建、修改到生成过程中历史信息的记录。具体来说，需要记录工作流的模型/实例(包括时间戳、程序版本号、组件或服务版本号、执行方案、库版本等)和中间数据产品。此类数据的记录有助于用户找回初始工作流的源数据。

1.1.4　工作流系统的研究问题

根据工作流系统生命周期的四个阶段,结合 2023 年第 21 届过程管理国际会议中所提出的会议主题[29],工作流系统的研究问题可以被分为工作流构建与表示阶段问题、工作流控制问题、工作流映射问题。

1. 工作流构建与表示阶段问题

在工作流构建阶段,用户或系统开发人员需要根据实际系统开发的业务流程需求,以具体或抽象的方式构建工作流任务模型与工作流任务之间的依赖关系模型,以表示对实际工作流系统中所支持业务流程的整体分析,也可以通过使用过程挖掘技术从业务系统的交易日志中分析并提取工作流模型。此外,针对工作流表示阶段的模型表示方面存在较多研究成果,主要可以分为三大类:文本模型、可视化模型和基于机制的语义模型。

首先,数据挖掘是指通过识别数据中的模式,从大数据集中提取知识。同时,数据挖掘也可以用于构建业务流程挖掘技术,用于挖掘包含流程执行数据的数据日志,以重构实际的业务工作流程。因此,流程挖掘是数据科学的子领域,侧重于分析流程执行过程中产生的事件数据。业务过程挖掘的目标是从实际业务系统的交易日志中提取有关工作流程的信息。目前,流程挖掘技术被广泛应用于企业管理系统,能够有效促进企业高效分析其业务流程的实际运作方式。具体来说,过程挖掘一般不直接对具体工作流进行构建,而是从收集工作流程执行时的数据与事件开始。例如,任何使用事务性系统的信息系统,如企业资源计划(enterprise resource planning,ERP)系统、客户关系管理(customer relationship management,CRM)系统或工作流程管理系统,都会以某种形式提供事件信息。假设收集到具有如下三类特征的事件:①每个事件代表一个任务(即工作流程中的一个明确的步骤);②每个事件代表一个案例(即一个工作流程实例);③事件之间完全有序。这些工作流程事件就能够被用于构建工作流。因此,流程挖掘是指从一组实际执行的业务流程中提炼出结构化描述业务流程的方法。由于这些方法专注于工作流系统所支持的实例驱动业务流程,所以也称为工作流挖掘。例如,PM4Py 是一种面向 Python 语言的过程挖掘工具,其集成了较为先进的数据科学库,如 pandas、numpy、scipy 和 scikit-learn 等。同时,PM4Py 具有易扩展、允许算法定制以及支持大规模过程挖掘实验的优势[30]。

其次,基于文本模型的工作流构建是指工作流系统使用基于文本模型的工作流语言或表示方法进行工作流模型的构建(如 BPEL[31]、SCUFL [32]、DAGMan [33]、DAX [34])。基于文本模型的工作流语言最大的优势就是能够使用纯文本编辑器手工生成。虽然这对于某些面向简单业务流程的工作流系统(如 DAGMan)效果很好，但在很多业务流程较为复杂的工作流系统中，手工编写文本工作流模型的任务在执行过程中效率过低且容易出现错误。例如，调用某些算法对系统参数进行处理的工作流任务在单独执行时可能相当简单，但在实际系统中，如果同样的算法被应用于多个数据集，即工作流系统需要并行处理此类工作流任务时就会变得十分复杂。为了解决这些问题，研究人员通常使用 Python 或 Ruby 等高级语言的表示文本对工作流模型进行构建。例如，Pegasus 工作流系统[35]采用 XML 格式的有向无环图(XML DAG)形式来构建工作流模型，可以使用 Java API、任何类型的脚本语言或语义技术(如 Wings[36])来生成。

最后，为了降低工作流模型的构建难度，许多工作流系统提供了可视化工作流构建工具。虽然可视化工作流建模在近年来一直是工作流系统领域研究的热点与重点问题，但目前还没有出现能够完全替代传统基于文本的工作流模型的可视化构建工具。然而，在工作流构建领域，可视化建模工具已经取得了一定的成果。例如，像 AVS[37]和 SciRun[38]这样的系统允许用户通过图形模块和渲染模块来设计复杂的工作流应用。另外，科学工作流系统，如 Kepler[39]、Triana[40]和 Vistrails[41]，均内置工作流可视化建模工具。用户与科研人员能够通过可视化建模工具，高效、便捷地建立工作流模型。例如，Triana 工作流系统具有强大的可视化用户界面，其中包含了许多强大的编辑功能，如用于创建工作流模型的 GUI 构建器等。Triana 工作流系统的可视化编辑能力包括：用于简化工作流的多级分组、工作流模型的剪切/复制/粘贴/撤销操作、编辑输入/输出节点(复制数据和添加参数依赖)、缩放功能、输入参数选择、参数类型检查等。Triana 工作流系统具有丰富的使用场景工具包，例如，用于音频分析、图像处理、文本编辑等。

科学工作流由许多可执行的计算任务组成，其中每个计算任务可能运行诸如参数扫描、复杂科学计算等任务。因此，在实际工作流系统的执行过程中，需要将输入数据集分割为数个较小的子数据集，以此支持工作流系统的并发处理，提高科学工作流的整体执行效率。在此情况下，工作流系统需要能够支持几千个工作流的并发执行。然而，此类工作流模型的构建往往较为困难。例如，在不支持抽象工作流程定义的工作流系统中，为了生成这样的工作流程，需要创建临时脚本，将任务集的迭代特性转换为工作流变量，但这需要考虑工作流任务的数据与任务依赖关系，导致转换过程相对较为复杂。为了解决这一问题，研究人员开始探索使用人工智能技术提供自动化的工作流生成解决方案，用于辅助工作流模型的构建[42, 43]。此类研究是通过将工作流组件的语义表示模型与正确的工作流的形式属性相结合来实现的。例如，Wings[44]拥有丰富的语义描述组件和工作流模板，这些模板以应用领域本体和约束的形式表示。同时，Wings 具有工作流模板编辑器，可用于构建工作流任务和数据流。Wings 还能够协助用户进行数据选择，以确保选择的数据集符合工作流模板的要求。

2. 工作流控制问题

在实际的工作流执行过程中，需要构建其对应的执行模型来控制工作流任务的执行步骤。目前，工作流按照控制模型的不同可以被分为两类：控制流和数据流。这两类工作流控制模型的相似之处在于均规定了构成工作流的各任务之间的执行方式与次序，但控制流和数据流在实现执行方式与次序的方法上有所不同。在控制驱动的工作流程中，或称控制流中，工作流程中的计算任务之间的连接代表了计算任务之间的依赖关系。工作流控制模式共有43种，分为8组，分别是基本控制模式、高级分支和同步模式、多实例模式、状态模式、取消和强制完成模式、迭代模式、结束模式和触发模式。其中，基本控制模式包含顺序结构、并发结构、条件结构、合并结构，是其他控制模式的基础[2]。在数据驱动的工作流程中，或称数据流，是为了支持数据驱动的应用，依赖关系代表了工作流任务之间的数据流。

控制流语言不仅支持工作流中组件或服务之间的简单顺序控制流，而且还支持更复杂的控制交互，如循环结构和选择结构。工作流系统的用户往往希望控制流语言能够支持丰富的工作流依赖关系。控制流语言需要能够根据参数条件对工作流进行分支，并重复循环工作流的各部分。例如，XBaya 支持一组控制原语，包括 for-each、while。这些控制结构是数据流图上的覆盖物，以简化工作流的表达。

数据流语言与控制流语言不同，数据流语言仅对工作流中组件及其之间数据依赖关系进行描述。数据流语言不包括控制结构，如选择与循环等结构。例如，Triana 的工作流系统中使用的数据流语言就不包含控制结构，其任务之间的依赖关系是数据依赖关系，以确保数据生产者在消费者开始之前已经完成。在 Triana 的工作流系统中，循环和选择结构则是通过使用特定的组件来完成的。例如，一个具有两个或多个输出连接的选择组件将根据特定条件输出不同的数据。循环结构的实现则是通过在工作流中建立一个循环组件，并由一个条件组件在完成条件后打破循环组件，继续正常的工作流执行。此类用于数据流中的控制组件能够简化数据流语言结构，但同时也减少了数据流语言在不同工作流系统上使用的适配性。

3. 工作流映射问题

工作流映射是指根据抽象工作流实例模型与实际资源环境生成可执行的工作流实例的过程。此类映射方案通常分为两类，分别为用户指定映射方案与工作流系统生成映射方案。在用户指定映射方案中，用户可以通过为工作流实例模型中的计算任务选择适当的计算资源直接进行映射。在工作流系统生成映射方案中，工作流系统会根据工作流模型与计算资源环境生成最为合适的映射方案。在此情况下，用户仅需要专注于工作流实例模型的设计，工作流系统会负责工作流实例的执行与底层系统资源的管理。

在现有的工作流系统中,支持用户指定映射方案对资源或服务进行选择的工作流系统有:Kepler [45]、Sedna [46]、Taverna[47]和 Vistrails[48]。在 Taverna 工作流系统中,用户可以对特定工作流实例设置多个映射方案。如果在执行工作流实例过程中,某个映射方案发生问题,Taverna 工作流系统可以自动调用另一种映射方案。Wings 是一种基于 Pegasus 工作流系统的工作流映射工具,其支持根据用户指定映射方案将工作流实例映射到分布式计算资源中[49]。支持系统生成映射方案的工作流系统有:Pegasus、Askalon 等[49]。在 Pegasus 工作流系统中提供了资源映射接口,该接口既能够为用户自定义的调度算法提供支持,也包含了四种内置的基本调度算法:FCFS、Round Robin、min-min、max-min[50]。调度算法所考虑的优化目标为任务执行时间与数据传输时间。

1.2 云工作流系统

1.2.1 云工作流系统概念

近些年来随着云计算的产生和发展,云工作流系统因其既能够拥有云计算环境中海量的资源优势,又能够通过工作流系统实现高效的资源管理特点,因此已被广泛应用于科研、商业、医疗等实际环境中[51-53]。例如在天文学中,澳大利亚斯威本科技大学通过帕克斯射电望远镜观察数据进行脉冲星搜索实验。脉冲星搜索是一种数据与计算密集型的业务流程应用,包含复杂又费时的工作流活动,且需要处理 TB 甚至 PB 级数据的工作流[51]。在地震学领域,美国南加州大学的研究人员通过利用云工作流系统生成地震灾害图。地震灾害图生成则是一个典型的计算密集型业务流程应用,每个地震灾害点的预测通常需要 10^6 个计算任务的业务流程工作流生成[54, 55]。正因为此类应用对所需计算或存储资源的高要求,因此云工作流系统能够较好地解决此类应用的复杂资源管理问题。

云工作流系统是一种将云计算的资源配置与工作流的自主资源分配方法相结合的产物,是基于云计算环境中基础设施即服务层之上的平台服务。在云工作流系统中,用户应用通常由多个任务组成。这些任务可以是并行执行的,也可以是有依赖关系的,它们一起构成了一个完整的业务流程。云工作流系统提供了对这些任务的定义、管理和执行能力,以便实现复杂应用的自动化和协调。云工作流系统的目标是在保证完成平台中各任务的同时,进一步满足用户、服务提供商的时间和成本等需求。然而,云计算环境中资源的使用是有偿的,如果无法以一种合适的方法为这些任务分配合适的资源,那么将会浪费用户大量的费用,同时也会使云计算环境中的资源无法得到充分利用。云工作流系统中最为重要的两种资源,即计算资源与存储资源,其衍生出云工作流系统中的两个重要的研究问题:

任务调度和数据布局[56]。

1.2.2　云工作流系统架构

一个典型的云工作流系统架构如图 1.5 所示。云工作流系统通常分为四层：应用层、平台层、资源层、基础架构层。应用层主要为用户应用提供统一接口；平台层为用户应用于虚拟化资源的中间层，负责将用户应用中的每个任务对应于某一虚拟化资源，或将数据布局在某一数据中心；资源层则负责将每一项分配好的任务进行执行；基础架构层为虚拟化资源的底层提供者，大部分为分布在世界各地的巨型云数据中心，例如，谷歌云数据中心、亚马逊云数据中心以及阿里云数据中心。

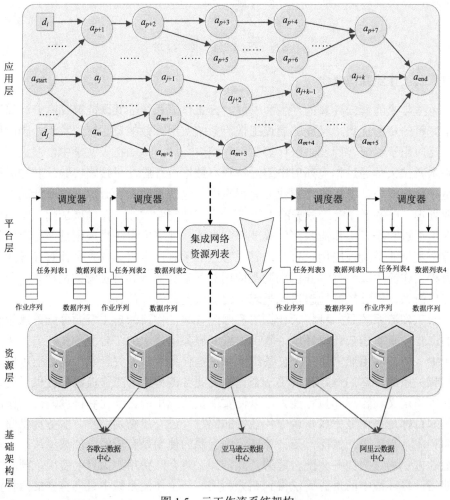

图 1.5　云工作流系统架构

1.2.3　云工作流系统的研究问题

工作流任务调度是云工作流系统中的一项核心问题，工作流任务调度将工作流中的各任务按照一定的功能需求映射到相对应的虚拟机资源[57]。一个工作流则由一系列互相独立且存在数据或功能关联的任务所组成[15]。这些数据或功能依赖关系都是云工作流调度所考虑的重要因素之一。由于云工作流调度是一项 NP 难问题，搜寻最优任务调度方案十分困难。目前云工作流任务调度的目标通常分为任务完成时间、任务执行费用、任务执行能耗、资源利用率、负载均衡等[15]。

针对云工作流任务调度问题需要相应的任务调度算法进行解决。由于云计算在发展的早期规模较小，需要考虑的因素不多。因此早期的任务调度算法主要针对单一的优化目标考量，比如针对任务执行时间或费用最优的优化目标，较为典型的算法为先来先服务(first come first service，FCFS)算法、最短进程优先算法[58, 59]。随着云计算的规模不断扩大，任务调度所需要考虑的因素也随之增多，传统单一优化目标考量的任务调度算法也不再适用。因此，群智能算法被不断用于优化云工作流任务调度中，例如，粒子群算法、蚁群算法、遗传算法。Netjinda 等[60]结合云工作流环境中的市场模型提出了一种基于费用优化的粒子群任务调度算法。该算法综合考虑了云工作流任务调度中任务与虚拟机的不同属性，通过计算任务调度方案的执行费用，实现了在实际云工作流环境中对任务调度费用成本的优化，取得了显著的优化效果。Jian 等[61]通过使用模拟退火算法针对云工作流任务调度的任务执行完工时间进行优化，并取得了任务执行时间较优的调度方案。Marcon 等[62]针对工作流调度中的安全可靠性问题进行了深入的研究，提出了一种能够满足用户个人隐私与安全性要求的三层调度结构，使得工作流调度不仅能够满足任务调度的时间与费用的优化需求，而且拥有了一定的安全与稳定性。

云工作流的数据布局是将 m 个数据集合理地放置到数据中心。由于云计算环境下需要考虑数据中心，网络带宽，数据的跨数据中心传输，初始、生成、共享、固定、临时数据集存储等问题，所以云计算环境的数据布局属于带有约束性质的 NP 难问题。目前，主流数据布局算法主要有两类：一类是聚类方法[63, 64]，一类是智能方法[65-68]。这些数据布局方法主要研究数据密集型工作流应用程序在执行过程中的数据传输次数、传输时间和传输费用。Yuan 等[63]对于数据布局做了一系列的研究，并且提出一种 k 均值算法来最小化工作流在执行过程中数据的传输次数。Deng 等[64]拓展 Yuan 的布局策略，利用数据集和任务之间的依赖关系，提出了一种高效的数据集和任务的协同调度策略，将关系密切的任务和数据集聚集在一起，从而有效地提高调度的效果并减少数据集传输次数。在文献[65]中，作者提出一种基于遗传算法(GA)的数据布局策略，该策略在负载均衡的基础上有效地降低数据传输次数。在文献[66]中，郑湃等提出基于 GA 算法的数据布局策略：

首先在多个数据布局方案中寻找传输费用最低的方案；然后根据数据之间的依赖关系，得到多组数据布局方案；最后得到数据负载均衡的布局方案。该策略能够降低数据的传输时间。在文献[67]中，作者提出基于粒子群优化(PSO)算法的任务-资源映射方法，该方法可以最小化数据的计算和传输费用。Liu 等[68]提出一种包括构建阶段和运行阶段的数据布局策略，这种策略能够将数据合理地放置到相应的数据中心中，以降低数据的传输费用并提高工作流的计算能力。

1.3　边　缘　计　算

1.3.1　边缘计算概念

在云计算与物联网技术结合的早期，由于使用的场景有限，云计算环境能够及时处理部分终端所发出的服务请求。然而，随着物联网技术应用的场景增多，接入云计算的服务智能终端开始变得越来越多。根据 Statista 公司研究部门的统计，连接至云服务的物联网终端数量在 2020 年就突破了 30 亿，并且将在 2025 年突破 75 亿[69]。随着海量的智能终端开始接入云服务，原本就有限的互联网带宽开始变得拥挤，云服务不再能够及时处理物联网智能终端的服务请求，端到端的延时进一步增加，严重影响到用户的服务质量体验。因此，如何解决海量的物联网终端设备连接与服务请求响应实时性需求之间的矛盾成为一个巨大的挑战。

为了解决云计算环境中智能系统面临的问题，研究人员开始沿着不同的技术路线进行改进并相应提出了不同的解决方案。根据技术路线的不同，主流的解决方案可以被分为两类：一是以移动云计算、本地云为代表的扩展云服务[70, 71]；二是以微云、雾计算、边缘计算为代表的边缘计算技术[8, 72, 73]。其中，移动云计算是对移动计算、云计算以及移动网络的综合集成。与云计算在资源虚拟化的着重点不同，移动云计算则是针对移动设备的独有特征优化了原本云计算环境中较为复杂的资源的管理，使得虚拟化资源更加易于被终端用户使用[70]。然而，在移动云计算环境的基础设施中，其与云计算类似的集中式云服务器往往距离终端设备较远，因此在海量终端用户访问的场景下效率较低。例如，在用户使用移动端社交 APP 时，经常会出现因访问人数过多所导致的网络延迟或连接断开现象。本地云是由私人组织或机构进行建立并管理的云服务，其部署在本地局域网中与传统意义上的公有云互补，以便增强数据的隐私性。虽然本地云能够有效降低终端设备的访问延迟，但由于其有限的资源配置严重限制了其应用的场景。

由于拓展云服务解决方案的局限性，以微云、雾计算、边缘计算为代表的边缘计算技术开始进入人们的视野。其中，微云(Cloudlet)是一种小型云数据中心，通常部署在距离用户终端设备较近的位置，如移动基站、无线网络接入点等[74]。

微云数据中心不但能够利用自身所具有的计算、存储资源为终端用户提供服务，还能够连接到云服务中心为用户提供更加丰富的服务。因此，微云能够让终端用户使用多种连接方式连接到邻近的云服务器，从而克服了传统云计算服务远距离数据传输所带来的响应时间较长与终端能耗较高的问题，且能够为对资源和访问延迟敏感的智能系统提供服务支持。尽管如此，由于微云允许终端用户使用不同的连接方式进行接入，则可能存在一些涉及访问隐私服务的安全和隐私问题。此外，思科(Cisco)公司于 2014 年提出雾计算的概念[75]。雾计算环境将原本距离用户较远的云服务下沉至网络的边缘侧，并通过使用雾计算节点对用户的服务请求进行高效、及时的处理[76,77]。雾计算最大的优势是增加了对物联网场景的支持，即允许单个终端设备从不同的传感器收集数据并采取相应的行动。例如，一辆无人驾驶汽车上安装了多种传感器感应路面环境数据，基于雾计算环境的车载智能系统接收多个传感器数据。如果这些传感器感应到了路面情况的变化，则车载智能系统就能够发送适当的命令使车辆做出相应反应。与距离终端用户较远的云计环境相比，雾计算能够提供更低的服务访问延迟。雾计算的局限性在于雾节点的计算性能较弱，无法适用于对计算资源需求较高的任务或服务。同时，雾节点与终端设备的连接大多依赖于无线网络连接。这也导致了无线网络连接的信道质量会影响到雾计算环境中服务的稳定性[78]。

为了能够克服云计算环境和雾计算环境现阶段的不足，一种全新的计算范型——边缘计算开始得到一定的关注[79-81]。与传统云计算和雾计算环境着重发挥特定资源层中的计算能力不同，边缘计算环境则站在更高的角度，在综合考虑终端设备层、边缘服务器层、云服务器层中的计算资源与网络环境特征的同时，结合任务计算与数据量等其他属性，为终端设备的服务与任务请求选择最优的服务方案。边缘计算环境使原本相对独立的资源层能够根据任务的多种属性实现协同管理，充分发挥各层资源所具有的优势。在保证用户服务质量的同时，提高智能系统的资源利用效率，降低终端设备能耗与服务提供商费用。根据应用场景中对象的不同，边缘计算的优势可以总结为三个方面：

(1)对于移动网络运营商来说，边缘计算环境可以让移动网络运营商以更灵活和便捷的方式部署其移动网络应用和服务。移动网络运营商可以根据使用过的存储、带宽和其他资源来向用户或智能系统服务提供商收费并获得更多利润。

(2)对于服务提供商来说，边缘计算环境的低延时、高带宽、可扩展、分布式的特性不但扩大了服务提供商所能支持的智能系统场景，而且降低了服务提供商的运营成本。

(3)对于终端用户来说，通过使用边缘计算环境能够极大降低服务响应延时，增加用户的服务质量体验。

1.3.2 边缘计算架构

一种典型的边缘计算环境架构如图 1.6 所示，该架构包含三层：终端设备层、边缘节点层、云计算层[82]。在该架构中用户的分布式应用所产生的任务请求首先经底层终端设备(如传感器、手机等设备)进行采集[83]。接着经过终端设备所处局域网络上传至边缘节点层中进行分析，根据该任务属性及当前边缘节点与云计算环境状态确定合适的任务卸载与调度方案。例如，从任务的计算量与数据量以及边缘计算环境中计算资源的处理能力与网络带宽环境角度进行考虑，若需要保证用户的时间约束，则计算量大、数据量小的任务因其所需计算能力较强，而对数据传输能力的要求相对较弱，更适合于在计算资源丰富、网络带宽相对稀缺的云端资源中执行。与之相反，计算量小、数据量大的任务则因其所需计算能力较弱，而对数据传输能力的要求较强，更适合于在计算资源相对较少而网络带宽较大的边缘节点或用户终端上执行。

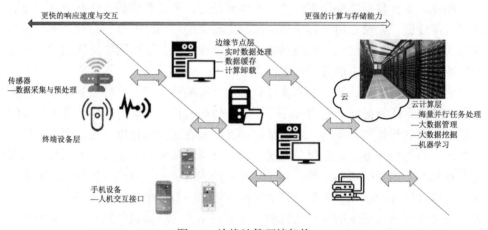

图 1.6　边缘计算环境架构

(1)终端设备层：在该层中，利用手机、传感器等终端设备在不同应用场景下对用户的服务请求进行收集。然后通过该终端设备所处局域网传输至边缘节点环境中进行进一步分析与处理。

(2)边缘节点层：该层由多个在地理上分布的边缘节点组成。每个边缘节点都充当着终端设备与云计算层之间的动态节点。边缘节点能够接收来自不同用户终端设备的服务请求，并结合任务属性与环境资源情况为任务在边缘计算环境中确定合适的执行方式。

(3)云计算层：该层由一个实现数据存储与分析的云计算平台组成，为边缘计算环境提供高性能的计算能力以及个性化服务支持。

综上所述，由于边缘计算环境中复杂的资源与网络环境，为了对边缘计算环境中的各层资源进行有效的管理，需要对边缘计算环境中的资源管理问题进行研究，目前学术界对该问题的研究主要集中于两个方面：任务卸载决策方法与任务调度算法[8]。首先，任务卸载决策方法主要针对终端设备的电池容量有限以及处理能力不足的缺点，解决如何在保证终端设备功能的前提下，通过将数据卸载到边缘服务器环境，进而充分优化移动端能耗问题，即研究边缘计算环境中以任务计算时间与终端设备能耗为优化目标的计算卸载方法。另外，任务调度算法则是解决任务在边缘节点上的执行费用问题，即研究以任务执行费用为优化目标的调度算法。

1.4 边缘工作流系统概览

1.4.1 产生背景

边缘计算通过将原本在云计算环境中的计算或存储资源下移形成边缘节点层，使得原本终端层不易访问的云资源下移，变得更加易于访问。同时在终端设备的任务进行卸载时，不再将所有的任务都卸载到边缘节点进行执行，而是通过分析在各层中执行任务所需的计算和数据传输情况，选择一种最优任务卸载与执行方案，以此达到高效利用边缘计算环境中各层资源的目的。因此，基于边缘计算平台的工作流系统既能节能省时，又能提高边缘设备的数据处理、及时响应能力，降低边缘设备到云端的网络数据流量压力。

与传统云计算环境的工作流系统相比，边缘计算环境中的工作流系统具有很多不同的特点[84]。其中最大的三个不同点分别是：地理分布性、实时性、移动支持性。首先，云计算提供了中心化的服务器计算能力，而边缘计算则提供了分布式的计算能力。其次，在边缘计算中，数据、数据处理和应用程序集中于边缘设备中，因此无须像云计算一样要求使用者必须连接互联网才能使用资源服务。其任务计算与数据处理能力更依赖于本地设备，实时性较好。最后，云计算不能支持设备的高移动性，而边缘计算由于其分布式优势对设备移动性有良好的支持。

1.4.2 系统框架

基于边缘计算环境架构，通过融合云与边缘计算环境中工作流系统，一种典型的边缘工作流系统框架如图 1.7 所示。该系统框架主要包含四层：应用层、云计算层、边缘节点层、终端设备层。应用层面向用户分布式应用程序提供服务的访问入口。云计算层主要充当高性能计算、大数据存储以及个性化的相关服务支持。边缘节点层为终端设备与云计算层间的动态节点，其所发挥的资源协同能力

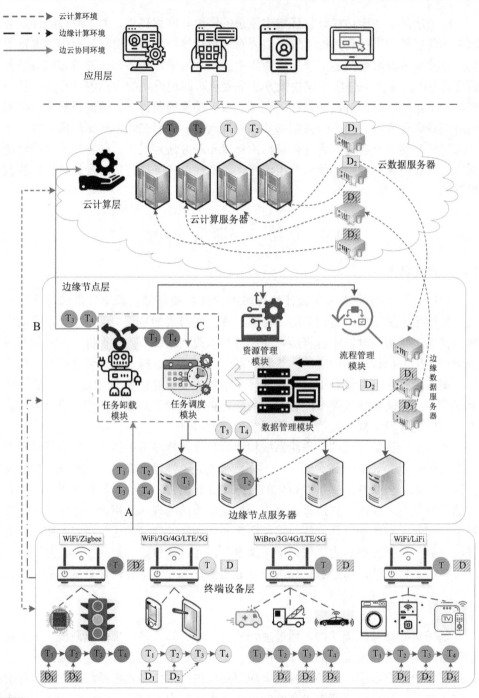

图 1.7 边缘工作流系统框架

扫码查看彩图

既能够对终端设备上传的高优先级请求进行及时响应，也可以向云计算层发出协同请求，使用云计算环境中海量的资源为用户提供多样性、个性化的海量服务支持。终端设备层主要由终端设备组成，其主要目的为收集用户的服务请求，且传输至上层进一步分析与处理。

同云计算环境下的任务卸载或调度过程相比，边缘计算环境中的卸载与调度过程(路径 A，B，C)因其资源环境特征而更加复杂。首先，任务在经用户终端收集整理后将需要边缘计算环境资源的任务发送至边缘节点层进行进一步处理。其次，在边缘节点层的任务经过卸载方法与调度算法两大模块的分析与处理，并为其分配最为合适的计算资源。在考虑任务管理问题的同时，需要对任务所依赖的数据传输代价进行考虑，即各层间的数据传输代价。通过边缘计算环境中工作流系统框架可以看出，边缘节点层既能对用户终端提出的实时性任务请求进行及时响应，又能向云计算层提出进一步的任务协同请求，因此是边缘计算环境中任务管理系统的关键核心。边缘节点层主要包括：任务卸载模块、任务调度模块、资源管理模块、数据管理模块、流程管理模块。边缘工作流系统中的任务卸载与调度模块重点优化三个指标因素：时间约束(分布式应用实时性要求)、终端能耗(边缘计算环境终端设备的主要优化指标)、任务执行成本(边缘计算环境中边缘服务器层与云服务器层的主要优化指标)。

1.4.3　问题与挑战

以边缘计算环境中的无人机(unmanned aerial vehicle, UAV)最后一公里配送系统为例，详细分析边缘工作流系统所面临的问题与挑战。图 1.8 所示为一种基于边缘计算的无人机最后一公里智能配送系统。该系统可分为三层：无人机层(终端设备层)、边缘服务器层和云服务器层。无人机层负责传感和收集飞行任务期间的环境数据。由于无人机的计算能力和电池寿命都有限，计算卸载策略需要根据任务的特点来确定计算任务的执行位置。例如，它们可以卸载到云，卸载到边缘，或在无人机本地执行。在无人机进行收货人身份认证的过程中，身份认证工作流是由一系列具有依赖关系的计算任务组成，其具体表现形式为基于有向无环图的工作流应用。为了提高此类工作流应用在基于边缘计算环境中的执行效率，需要对边缘计算环境中的计算资源和工作流任务进行高效管理。然而，边缘计算环境中的计算与网络资源的复杂性在一定程度上制约了科研与软件开发人员的开发与部署工作。工作流技术已被广泛应用于任务和资源管理的自动化。因此，科研与软件开发人员所面临的挑战主要来自边缘计算环境的生成、工作流模型的构建以及工作流任务的高效执行和监控三个方面。此外，在边缘计算环境中已经部署了许多工作流应用程序。因此，设计有效的资源管理方法，如工作流卸载与调度算法是边缘工作流应用的一个非常重要的研究课题。

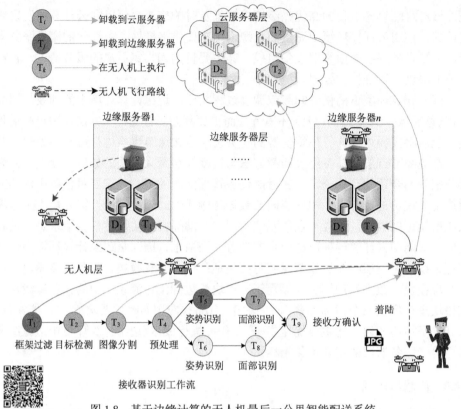

图 1.8　基于边缘计算的无人机最后一公里智能配送系统

扫码查看彩图

　　为了使我们的工作流系统高效易用，同时考虑到上述挑战，我们确定了基于边缘计算的工作流系统的五个主要需求：

　　(1)用户指定的边缘计算环境的生成和部署：与云计算环境不同，边缘计算环境具有多种异构计算资源和网络环境。传统的云计算环境通常使用虚拟化技术来生成和部署不同的计算资源。但它不能适应多样化的边缘计算资源和网络环境。

　　(2)针对智能应用程序的可视化建模和提交用户工作流任务的生成：大多数现有工作流执行引擎支持科学的工作流应用程序建模。它们缺乏对智能应用程序的支持。然而，边缘计算环境有许多智能应用程序。这些应用程序中的计算任务是高度定制的，并且与科学工作流中的任务有本质上的不同。

　　(3)针对边缘计算环境设计的高效工作流执行引擎：当前主流工作流引擎是基于云计算环境设计的。考虑到边缘计算和云计算在计算资源和网络上的差异，将云工作流引擎直接移植到边缘计算环境中是不现实的。

　　(4)边缘计算环境和工作流任务的实时监控：由于边缘计算环境的实时性，工作流任务执行的性能指标变化非常快。因此，所提出的引擎需要支持边缘计算环境的实时监控。

(5)对工作流应用性能目标优化的支持:根据当前边缘计算环境下的资源管理研究工作,有许多工作流任务执行的评价指标,如能耗、执行费用、执行时间等。因此,所提出的引擎需要支持工作流任务的评估指标。

针对边缘工作流引擎缺乏简单易用的特点,结合上述五大需求,本书提出了一种支持可视化建模、自定义计算任务执行和一键部署的边缘工作流系统EdgeWorkflow,主要特点如下:

(1)支持边缘计算环境中计算资源与网络环境的可视化生成与部署;

(2)支持工作流计算任务的可视化建模与自定义设计;

(3)支持一键部署的边缘工作流引擎;

(4)支持真实边缘计算环境的实时监控与计算任务多种优化指标评价。

EdgeWorkflow 为边缘计算环境与工作流系统相关方向的研究与开发人员提供了一种高效的开发与实验平台,能够促进边缘计算环境中计算资源管理与工作流任务执行等相关优化问题的研究,进而提升边缘计算环境中软件系统的资源管理效率。

1.5 边缘计算智慧物流工作流示例

本节首先对智慧物流系统的整体业务工作流进行介绍,接着结合智慧物流场景中最后一公里无人机配送系统实例,对该配送系统业务流程进行详细介绍,并对其中所存在的问题进行分析。

物流行业正成为物联网技术的重要应用场景之一。传统物流行业使用 RFID 技术记录商品的存储和配送信息,并对商品进行简单的管理工作。基于此所设计的物流管理系统很难实现自动化的物流仓储和配送业务流程。随着商品经济的快速发展,物流仓储与配送的全面自动化正成为重要的需求。因此,需要根据智慧物流场景下的实际业务流程研发高效且自动化的智慧物流管理系统。该系统需要能够对物流运输全过程进行完整的记录和管理,如运输路线、车辆状态、驾驶行为和货物储存环境状态等。一种典型的基于工业 4.0 标准的物流仓库订单自动化处理业务流程如图 1.9 所示[86]。

物流仓库订单自动化处理业务流程包括四步,分别为订单接收、订单处理、拣货以及物流配送。其中,订单接收是指从用户在购物网站下单至订单传输到智慧物流管理系统后台的过程。例如,2021 年 11 月 11 日,中国最大的电商平台淘宝所接收的日订单数量为 11.58 亿个。分布在全国的 28 个物流仓库能够同时处理这些订单,每个物流订单的处理时间约束为 72 小时[87]。订单处理是指从智慧物流管理系统接收到物流订单开始至订单调度到具体物流仓库的过程。该过程主要

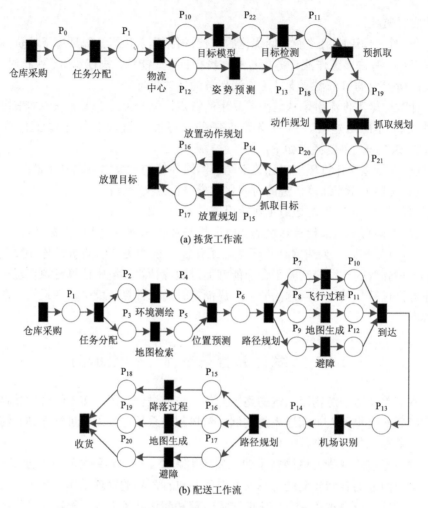

(a) 拣货工作流

(b) 配送工作流

图 1.9　基于工业 4.0 标准的物流仓库订单自动化处理业务流程

考虑物流订单与仓库的调度问题,即如何在保证物流订单处理的时间约束前提下,优化订单配送的能耗。拣货是指从物流仓库接收到订单至订单货物打包完成的过程。该过程主要考虑的子任务包括货物的定位与识别,机器人拣货姿势与动作的识别与规划,打包位置的识别与定位。物流配送是指从订单包裹装车开始至包裹运送至收货人手中的过程。该过程主要考虑的子任务包括无人运输载具的路径规划、避障、目标检测、收货人认证。下面将以智慧物流管理系统的订单自动化处理业务流程中的拣货以及物流配送过程为例,详细分析其对应工作流应用。

拣货过程:当物流订单被调度至对应物流仓库后,该仓库的拣货工作流就会被触发并启用。拣货工作流如图 1.9(a)所示,具体任务包括:任务分配、目标检测、姿势预测、货物放置。其中，任务分配主要负责将拣货任务分配给具体的拣货机器人。目标检测主要负责在物流仓库中识别并找到所需货物，并将货物位置信息传输给分拣机器人。姿势预测主要负责为拣货机器人抓取具体货物分析并设计抓取动作与姿势，并将最优抓取动作发送至拣货机器人。当拣货机器人抓取到所需货物后，货物放置任务则负责分析并确认该货物放置的具体位置，并将位置信息发送给拣货机器人。当货物被放置在规定位置后，物流订单的拣货过程结束。

配送过程：当物流订单的拣货过程结束后，该订单的配送工作流就会被触发并启用。配送工作流如图 1.9(b) 所示，具体任务包括：任务分配、配送载具定位、地图生成、路径规划、自动避障。首先，智慧物流系统需要根据订单信息与收货人位置信息将配送订单分配给合适的配送载具（任务分配）。其次，配送载具在收到配送任务后需要获取位置信息（配送载具定位）。根据获取的实际位置信息，配送载具会生成订单所对应的最优配送地图与路径（地图生成、配送路径规划）。接着，在配送载具的实际运输过程中需要对可能出现的障碍物进行检测并避障（自动避障）。当货物被放置在收货人规定区域后，物流订单的配送过程结束。

下面我们将以杭州迅蚁科技公司所提出的国内首个无人机最后一公里配送场景 ADNET[88] 为例，对智慧物流场景中的配送智能系统的业务流程进行详细分析。迅蚁科技是一家致力于构建城市空中配送网络的科技公司，其所设计和开发的物流无人机、无人站及基于云计算的调度系统能够相互协作并高效运行，为城市提供安全快速的自动化航空货运服务。迅蚁公司所设计并实现的无人机自动化配送网络（autonomous delivery network，ADNET）项目是中国首个无人机物流配送网络。该配送网络于 2019 年 10 月率先获得中国民用航空局颁发的全球首张无人机最后一公里配送试运行牌照[89]。此外，ADNET 项目还在 2021 年 4 月完成了三级无人机自动化配送系统认证，这是 2021 年物流配送行业中自动化系统所取得的较高水平[89]。ADNET 项目已经开始为杭州市的各级医院提供高效的医疗用品配送服务[89]。

一种典型的基于边缘计算的无人机配送系统业务流程如图 1.10 所示[90]。总体上看可以被分为四个阶段，分别为订单发起阶段、订单分配阶段、订单运输阶段以及收货人确认阶段。其中订单发起阶段是指用户在购物平台所发起的配送订单。当配送系统接收到用户订单后，订单分配阶段则会根据用户所发起的配送订单，为其分配合适的配送资源（包括无人机、运输路线等），以优化无人机在运输包裹过程中所产生的开销。当对应配送站或无人机机场接收到物流运输指令后，则开始进入订单运输阶段。该阶段是指从无人机装载包裹后从机场起飞并沿预先分配好的飞行航线将包裹运输至预定地点。当无人机抵达目的地后则进入收货人确认阶段。在该阶段中，无人机需要在目的地上空搜索收货人目标并降落，还需要对收货人收货过程进行拍照确认。其主要包含三个子阶段：姿势识别阶段、面部识别阶段与拍照存档阶段。其中，在姿势识别阶段中，无人机通过让收货人摆出特定的姿势并进行识别的方式来快速定位收货人位置。在发现一个或多个符合要求的姿势特征后，无人机需要进一步使用面部识别算法准确地核实收货人身份。在收货人身份匹配成功后，无人机将会降落至地面并放下包裹。当收货人取出包裹后，无人机将会对收货人进行拍照并上传至云服务器中存档。至此整个无人机包裹配送系统业务流程结束。

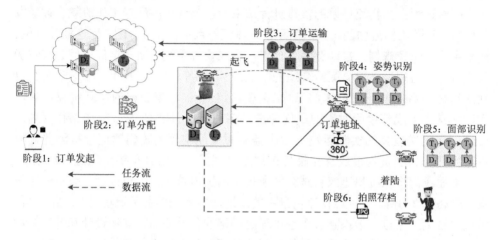

图 1.10　基于边缘计算的无人机配送系统业务流程

从图 1.10 可以看出，基于边缘计算环境的无人机配送系统同样面临着许多问题，主要可以分为计算层面与数据层面的两类处理问题。计算层面的问题主要是指在无人机飞行过程中所需要使用的诸如目标检测、人脸识别的机器学习的计算任务的高效执行问题。无人机在飞行过程中需要执行计算任务，但其自身的电池和计算能力有限。例如，无人机在飞行过程中需要使用多枚摄像头对周围环境进行检测，所使用的目标检测算法所需的处理能力约为 10GHz，处理的图像数据按照分辨率不同(360P、540P、720P、1080P)，单枚摄像头每分钟所需处理的数据量大小分别为：29.4MB、88.8MB、158.4MB、255.8MB，且延时约束均为 50ms[91]。因此，如何高效地执行此类计算密集型任务是一个巨大的挑战。数据层面的问题则主要是指在无人机飞行过程中所收集到的大量数据及其对应的业务流程的传输、处理与存储过程中所面临的效率与安全性问题。例如，边缘计算环境中有许多不同类型的节点。智能系统中为确保业务流程的高效、稳定运行，需要在各节点间进行数据传输、处理与存储操作。在数据处理过程中，一旦发生数据被篡改、泄露现象，则会危及整个系统的业务流程安全性与完整性。因此，如何保证边缘计算环境中各节点间的数据处理安全，特别是敏感业务数据的安全也是一个亟待解决的问题。

参 考 文 献

[1] AFRIN M, JIN J, RAHMAN A, et al. Multi-objective resource allocation for Edge Cloud based robotic workflow in smart factory[J]. Future generation computer systems, 2019, 97: 119-130.

[2] VAN DER AALST W, VAN HEE K. Workflow management: models, methods, and systems[M]. Cambridge, Massachusetts: MIT press, 2002.

[3] DEELMAN E, DA SILVA R F, VAHI K, et al. The Pegasus workflow management system: translational computer science in practice[J]. Journal of computational science, 2021, 52: 101200.

[4] KAPPEL G, RAUSCH-SCHOTT S, RETSCHITZEGGER W. A framework for workflow management systems based on objects, rules and roles[J]. ACM computing surveys (CSUR), 2000, 32: 1-5.

[5] ALAM T. Cloud Computing and its role in the information technology[J]. IAIC transactions on sustainable digital innovation (ITSDI), 2020, 1(2): 108-115.

[6] LV B, DING W L, LIU J. Cache-based executive request dispatching method in the distributed workflow system[C]//Proceedings of the 2021 IEEE world congress on services (SERVICES), Chicago, IL, 2021.

[7] ZHOU J L, SUN J, ZHANG M Y, et al. Dependable scheduling for real-time workflows on cyber–physical cloud systems[J]. IEEE transactions on industrial informatics, 2021, 17(11): 7820-7829.

[8] LUO Q Y, HU S H, LI C L, et al. Resource scheduling in edge computing: a survey[J]. IEEE communications surveys & tutorials, 2021, 23(4): 2131-2165.

[9] DENG S G, ZHAO H L, FANG W J, et al. Edge intelligence: the confluence of edge computing and artificial intelligence[J]. IEEE internet of things journal, 2020, 7(8): 7457-7469.

[10] CAPROLU M, DI PIETRO R, LOMBARDI F, et al. Edge computing perspectives: architectures, technologies, and open security issues[C]//Proceedings of the IEEE international conference on edge computing (EDGE), Milan, Italy, 2019.

[11] KHAN L U, YAQOOB I, TRAN N H, et al. Edge-computing-enabled smart cities: a comprehensive survey[J]. IEEE internet of things journal, 2020, 7(10): 10200-10232.

[12] REN J, ZHANG D Y, HE S W, et al. A survey on end-edge-cloud orchestrated network computing paradigms: transparent computing, mobile edge computing, fog computing, and cloudlet[J]. ACM computing surveys (CSUR), 2019, 52(6): 1-36.

[13] VAN DER AALST W M, TER HOFSTEDE A H, KIEPUSZEWSKI B, et al. Workflow patterns[J]. Distributed and parallel databases, 2003, 14(1): 5-51.

[14] GEORGAKOPOULOS D, HORNICK M, SHETH A. An overview of workflow management: from process modeling to workflow automation infrastructure[J]. Distributed and parallel databases, 1995, 3(2): 119-153.

[15] LI Z J, LIU Y S, GUO L S, et al. FaaSFlow: enable efficient workflow execution for function-as-a-service[C]//Proceedings of the the 27th ACM international conference on architectural support for programming languages and operating systems, Lausanne, Switzerland, 2022.

[16] XU J, DING R, LIU X, et al. EdgeWorkflow: one click to test and deploy your workflow applications to the edge[J]. Journal of systems and software, 2022, 193: 111456.

[17] LIU X, FAN L M, XU J, et al. FogWorkflowSim: an automated simulation toolkit for workflow performance evaluation in fog computing[C]//Proceedings of the 34th IEEE/ACM international conference on automated software engineering (ASE), San Diego, CA, 2019.

[18] KACSUK P, KOVÁCS J, FARKAS Z. The flowbster cloud-oriented workflow system to process large scientific data sets[J]. Journal of grid computing, 2018, 16(1): 55-83.

[19] BROWN J L, FERNER C S, HUDSON T C, et al. GridNexus: a grid services scientific workflow system[J]. International journal of computer information science (IJCIS), 2005, 6(2): 72-82.

[20] MÜLLER R, GREINER U, RAHM E. AGENTWORK: a workflow system supporting rule-based workflow adaptation[J]. Data & knowledge engineering, 2004, 51(2): 223-256.

[21] HASEGAWA A, DAUB C, CARNINCI P, et al. MOIRAI: a compact workflow system for CAGE analysis[J]. BMC bioinformatics, 2014, 15: 144.

[22] XIANG D M, LIU G J, YAN C G, et al. A guard-driven analysis approach of workflow net with data[J]. IEEE transactions on services computing, 2021, 14(6): 1650-1661.

[23] FANG Y C, TANG X Z, PAN M L, et al. A workflow interoperability approach based on blockchain[C]//Proceedings of the international conference on internet of vehicles, Gaoxiong, 2019.

[24] SIQUEIRA J, MARTINS D L. Workflow models for aggregating cultural heritage data on the web: a systematic literature review[J]. Journal of the association for information science and technology, 2022, 73(2): 204-224.

[25] VIRIYASITAVAT W, XU L D, DHIMAN G, et al. Service workflow: state-of-the-Art and future trends[J]. IEEE transactions on services computing, 2023, 16(1): 757-772.

[26] BEEGOM A S A, RAJASREE M S. Integer-PSO: a discrete PSO algorithm for task scheduling in cloud computing systems[J]. Evolutionary intelligence, 2019, 12(2): 227-239.

[27] LAMBORA A, GUPTA K, CHOPRA K. Genetic algorithm-a literature review[C]//Proceedings of the 2019 international conference on machine learning, big data, cloud and parallel computing (COMITCon), Faridabad, India, 2019.

[28] BELGACEM A, BEGHDAD-BEY K. Multi-objective workflow scheduling in cloud computing: trade-off between makespan and cost[J]. Cluster computing, 2022, 25(1): 579-595.

[29] BPM2023. 21st International Conference on Business Process Management[EB/OL]. [2023-06-19]. https://bpm2023.sites. uu.nl/calls-and-dates/call-for-papers/.

[30] BERTI A, VAN ZELST S J, VAN DER AALST W M. PM4Py web services: easy development, integration and deployment of process mining features in any application stack[C]//Proceedings

of the the dissertation award, doctoral consortium, and demonstration track at BPM 2019 co-located with 17th international conference on business process management, Vienna, Austria, 2019.

[31] SONG W, JACOBSEN H A, CHEUNG S C, et al. Workflow refactoring for maximizing concurrency and block-structuredness[J]. IEEE transactions on services computing, 2021, 14(4): 1224-1237.

[32] ROOZMEH M, KONDOV I. Workflow generation with wfGenes[C]//Proceedings of the 2020 IEEE/ACM workflows in support of large-scale science (WORKS), GA, USA, 2020.

[33] CASANOVA H, DA SILVA R F, TANAKA R, et al. Developing accurate and scalable simulators of production workflow management systems with WRENCH[J]. Future generation computer systems, 2020, 112: 162-175.

[34] WEERASINGHE A, WIJETHUNGA K, JAYASEKARA R, et al. SwarmForm: a distributed workflow management system with task clustering[C]//Proceedings of the 20th international conference on advances in ICT for emerging regions (ICTer), Colombo, Sri Lanka, 2020.

[35] DEELMAN E, VAHI K, JUVE G, et al. Pegasus, a workflow management system for science automation[J]. Future generation computer systems, 2015, 46: 17-35.

[36] BENÍTEZ-HIDALGO A, BARBA-GONZÁLEZ C, GARCÍA-NIETO J, et al. TITAN: a knowledge-based platform for big data workflow management[J]. Knowledge-based systems, 2021, 232: 107489.

[37] UDAYAKUMAR P. Plan and prepare AVS[M]//Design and deploy azure VMware solutions. Berkeley, CA: Apress, 2022: 193-256.

[38] JOHNSON C. Translational computer science at the scientific computing and imaging institute[J]. Journal of computational science, 2021, 52: 101217.

[39] RADCHENKO G, ALAASAM A B, TCHERNYKH A. Micro-workflows: Kafka and Kepler fusion to support digital twins of industrial processes[C]//Proceedings of the 2018 IEEE/ACM International conference on utility and cloud computing companion (UCC companion), Zurich, Switzerland, 2018.

[40] BUTT A S, FITCH P. A provenance model for control-flow driven scientific workflows[J]. Data & knowledge engineering, 2021, 131-132(1): 101877.

[41] LI F, CHEN R R, FU Y K, et al. Accelerating complex modeling workflows in CyberWater using on-demand HPC/Cloud resources[C]//Proceedings of the 2021 IEEE 17th international conference on eScience (eScience), Innsbruck, Austria, 2021.

[42] BAO L, WU C S, BU X X, et al. Performance modeling and workflow scheduling of microservice- based applications in clouds[J]. IEEE transactions on parallel and distributed systems, 2019, 30(9): 2114-2129.

[43] DU Y, YANG K, WANG K Z, et al. Joint resources and workflow scheduling in UAV-enabled wirelessly-powered MEC for IoT systems[J]. IEEE transactions on vehicular technology, 2019, 68(10): 10187-10200.

[44] BARCENAS L, LEDESMA-OROZCO E, VAN-DER-VEEN S, et al. An optimization of part distortion for a structural aircraft wing rib: an industrial workflow approach[J]. CIRP journal of manufacturing science and technology, 2020, 28: 15-23.

[45] ALTINTAS I, LUDAESCHER B, KLASKY S, et al. Introduction to scientific workflow management and the Kepler system[C]//Proceedings of the 2006 ACM/IEEE conference on Supercomputing, Tampa, FL, 2006.

[46] WASSERMANN B, EMMERICH W, BUTCHART B, et al. Sedna: A BPEL-based environment for visual scientific workflow modeling[M]//TAYLDR I J, DEELMAN E, GANNON D B. Workflows for e-science: scientific workflows for grids. London: Springer, 2007: 428-449.

[47] OINN T, LI P, KELL D B, et al. Taverna/^{my}Grid: aligning a workflow system with the life sciences community[M]//TAYLOR I J, DEELMAN E, GANNON D B. Workflows for e-science: scientific workflows for grids. London: Springer, 2007: 300-319.

[48] LI Y H. Simplifying internet of things (IoT) data processing work ow composition and orchestration in edge and cloud datacenters[D]. Newcastle: Newcastle University, 2020.

[49] GIL Y, RATNAKAR V, DEELMAN E, et al. Wings for pegasus: creating large-scale scientific applications using semantic representations of computational workflows[C]//Proceedings of the 19th national conference on innovative applications of artificial intelligence, 2007.

[50] HAMID L, JADOON A, ASGHAR H. Comparative analysis of task level heuristic scheduling algorithms in cloud computing[J]. The journal of supercomputing, 2022, 78: 12931-12949.

[51] DEELMAN E, DA SILVA R F, VAHI K, et al. The Pegasus workflow management system: translational computer science in practice[J]. Journal of computational science, 2021, 52: 101200.

[52] WOLSTENCROFT K, HAINES R, FELLOWS D, et al. The Taverna workflow suite: designing and executing workflows of Web Services on the desktop, web or in the cloud[J]. Nucleic acids research, 2013, 41(W1): W557-W561.

[53] Imixs Workflow. Open Source Workflow with BPMN 2.0 [EB/OL]. [2021-05-06]. https:// www. imixs.org/.

[54] LI H F, HUANG J H, WANG B Y, et al. Weighted double deep Q-network based reinforcement learning for bi-objective multi-workflow scheduling in the cloud[J]. Cluster computing, 2022, 25(2): 751-768.

[55] WU Q W, ZHOU M C, WEN J H. Endpoint communication contention-aware cloud workflow scheduling[J]. IEEE transactions on automation science and engineering, 2022, 19(2): 1137-1150.

[56] WRATTEN L, WILM A, GÖKE J. Reproducible, scalable, and shareable analysis pipelines with bioinformatics workflow managers[J]. Nature methods, 2021, 18(10): 1161-1168.

[57] ZHAO Y, LI Y F, RAICU I, et al. A service framework for scientific workflow management in the cloud[J]. IEEE transactions on services computing, 2015, 8(6): 930-944.

[58] DENG W, ZHANG L R, ZHOU X B, et al. Multi-strategy particle swarm and ant colony hybrid

optimization for airport taxiway planning problem[J]. Information sciences, 2022, 612: 576-593.

[59] ZENG G S, XIONG H L, DING C L, et al. Game strategies among multiple cloud computing platforms for non-cooperative competing assignment user tasks[J]. The journal of supercomputing, 2022, 78(12): 14317-14342.

[60] NETJINDA N, SIRINAOVAKUL B, ACHALAKUL T. Cost optimal scheduling in IaaS for dependent workload with particle swarm optimization[J]. The journal of supercomputing, 2014, 68: 1579-1603.

[61] JIAN C F, WANG Y K, TAO M, et al. Time-constrained workflow scheduling in cloud environment using simulation annealing algorithm[J]. Journal of engineering science and technology review, 2013, 6(5): 33-37.

[62] MARCON D S, BITTENCOURT L F, DANTAS R, et al. Workflow specification and scheduling with security constraints in hybrid clouds[C]//Proceedings of the 2nd IEEE latin american conference on cloud computing and communications, Maceio, Brazil, 2013.

[63] YUAN D, YANG Y, LIU X, et al. A data placement strategy in scientific cloud workflows[J]. Future generation computer systems, 2010, 26(8): 1200-1214.

[64] DENG K F, KONG L M, SONG J Q, et al. A weighted K-means clustering based co-scheduling strategy towards efficient execution of scientific workflows in collaborative cloud environments[C]// Proceedings of the 2011 IEEE ninth international conference on dependable, autonomic and secure computing, Sydney, NSW, 2011.

[65] ZHAO E D, QI Y Q, XIANG X X, et al. A data placement strategy based on genetic algorithm for scientific workflows[C]//Proceedings of the 2012 eighth international conference on computational intelligence and security, Guangzhou, China, 2012.

[66] 郑湃, 崔立真, 王海洋, 等. 云计算环境下面向数据密集型应用的数据布局策略与方法[J]. 计算机学报, 2010, 33(8): 1472-1480.

[67] PANDEY S, WU L L, GURU S M, et al. A particle swarm optimization-based heuristic for scheduling workflow applications in cloud computing environments[C]//Proceedings of the 2010 24th IEEE international conference on advanced information networking and applications, Perth, WA, Australia, 2010.

[68] LIU X, DATTA A. Towards intelligent data placement for scientific workflows in collaborative cloud environment[C]//Proceedings of the 2011 IEEE international symposium on parallel and distributed processing workshops and PhD forum, Anchorage, AK, 2011.

[69] STATISTA RESEARCH DEPARTMENT. Internet of things-number of connected devices worldwide 2015–2025 [EB/OL]. [2021-12-21]. https://www.statista.com/statistics/471264/iot-number-of-connected- devices-worldwide/.

[70] CARREIRO H, OLIVEIRA T. Impact of transformational leadership on the diffusion of innovation in firms: application to mobile cloud computing[J]. Computers in industry, 2019, 107: 104-113.

[71] IRSHAD A, CHAUDHRY S A, ALOMARI O A, et al. A novel pairing-free lightweight

authentication protocol for mobile cloud computing framework[J]. IEEE systems journal, 2021, 15(3): 3664-3672.

[72] LV Z H, CHEN D L, LOU R R, et al. Intelligent edge computing based on machine learning for smart city[J]. Future generation computer systems, 2021, 115: 90-99.

[73] SIRIWARDHANA Y, PORAMBAGE P, LIYANAGE M, et al. A survey on mobile augmented reality with 5G mobile edge computing: architectures, applications, and technical aspects[J]. IEEE communications surveys & tutorials, 2021, 23(2): 1160-1192.

[74] NITHYA S, SANGEETHA M, PRETHI K A, et al. SDCF: a software-defined cyber foraging framework for cloudlet environment[J]. IEEE transactions on network and service management, 2020, 17(4): 2423-2435.

[75] KHANAGHA S, ANSARI S S, PAROUTIS S, et al. Mutualism and the dynamics of new platform creation: a study of Cisco and fog computing[J]. Strategic management journal, 2022, 43(3): 476-506.

[76] MAHMUD R, RAMAMOHANARAO K, BUYYA R. Application management in fog computing environments: A taxonomy, review and future directions[J]. ACM computing surveys (CSUR), 2020, 53(4): 1-43.

[77] TANGE K, DE DONNO M, FAFOUTIS X, et al. A systematic survey of industrial internet of things security: requirements and fog computing opportunities[J]. IEEE communications surveys & tutorials, 2020, 22(4): 2489-2520.

[78] BELLENDORF J, MANN Z Á. Classification of optimization problems in fog computing[J]. Future generation computer systems, 2020, 107: 158-176.

[79] QIU T, CHI J C, ZHOU X B, et al. Edge computing in industrial internet of things: architecture, advances and challenges[J]. IEEE communications surveys & tutorials, 2020, 22(4): 2462-2488.

[80] LIN H, ZEADALLY S, CHEN Z H, et al. A survey on computation offloading modeling for edge computing[J]. Journal of network and computer applications, 2020, 169: 102781.

[81] RAFIQUE W, QI L Y, YAQOOB I, et al. Complementing IoT services through software defined networking and edge computing: a comprehensive survey[J]. IEEE communications surveys & tutorials, 2020, 22(3): 1761-1804.

[82] SHI W S, CAO J, ZHANG Q, et al. Edge computing: vision and challenges[J]. IEEE internet of things journal, 2016, 3(5): 637-646.

[83] GONG C, LIN F H, GONG X W, et al. Intelligent cooperative edge computing in internet of things[J]. IEEE internet of things journal, 2020, 7(10): 9372-9382.

[84] ABBAS N, ZHANG Y, TAHERKORDI A, et al. Mobile edge computing: a survey[J]. IEEE internet of things journal, 2018, 5(1): 450-465.

[85] MUKHERJEE M, SHU L, WANG D. Survey of fog computing: fundamental, network applications, and research challenges[J]. IEEE communications surveys & tutorials, 2018, 20(3): 1826-1857.

[86] KATTEPUR A. Workflow composition and analysis in industry 4.0 warehouse automation[J]. IET collaborative intelligent manufacturing, 2019, 1(3): 78-89.

[87] EVERMAN B, RAJENDRAN N, LI X M, et al. Improving the cost efficiency of large-scale cloud systems running hybrid workloads—a case study of Alibaba cluster traces[J]. Sustainable computing: informatics and systems, 2021, 30: 100528.

[88] 迅蚁科技. 迅蚁发布的机器人运力网络 ADNET，能成为无人配送的终极解决方案吗? [EB/OL]. [2023-06-19]. https://www.antwork.link/newsDetail.html?newsId=20.

[89] 迅蚁科技. 城市空中物流开创者[EB/OL]. [2021-12-23]. https://www.antwork.link/.

[90] XU J, LIU X, LI X J, et al. EXPRESS: an energy-efficient and secure framework for mobile edge computing and blockchain based smart systems[C]//Proceedings of the the 35th IEEE/ACM international conference on automated software engineering, Melbourne, Australia, 2020.

[91] LUO H Y, CHEN T X, LI X J, et al. KeepEdge: a knowledge distillation empowered edge intelligence framework for visual assisted positioning in UAV delivery[J]. IEEE transactions on mobile computing, 2023, 22(8): 4729-4741.

第 2 章　边缘计算工作流系统参考架构

本章介绍边缘计算环境中面向智能软件与工作流系统的通用参考架构。首先，结合边缘计算环境中具体的应用场景与软件，介绍边缘计算智能软件参考架构。然后，结合工作流技术，描述边缘工作流系统参考架构。

2.1　边缘计算智能软件参考架构

随着物联网(internet of things, IoT)与大数据技术的兴起，海量的终端设备开始接入边缘计算环境。因此，以边缘计算与智慧城市为背景的智能软件得到了广泛的部署与应用。智能软件与城市服务的结合，决定了智慧城市的设计、质量和运营水平。边缘计算因其分布式、实时性以及对终端设备的移动性支持等特性被广泛应用于智慧城市中的智能软件应用场景，有效提高了服务响应效率与质量。本节首先对边缘计算中面向智慧城市背景下的通用智能软件系统框架进行介绍。然后，例举智慧交通、智慧医疗、智慧物流[1, 2]三个代表性的边缘计算与智慧城市相结合的智能应用场景。

基于边缘计算环境的智能软件架构是智能软件系统在边缘计算环境中高效运行的基础，架构由传感器层、网络层、认知层、应用层四部分组成，如图 2.1 所示[3]。其中，传感器层包含了该智能系统应用场景中的传感器、网络连接设备以及边缘数据服务器。这些设备可以对应用场景中的数据进行检测、收集、传输与查询，同时向上层提供服务。网络层是终端设备与边缘服务器之间的数据传输通道，也是边缘服务器与云服务器之间进行任务卸载的关键。网络层包含了对边缘计算环境中数据的传输、存储以及终端设备的注册功能，还需要满足用户安全与隐私保护的非功能性需求(对应本书 4.5 节)。认知层是智能软件架构的核心层，对智能系统应用场景中的服务请求进行智能感知，并为其分配最为合适的服务或计算资源。该层包含三个主要的功能模块：任务/服务请求分析、任务/服务请求管理、任务/服务请求处理(对应本书 3.2 节)。同时，认知层也包含了任务与服务管理的服务质量优化需求，如时间与能耗优化等(对应本书 4.3 节、4.4 节)。应用层面向应用场景中的用户，提供智能系统服务与应用，并将用户的服务请求发送至底层进行处理。

图 2.1　基于边缘计算的智能软件参考架构

1. 智慧交通

世界各地的城市交通运输所面临最常见的问题是交通拥堵。交通拥堵是由多种原因造成的，例如，在特殊时间内(上下班高峰期)某一地区的车辆数量增加、某路段发生交通事故、大风大雨等恶劣天气影响驾驶。因此，交通管理机构需要对这些突发性事件做出及时响应，设计一种不仅能够实时采集城市路面交通数据，而且能以有效的应对方式减少交通拥堵的一体化解决方案。智慧交通系统是指应用相关技术来监测、评估和管理交通系统以提高数据处理效率和安全性，可以为交通拥堵问题提供一个具有成本效益和可靠性的解决方案。换句话说，智慧交通系统的核心目的就是通过使用新兴技术，满足人们在城市中更加方便、快捷、低成本的移动需求。目前，大多智慧交通系统是基于云计算构建，可以为智慧交通系统所需的计算需求提供强有力的保障。但随着连入系统的车辆数量不断增长，开始出现了交通流量数据更新不及时、车辆服务响应延时过高等问题[4]。

边缘计算是解决现有智慧交通系统所面临问题的关键技术。通过使用边缘计算技术，能够将集中于云计算环境中的资源下沉至更靠近车辆侧，让连入智慧交通系统终端设备的服务请求数据不再集中于云数据中心，而是根据车辆所处位置自行选择较近的边缘侧资源。一种典型基于边缘计算环境的智慧交通系统架构如

图 2.2 所示，该系统架构与传统基于云计算环境的集中式的架构不同，该架构通过在车辆设备层与云服务器层之间增加边缘服务器层(如在城市道路附近增加边缘服务器)来拉近车辆设备和服务器之间的距离[5]。通过使用边缘服务接收和分析来自近距离车辆和路边传感器的信息，车辆终端能够在 20ms 端到端的延迟内发出危险警告和信息，使司机能够对危险和警告做出反应。基于边缘计算环境的智能交通系统已经引起了汽车制造商(如沃尔沃、标致)、汽车技术供应商(如博世)、电信供应商(如高通、诺基亚、华为)以及许多研究机构的广泛关注[6]。

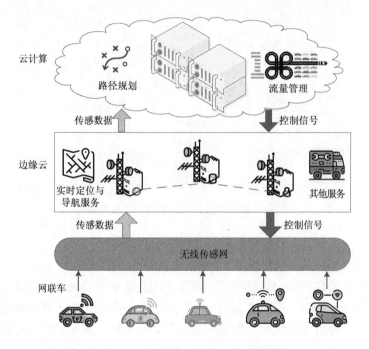

图 2.2　基于边缘计算环境的智慧交通系统架构

2. 智慧医疗

随着大数据与云计算时代的来临，一些新兴技术为解决医疗信息系统中业务流程管理的效率问题提出了一种全新的解决方案——智慧医疗(wise information technology of 120, WIT120)[7-9]。智慧医疗通过使用云工作流系统、物联网、大数据等技术手段，实现医疗信息系统中的业务流程管理自动化[10, 11]。首先，通过物联网无处不在的连接和在线服务特性，对所有的医疗系统实体(患者、设备、药品)进行实时监控与管理。物联网将所收集的海量数据实时传输至云端，通过云工作流系统对各项数据、流程进行集中高效管理。智慧医疗将云工作流管理技术应用于医疗信息系统的业务流程管理，在有效地提高了医疗服务质量的同时，进一步降低了医疗成本。同时，通过云计算与物联网的有机结合，未来将实现患者无须前往医院进行复杂的身体检查，只需在家中利用医疗物联网系统便可让医院远程监测和采集各项身体指标，并通过物联网基础设施将数据无缝地同步到云服务。结合云工作流系统对业务流程高效的处理优势，实现患者与医务人员、医疗机构、医疗设备之间的互动，为患者和医生提供便捷、稳定、高效的医疗服务，使医疗服务走向真正意义的智能化，推动我国智慧医疗事业的繁荣发展。

得益于云计算、物联网的飞速发展，智慧医疗体系也在不断变革[12]。根据统计，以医院为核心的智慧医疗体系在 2020 年前后逐步过渡为医院和家庭双核心并存模式，并将在 2030 年前后最终演化为以家庭为核心的智慧医疗体系[11]。由于实现这一目标需要建造大规模的物联网传感器网络，届时预计会有数十亿个传感器设备连接到互联网中。然而，大多数设备(例如，可穿戴式和植入式医疗传感器)不能直接存储采集到的数据。因此，目前只能将所有传感器数据通过互联网直接上传到云计算环境中进行统一处理。由于连接的设备数量众多，设备与云连接的延迟可能非常大。该方法对传统的云计算与物联网在可靠性、互操作性、能源效率、低延迟响应、移动性、安全性等不同方面提出了巨大的挑战[13]。医院和政府机构通常需要购买和搭建强大的信息基础设施来满足医疗设备的计算需求，这会产生大量的资金投入、能源耗费以及系统维护的费用。除此之外，大量并行用户往往在特定的时间段内发出请求，例如，流行性疾病暴发的开始和结束时间段内、特定的节假日期间等。在这些特殊的时间段之外，相关医疗系统的用户请求量明显减少，使得大量的计算资源会处于闲置状态，从而导致资源和能源的浪费。为了解决以上问题，边缘计算环境有利于提高智慧医疗场景中终端设备的资源利用率。在基于边缘计算环境智慧医疗系统中，使用边缘计算技术对终端设备的海量医疗数据进行筛选，然后在边缘节点处进行过滤和分析，充分利用终端设备空闲资源。因此，通过使用基于边缘计算环境的智慧医疗系统，既节能省时，又提高终端设备的数据处理、及时响应能力，还降低终端设备到云端的网络数据流量压力[14]。

一种典型的边缘计算环境中智慧医疗系统架构如图 2.3 所示，该架构包括三层，从下到上依次为医用传感器网络层、边缘服务器层、云计算资源层[9, 15]。在该系统中，首先，由底层传感器网络采集用户的医疗数据。然后，采集数据经过5G 网络上传至边缘服务器中进行分析。此时有两种情况：当所上传的数据分析量不高但优先级较高时，边缘服务器将直接做出对应决策并进行响应，保证系统用户的实时性需求；当所上传数据分析量或边缘服务器负载量较高时，边缘服务器将分析数据和请求上传至云服务器中进行处理，保证系统的响应时间。下面分别对各层进行详细介绍：

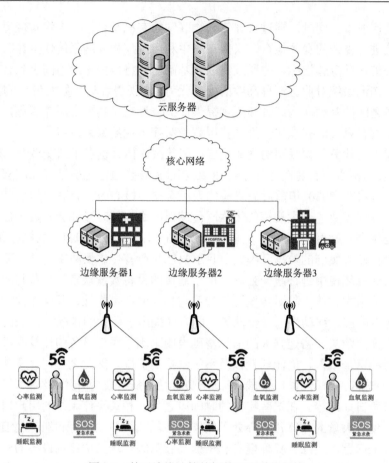

图 2.3　基于边缘计算的智慧医疗系统架构

（1）医用传感器网络层：在该层中，主要利用贴在用户身上的移动传感器实时采集医疗数据，然后通过 5G 网络传输至边缘服务器层中进一步处理。

（2）边缘服务器层：该层由多个分布在地理位置上的边缘服务器构成。每个边缘服务器都充当传感器网络与云计算中心之间的动态接触点。边缘服务器接收来自不同用户的医疗监控数据与请求，并进行简单处理与响应或选择向云计算中心进行传输，以便提供更高级别的服务。

（3）云计算资源层：该层由一个实现数据仓库和数据分析的云计算平台组成。其为智慧医疗服务系统提供了高计算能力以及个性化服务支持，并通过使用所有底层传感器网络的医疗数据进行大数据分析，能够为疾病医学研究提供数据支撑。

3. 智慧物流

物流行业在城市经济增长中起着至关重要的作用，是一个国家和企业核心竞争力的驱动力[16, 17]。然而，由于供应链复杂，劳动力成本高，目前物流行业的成本仍然处于较高水平。例如，美国作为物流效率较高的国家之一，2018 年在物流上花费了 1.64 万亿美元，在美国国内生产总值(gross domestic product，GDP)20.5 万亿美元中占比 8.0%。在物流效率较低的国家，物流成本占其国家的 GDP 总量的比重可能高达 25%左右[18]。过高的物流成本费用会影响城市的制造业效率和国家经济的竞争力[19]。因此，无论在学术界还是工业界，开发更智能的方法来提高物流效率、降低物流成本，无疑是当今一个及时而重要的课题。

近年来，随着物联网、大数据技术的发展，智慧物流的概念也相继出现[20, 21]。智慧物流系统是以物联网、大数据、云计算等技术为基础，通过对物流各方面的信息进行实时处理和综合分析，以智能化的方式所构建的智能软件。通过智慧物流系统可以实现物流运输过程中端到端的透明可见性，改善物流行业在运输、仓储、配送、信息服务等方面的运行效率，节约物流运输的时间和成本[22]。然而，在实现智慧物流系统的过程中，仍有许多具有挑战性的问题需要解决。关键问题包括如何使物流场景中海量互联设备的互操作性成为可能，如何使智能物流系统具有较高的环境自适应性和自主性，使其具有较高的自动化、智能化程度。现有物流智能软件大多由物流公司基于云计算开发，并使用云服务器记录物流信息数据。物流运输的过程涉及仓储、分拣、装载、配送等多个环节，基于云计算环境的物流智能软件大多在诸如仓储、分拣等独立环节应用较为广泛[23]。然而，对于智慧物流最为关键的运输与配送环节，由于所涉及的终端设备具有数量多、速度快、对实时性要求较高等特征，传统云计算环境无法满足此类智能软件的要求。与此同时，随着商品经济的快速发展，物流场景中对于运输与配送环节的自动化和智能化成为一种重要的需求。同时，对于完整记录的物流运输过程的数据(如记录运输路线、车辆状态、驾驶行为等相关数据)并对其进行高效的管理成为智慧物流系统开发的一种新的趋势。

通过将边缘计算技术应用于智慧物流场景中，可以有效提高物流行业的效率。例如，对于物流的运输管理，增加可以直接访问边缘服务器的物流机器人可以实时优化货物的分类和分拣流程，实现运输过程的全自动化[24]。在分拣过程中，物流机器人作为边缘智能终端设备，能够实时向边缘服务器传输通过 RFID 标签所识别的商品类型数据。边缘服务器在接收到货物运输数据后，能够及时自动规划货物从货架到物流车辆的路径，并将此路径传递给终端运输机器人，运输机器人根据边缘服务器的运输指令将货物运输至指定物流载具。当货物运输至指定配送站点后，则开始进入基于边缘计算的无人机配送环节，通过空中航路使用无人机将货物运输至收件人手中。在此过程中，为了有效记录无人机的状态、飞行路线等信息并实现对无人机飞行过程中突发事件的实时响应，需要使用基于边缘计算环境的配送智能软件。该系统应能够实时监控无人机配送过程中的状态信息。如果发现异常事件，应及时预警并采取相应措施，将数据保存并进一步上传到云服务平台进行数据分析，降低异常事件再次发生的概率。

2.2　边缘工作流系统参考架构

为了便于读者理解，本节以边缘计算环境下无人机配送过程中的典型计算应用——姿势识别和人脸识别为例，说明边缘工作流系统的运作流程与组成模块。如图 2.4 所示，当无人机到达指定目的地时，无人机的摄像头首先搜索目标收货人并上传图像。然后，通过使用计算资源管理模块为识别过程所对应的计算任务生成合适的卸载与调度方案。最后，将计算任务发送到合适的边缘服务器或云服务器中。其中，计算资源管理模块由两部分过程组成：任务卸载过程和任务调度过程。在任务卸载过程中，首先对计算任务和约束条件进行分析，得出计算任务的特征和需求。然后，通过使用优化算法生成方案，如粒子群算法、遗传算法，根据计算任务的特征与需求生成初始任务卸载决策方案。此时，如果无人机或用户的环境发生变化(如用户或无人机的位置发生变化)，卸载策略会根据环境分析器重新生成对应任务的最新卸载决策方案。最后，针对用户的身份，面部识别任务会根据卸载决策方案发送至相应的计算资源层。当计算任务到达对应计算资源层时，任务调度过程会根据虚拟机状态与计算任务特征，使用优化算法生成初始计算任务调度方案。在任务调度过程中，计算任务再调度方法需要在任务开始运行前根据最新的计算资源状态生成最新的任务调度方案，通过该调度方案可以有效地避免计算任务在运行阶段时所可能会发生的资源冲突。

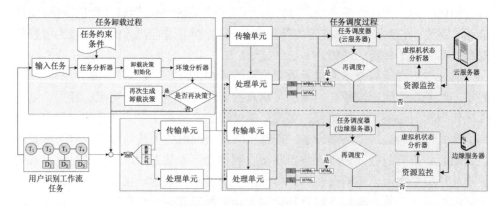

图 2.4　面向用户识别工作流任务的计算资源管理流程

根据上述边缘计算环境中面向工作流任务的计算资源管理流程，本节进一步设计出边缘工作流系统参考架构。如图 2.5 所示，该架构总体上分为四层，从上到下依次分别为系统接口层、服务层、中间件层和基础设施层。首先，计算资源管理模块需要通过系统接口层输入三类设置数据，其中包括工作流模型设置、边缘计算环境设置、优化策略和指标设置。其次，服务层通过工作流管理服务(仿真阶段)生成最优的工作流任务执行方案，并将智能软件的工作流任务部署至工作流引擎(运行阶段)。接着，中间件层收到边缘计算环境设置和用户的工作流任务后，向底层计算资源层发送边缘计算环境的生成指令。最后，基础设施层接收上层的指令，构建可供工作流任务执行的边缘计算环境。

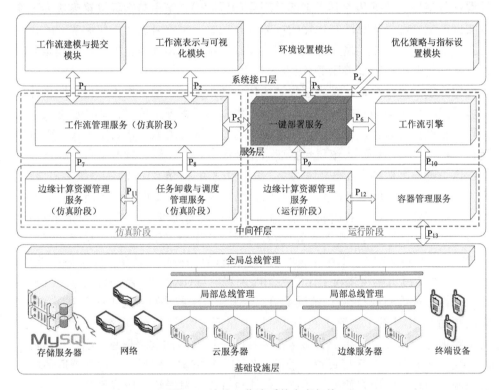

图 2.5　边缘工作流系统参考架构

系统接口层的主要功能是接收智能软件应用层所传来的应用的计算资源服务请求，并将其格式化为结构化的、合理的设置数据，以供下层服务层使用。它针对不同计算资源服务的需求被分为四个服务模块，分别是工作流建模与提交模块(对应本书 5.4.1 节、5.4.2 节)、工作流表示与可视化模块(对应本书 5.4.3 节)、边缘计算环境设置模块以及优化策略与指标设置模块(对应本书 5.4.4 节、5.4.5 节)。在基于工作流技术的计算资源管理模块中，智能软件通过工作流建模和提交服务提交工作流实例。该服务支持两种类型的工作流建模：标准工作流和自定义工作流。在智能软件完成工作流建模阶段后，工作流建模和提交服务将工作流实例数据传输给工作流管理服务(流程 P_1)。工作流表示与可视化服务提供可视化的工作流建模和编辑功能。通过这个服务，智能软件用户可以使用图形界面，根据他们的要求创建和编辑工作流实例。当用户访问他们的工作流实例时，工作流表示与可视化服务将与工作流管理服务进行交互(流程 P_2)。边缘计算环境设置模块的主要功能是获取用户对边缘计算环境设置的需求。用户可以在边缘计算环境中选择所需的计算资源类型(不同的计算能力)。当用户完成环境设置后，边缘计算环境设置服务将环境数据传输到一键部署服务(流程 P_3)。策略与指标设置模块为工作流实例提供资源管理算法与优化指标的选择功能。用户可以为工作流实例的执行选择所需的卸载策略、调度算法和评估指标。策略与指标设置完成后，该服务将评价数据传输给一键部署服务(流程 P_4)。

　　服务层从系统接口层首先接收结构化设置数据，包括工作流实例、边缘计算环境设置、优化策略与指标设置。然后，由工作流管理服务(仿真阶段)生成最优工作流实例执行方案。最后，工作流实例通过一键部署服务在真实工作流引擎中运行和执行(运行阶段)。该层包括三个主要服务：工作流管理服务(仿真阶段)、工作流一键部署服务和工作流引擎。工作流管理服务(仿真阶段)从系统接口层(流程 P_1、P_2)接收用户的工作流实例数据。通过该服务，工作流任务所具有的特征将从工作流实例数据中被解析出来。随后，通过访问边缘计算资源管理服务(仿真阶段)和任务卸载与调度管理服务(仿真阶段)，将生成工作流实例的最优执行方案(流程 P_7、P_8)。最后，工作流实例的最优执行方案将被发送至一键部署服务(流程 P_5)。工作流引擎将接收工作流实例的部署信息(流程 P_6)，并将其发送到真实的边缘计算环境中进行执行(流程 P_{10})。一键部署服务是服务层中的关键服务。在它的帮助下，用户的工作流实例可以轻松地在真实的边缘计算环境中部署和执行。为了实现这一功能，一键部署服务需要接收不同类型的部署信息(流程 P_3、P_4、P_5、P_9)，如边缘计算环境设置、最优工作流执行方案。然后，一键部署服务将整合在服务中收集的所有数据，并将工作流执行指令发送给工作流引擎。

　　中间件层主要是接收来自服务层的边缘计算环境部署指令，并将智能软件的工作流实例发送到真实边缘计算环境中进行执行，是服务层和基础设施层之间的桥梁。中间件层由四个服务组成：边缘计算资源管理服务(仿真阶段)、任务卸载与调度管理服务(仿真阶段)、边缘计算资源管理服务(运行阶段)和容器管理服务。首先，边缘计算资源管理服务(仿真阶段)接收来自工作流管理服务(仿真阶段)的资源请求并建立仿真边缘计算环境(流程 P_7)。然后，边缘计算资源管理服务(仿真阶段)从任务卸载与调度管理服务(仿真阶段)中获取工作流实例最优执行方案，用于工作流实例执行(流程 P_{11})。任务卸载与调度管理服务(仿真阶段)接收工作流任务的特征(流程 P_8)并生成最优任务执行方案。该方案将被提供给仿真阶段中的边缘计算资源管理服务(仿真阶段,流程 P_{11})。运行阶段中的边缘计算资源管理服务(运行阶段)将根据一键部署服务的指令,将边缘计算环境的配置参数发送给容器管理服务(流程 P_9、P_{12})。容器管理服务从工作流引擎接收工作流实例的部署指令(流程 P_{10})。在工作流实例准备完毕后,根据配置参数建立真实的边缘计算环境(流程 P_{12})。最后,智能软件的工作流实例将被发送并在基础设施层执行(流程 P_{13})。

基于工作流技术的计算资源管理模块的最底层是基础设施层,该层包含边缘计算环境中的资源,如存储资源、网络资源和计算资源等。存储资源由区块链数据库实现,为上层提供数据访问服务。网络资源为真实的边缘计算环境提供网络建模和搭建功能。计算资源为用户的工作流实例执行提供不同类型的计算资源,其中包括云服务器、边缘服务器和终端设备。

参 考 文 献

[1] ZHANG C H. Design and application of fog computing and Internet of Things service platform for smart city [J]. Future generation computer systems, 2020, 112: 630-640.

[2] XU X L, HUANG Q H, YIN X C, et al. Intelligent offloading for collaborative smart city services in edge computing [J]. IEEE internet of things journal, 2020, 7(9): 7919-7927.

[3] LIU Y, YANG C, JIANG L, et al. Intelligent edge computing for IoT-based energy management in smart cities [J]. IEEE network, 2019, 33(2): 111-117.

[4] SABORIDO R, ALBA E. Software systems from smart city vendors [J]. Cities, 2020, 101: 102690.

[5] ZICHICHI M, FERRETTI S, D'ANGELO G. A distributed ledger based infrastructure for smart transportation system and social good[C]//Proceedings of the 17th annual consumer communications & networking conference (CCNC), Las Vegas, NV, 2020.

[6] KARAMI Z, KASHEF R. Smart transportation planning: data, models, and algorithms [J]. Transportation engineering, 2020, 2: 100013.

[7] SPOURNIAS A, BOUNTAS P, FALIAGKA E, et al. Smart health monitoring using AI techniques in AAL environments[C]//Proceedings of the 2021 10th mediterranean conference on embedded computing (MECO), Budva, Montenegro, 2021.

[8] ZHANG L Y, YOU W T, MU Y. Secure outsourced attribute-based sharing framework for lightweight devices in smart health systems [J]. IEEE transactions on services computing, 2022, 15(5): 3019-3030.

[9] ABDELLATIF A A, MOHAMED A, CHIASSERINI C F, et al. Edge computing for smart health: context-aware approaches, opportunities, and challenges [J]. IEEE network, 2019, 33(3): 196-203.

[10] HAMIDI H. An approach to develop the smart health using internet of things and authentication based on biometric technology [J]. Future generation computer systems, 2019, 91: 434-449.

[11] HARTMANN M, HASHMI U S, IMRAN A. Edge computing in smart health care systems: review, challenges, and research directions [J]. Transactions on emerging telecommunications technologies, 2022, 33 (3) : 1-25.

[12] CHEN M, LI W, HAO Y X, et al. Edge cognitive computing based smart healthcare system [J]. Future generation computer systems, 2018, 86: 403-411.

[13] TANG W J, ZHANG K, ZHANG D Y, et al. Fog-enabled smart health: toward cooperative and secure healthcare service provision [J]. IEEE communications magazine, 2019, 57 (5) : 42-48.

[14] SUN J F, XIONG H, LIU X M, et al. Lightweight and privacy-aware fine-grained access control for IoT-oriented smart health [J]. IEEE internet of things journal, 2020, 7 (7) : 6566-6575.

[15] SINGH S P, NAYYAR A, KUMAR R, et al. Fog computing: from architecture to edge computing and big data processing [J]. The journal of supercomputing, 2019, 75 (4) : 2070-2105.

[16] LEE C K, LV Y Q, NG K, et al. Design and application of Internet of things-based warehouse management system for smart logistics [J]. International journal of production research, 2018, 56 (8) : 2753-2768.

[17] UCKELMANN D. A definition approach to smart logistics[C]//Proceedings of the international conference on next generation wired/wireless networking, Petersburg, 2008.

[18] YUSIANTO R, MARIMIN M, SUPRIHATIN S, et al. Smart logistics system in food horticulture industrial products: a systematic review and future research agenda [J]. International journal of supply chain management, 2020, 9 (2) : 943-956.

[19] HUMAYUN M, JHANJHI N, HAMID B, et al. Emerging smart logistics and transportation using IoT and blockchain [J]. IEEE internet of things magazine, 2020, 3 (2) : 58-62.

[20] WEN J M, HE L, ZHU F M. Swarm robotics control and communications: imminent challenges for next generation smart logistics [J]. IEEE communications magazine, 2018, 56 (7) : 102-107.

[21] KORCZAK J, KIJEWSKA K. Smart logistics in the development of smart cities [J]. Transportation research procedia, 2019, 39: 201-211.

[22] KAUF S. Smart logistics as a basis for the development of the smart city [J]. Transportation research procedia, 2019, 39: 143-149.

[23] SONG Y X, YU F R, ZHOU L, et al. Applications of the internet of things (IoT) in smart logistics: a comprehensive survey [J]. IEEE internet of things journal, 2021, 8 (6) : 4250-4274.

[24] ABDELSSAMAD C, SAMIR T, JAMAL L, et al. Smart-logistics for smart-cities: a literature review[C]//Proceedings of the the fourth international conference on smart city applications, Casablanca, 2019.

第 3 章　边缘工作流系统功能

本章首先对工作流系统架构进行介绍，然后结合边缘计算架构，介绍边缘工作流系统需要具备的基础功能，最后结合真实场景下的边缘工作流系统开发实例，对边缘工作流系统的系统功能进行详细介绍。

3.1　工作流系统架构

工作流系统（又称业务流程管理系统）是一种用于业务流程中任务自动化执行的软件系统，也可以作为分布式高性能计算基础设施的中间件服务[1]。通过工作流系统能够实现业务流程的高效、自动化运行的同时，还能够实现对分布式计算环境中异构计算资源的有效管理[2]。按照服务对象的不同，工作流系统分为科学工作流系统与商业工作流系统。科学工作流系统旨在自动化工作流实例的运行过程，使科研人员能够更加专注于具体工作流实例所解决的科学研究问题，而不是工作流实例运行过程中的计算管理问题。例如，美国印第安纳大学的 Kepler 项目[3]、奥地利因斯布鲁克大学的 ASKALON 项目[4]、美国南加州大学的 Pegasus 项目[5]、澳大利亚墨尔本大学的 CloudBus 项目[6]、澳大利亚斯威本科技大学的 SwinDeW-C 项目[7]以及北京航天航空大学的 CROWN 项目[8]等。这些项目大多数基于早期网格工作流系统的原型，通过改造云数据中心并将传统的网格服务转成云服务，实现云工作流系统的基本功能。SwinFlow 云是澳大利亚斯威本科技大学最新开发的面向实例密集型工作流应用的云工作流系统[9]。该系统支持云计算资源的弹性变化以及工作流活动的动态调度，并在 SwinCloud 私有云和亚马逊网络服务公有云计算环境中成功部署。商业工作流系统则主要面向企业，能够支持其商业工作流业务流程的自动化运行。商业流程管理软件商如 IBM、SAP 和 TIBCO 等都推出基于云服务的工作流管理功能或系统，例如 IBM 用于构建、运行和管理应用程序与服务的云平台 Bluemix 中的工作流 [10]。同时，由于工作流应用的广泛性，许多云计算服务提供商意识到工作流系统对于有效提供云计算的软件和硬件服务将起到关键的作用。因此在开放的软件开发工具包中都会提供工作流功能模块，例如亚马逊的简单工作流服务模块以及微软基于.NET 框架的基础模块[11, 12]。

工作流系统通过协调和控制参与者之间的任务流与信息流来实现业务流程的高效管理，具有自动化、可视化、定制化、再现性和高端计算等特点[13]。①自动化：通过协调和控制参与者之间的任务流和信息流，实现业务流程的自动化执行。②可视化：提供图形化界面，方便用户进行流程设计、流程执行和流程监控等操作。③定制化：具有良好的灵活性和可扩展性，用户可以根据实际需求自定义流程模板、任务分配规则、数据传输格式等。④再现性：可以记录和追踪流程执行的历史信息，方便用户进行审计、统计和分析等操作。⑤高端计算：使用先进的算法和技术，支持高并发、高吞吐量和高可靠性的工作负载。同时，能与其他高端计算平台和服务进行集成和互操作，如云计算、人工智能等。工作流系统可以帮助开发人员提高业务流程的开发、管理和维护工作效率，提高业务流程的自动化程度，降低人工干预的错误率。同时，工作流系统可以提供可视化的流程设计工具，使开发人员可以通过拖拽、配置等方式快速设计业务流程，而无须编写大量的代码。此外，工作流系统还可以提供完善的监控和统计功能，帮助开发人员及时发现和解决问题，提高业务流程的稳定性和可靠性[14]。工作流系统通过定义和自动化流程、并行处理能力、任务通知和提醒以及异常处理和自动流转等功能，可以消除业务流程中的过程流依赖性，从而将业务流程中的各个环节进行分离[15]。工作流系统允许应用程序充当工作流的参与者，即在业务流程中作为任务的发起者或执行者。应用程序可以通过工作流系统的接口与工作流引擎进行交互，从而参与业务流程的执行。因此，可以将工作流系统视为用于集成应用程序的“中间件”[16]。

一种典型的工作流系统架构包括四个逻辑层(操作层、任务管理层、工作流管理层、表示层)、七个主要功能子系统(工作流设计、工作流表示与可视化、工作流引擎、工作流监控、任务管理、输入数据管理、输出数据管理)和六个系统接口，如图 3.1 所示。下面将分别从逻辑层、功能子系统以及接口三个方面对工作流系统架构进行介绍。

1. 逻辑层

1)操作层

操作层指工作流系统中与用户进行交互和操作的层次。这一层次包括了用户界面、用户认证、任务处理、流程控制、数据交互和处理、系统配置和管理等功能，包含了大量异构和分布式数据源、软件工具与云或边缘服务，是工作流系统与用户交互的核心层次。操作层与其他层的分离是为了将数据源、软件工具、云或边缘服务及其相关环境从科学工作流系统的范围中分隔出来，以满足研究人员对计算与服务性能的需求。

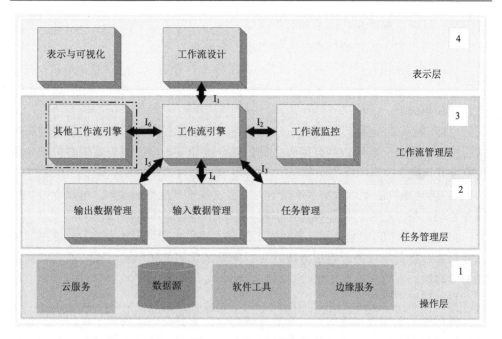

图 3.1　工作流系统架构

2) 任务管理层

任务管理层主要负责任务的分配、调度、执行以及任务状态的监控和反馈等工作,是工作流系统的核心之一,实现了任务的自动化处理和协同工作。任务管理层通常包括任务引擎、任务调度器、任务监控器等组件,通过协同工作来实现任务的分发、执行、反馈等功能。其主要功能包括以下几个方面,①任务分配:根据任务的类型、优先级、相关人员等因素,将任务分配给指定的参与者或者工作组。②任务调度:根据任务的状态、优先级、时间等因素,对任务进行调度和排序,以确保任务在规定时间内被及时处理。③任务执行:对任务进行自动化处理,包括数据处理、通知、提醒、审批、转交等功能,确保任务能够按照预期执行。④任务监控:对任务的执行状态、处理结果、耗时等信息进行监控和跟踪,及时反馈任务的执行情况。⑤异常处理:处理任务执行过程中出现的异常情况,包括超时、任务失败、数据错误等,确保任务处理的稳定性和可靠性。⑥统计分析:对任务的执行情况、耗时、效率等信息进行统计和分析,以便管理者及时了解任务处理的情况,提高工作流程的效率和质量。

3) 工作流管理层

工作流管理层负责工作流的执行和监控。①流程执行:工作流管理层能够对流程的执行进行调度和控制,例如,启动、暂停、恢复、终止等操作,以确保流程按照预期执行。②流程监控:工作流管理层能够监控流程的执行状态和处理结果，及时反馈流程的执行情况和处理结果，例如查看流程实例、任务列表、流程历史记录等。工作流管理层和任务管理层的分离有以下优势：

(1)提高系统的灵活性和可扩展性：将工作流管理层与任务管理层分离，可以将两者的功能模块分开设计和实现，使得系统更加模块化和灵活，便于进行定制化开发和集成。

(2)降低系统的耦合度和复杂度：工作流管理层和任务管理层是系统中的两个核心层次，将其分离可以降低两者之间的耦合度和复杂度，减少系统维护和升级的难度和风险。

(3)提高系统的运行效率和响应速度：将任务管理层单独实现，可以专门针对任务处理的特点进行优化和调优，以提高系统的运行效率和响应速度。

(4)提高系统的安全性和可靠性：工作流管理层主要负责流程定义、监控和优化等功能，将其与任务管理层分离，可以降低系统的故障风险，提高系统的安全性和可靠性。

4)表示层

表示层是工作流系统的一个重要组成部分，主要负责展现和呈现用户界面、数据报表和图形化展示等功能，是工作流系统与用户之间的重要桥梁，对于提升工作流程的效率和质量具有重要的作用。其主要功能包括以下几个方面，①用户界面：表示层能够提供友好、易用的用户界面，方便用户进行流程操作和管理，例如，流程查询、审批、交互等。②数据报表：表示层能够提供数据报表的功能，方便用户了解流程的运行情况、统计数据、业务指标等。③图形化展示：表示层能够提供流程图形化展示的功能，方便用户直观地了解流程的设计和执行情况，例如，流程模型图、流程实例图、任务流转图等。④自定义化：表示层能够提供可定制化的界面和样式，方便用户根据自己的需求和习惯进行界面定制和个性化展示。⑤集成化：表示层能够与其他系统和工具进行集成，方便用户进行数据交互和流程协同，例如与 ERP、CRM、OA 等系统进行集成，实现流程的跨系统协同。

2. 功能子系统

七个主要的功能子系统则负责对应于科学工作流系统的设计、可视化、引擎、监控、任务管理、数据管理关键功能。

1)工作流设计子系统

负责流程的设计、定义和配置等工作。其主要功能包括以下几个方面，①流程设计：工作流设计子系统能够提供流程设计器，方便用户进行流程设计和图形化编辑，包括流程模型、流程节点、流程连接等的设计。②流程定义：工作流设计子系统能够将流程设计结果转换为可执行的流程定义文件，包括流程模型、流程变量、流程表单、流程参与者、流程路由等。③流程配置：工作流设计子系统能够对流程进行配置，包括流程执行规则、流程节点设置、流程事件监听器、流程历史记录等。④流程版本管理：工作流设计子系统能够对流程进行版本管理，包括流程版本号、流程版本控制、流程版本发布等。⑤流程测试和调试：工作流设计子系统能够提供流程测试和调试的功能，方便用户进行流程的单元测试、集成测试、调试和排错等。

2）工作流可视化子系统

工作流可视化子系统负责流程的可视化展示、实例监控和性能分析等工作。其主要功能包括以下几个方面，①流程图展示：工作流可视化子系统能够将流程图形化展示，包括流程模型图、流程实例图、任务流转图、流程状态图等。②流程实例监控：工作流可视化子系统能够监控流程实例的运行情况，包括流程状态、流程路径、任务分配、任务处理等。③流程性能分析：工作流可视化子系统能够分析流程的性能指标，包括流程执行时间、流程效率、流程延迟、流程瓶颈等。④流程报表分析：工作流可视化子系统能够生成流程报表，包括流程执行情况、流程运行指标、流程趋势分析等。⑤流程操作控制：工作流可视化子系统能够对流程进行操作控制，包括流程暂停、流程终止、任务指派、任务处理等。

3）工作流引擎子系统

工作流引擎子系统主要负责流程的自动化执行和控制，对于提升工作流程的自动化、可控制和可定制化能力具有重要的作用。其主要功能包括以下几个方面，①流程实例管理：工作流引擎子系统能够管理流程实例的创建、启动、暂停、继续、终止、删除等操作，实现流程实例的全生命周期管理。②任务管理：工作流引擎子系统能够管理任务的分配、处理、委派、回退等操作，实现任务的可控制和可定制化。③流程控制：工作流引擎子系统能够控制流程的执行顺序、流程路径、流程状态等，实现流程控制的精细化管理。④流程自动化：工作流引擎子系统能够实现流程的自动化执行，包括自动启动流程、自动分配任务、自动流转任务等。⑤流程监控：工作流引擎子系统能够监控流程的运行情况，包括流程状态、流程路径、任务处理进度、异常处理等。

4）工作流监控子系统

工作流监控子系统主要负责监控工作流的运行状态和性能，以便及时发现和解决问题，对于保障工作流程的稳定和高效运行具有重要的作用。其主要功能包括以下几个方面，①流程状态监控：工作流监控子系统能够实时监控工作流的运行状态，包括流程实例状态、任务状态、流程路径、异常情况等，以便及时发现问题。②性能监控：工作流监控子系统能够监控工作流的性能指标，包括流程执行时间、任务处理时间、流程吞吐量、并发性能等，以便及时发现性能问题。③报表统计：工作流监控子系统能够生成报表和统计数据，以便管理员和决策者了解工作流的运行情况和趋势，从而进行优化和改进。④异常处理：工作流监控子系统能够及时发现和处理工作流中的异常情况，包括流程执行异常、任务处理异常、系统故障等，以便及时进行处理和修复。

5) 任务管理子系统

任务管理子系统主要负责管理工作流中的任务，包括任务的创建、分配、执行、审核、回退等，对于保障工作流程的顺畅和高效运行具有重要的作用。其主要功能包括以下几个方面，①任务创建：任务管理子系统能够根据工作流设计中所定义的任务类型和参数创建对应的任务，包括人工任务、自动任务、子流程任务等。②任务分配：任务管理子系统能够根据任务类型和规则将任务分配给相应的参与者或处理人员，以确保任务能够及时得到处理。③任务执行：任务管理子系统能够监控和管理任务的执行情况，包括任务的开始、暂停、恢复、完成等状态，以便及时发现和解决问题。④任务审核：任务管理子系统能够对任务的执行结果进行审核，包括任务的通过、驳回、回退等，以确保任务执行的准确性和规范性。⑤任务回退：任务管理子系统能够对任务进行回退操作，包括任务的回退、撤销等，以便处理任务执行中的异常情况或错误操作。

6) 输入数据管理子系统

输入数据管理子系统主要负责管理工作流程中的输入数据，对于保障工作流程的数据质量和流程的高效性具有重要的作用。其主要功能包括以下几个方面，①数据定义：输入数据管理子系统能够定义和描述工作流程中需要使用的数据类型、数据格式、数据范围等信息，以确保数据的准确性和规范性。②数据采集：输入数据管理子系统能够采集、收集和导入数据，包括手动输入、自动获取、数据导入等方式。③数据校验：输入数据管理子系统能够对数据进行校验和验证，包括数据格式、数据完整性、数据合法性等方面的检查，以确保数据的正确性和可用性。④数据转换：输入数据管理子系统能够将数据进行转换、处理和清洗，以便与工作流程中其他任务的要求相适应。⑤数据存储：输入数据管理子系统能够对数据进行存储、备份和恢复，包括本地存储、云存储、数据库存储等多种方式。

7) 输出数据管理子系统

输出数据管理子系统主要负责管理工作流程中的输出数据，对于提高工作流程的效率、精度和可靠性具有重要的作用。其主要功能包括以下几个方面，①数据定义：输出数据管理子系统能够定义和描述工作流程中产生的输出数据类型、数据格式、数据范围等信息，以确保数据的准确性和规范性。②数据生成：输出数据管理子系统能够自动或手动生成、导出、打印、展示工作流程中的输出数据，包括结果报表、统计数据、图表等多种形式。③数据传递：输出数据管理子系统能够将输出数据传递到其他系统或应用程序中，包括电子邮件、文件传输、API

调用等多种方式。④数据存储：输出数据管理子系统能够对输出数据进行存储、备份和恢复，包括本地存储、云存储、数据库存储等多种方式。⑤数据共享：输出数据管理子系统能够将输出数据共享给其他用户或系统，包括公开共享、有条件共享、个人共享等多种方式。

3. 系统接口

在系统架构图中定义了六个接口，可以实现工作流引擎与子系统的交互。

接口 I_1： 为工作流设计子系统和工作流引擎子系统之间的数据传输提供接口。其作用是工作流设计工具创建的工作流规范能在工作流执行环境中进行解释。

接口 I_2： 为工作流引擎子系统和工作流监控子系统之间的数据传输提供接口。其作用是通过工作流引擎向工作流监控子系统报告工作流运行状态，同时在处理异常、故障和恢复时，将异常处理方案从工作流监控子系统传输至工作流引擎。

接口 I_3： 为工作流引擎子系统和任务管理子系统之间的数据传输提供接口。工作流引擎子系统发送任务执行指令，任务管理子系统在接收到指令后执行任务并实时回传任务执行相关的数据，同时用来判断任务执行是否结束。

接口 I_4： 为工作流引擎子系统和输入数据管理子系统之间的数据传输提供接口，用于对输入数据的跟踪和可重复性的支持。

接口 I_5： 为工作流引擎子系统和输出数据管理子系统之间的数据传输提供接口。工作流引擎子系统向输出数据管理子系统请求输出数据，输出数据管理子系统则通过确认所需输出数据的可用性，并按要求交付数据来响应该请求。

接口 I_6： 为其他工作流引擎的互操作提供接口。不同的工作流规范可以通过该接口传递给另一个工作流引擎来执行。

3.2　边缘工作流系统基础功能

本节在对经典工作流参考模型以及边缘计算架构进行分析的基础上，首先提出边缘工作流系统所需要具备的基础功能。接着，结合真实场景下的边缘工作流系统开发示例，分别对边缘工作流系统的系统功能进行详细介绍。

3.2.1　基础功能简介

边缘工作流系统通过将工作流系统与边缘计算环境中的资源与服务整合，对内面向工作流服务请求提供高效的任务与资源管理服务，对外面向终端用户提供及时可靠的服务响应[17, 18]。因此，边缘工作流系统可以被视为一种平台即服务（platform as a service，PAAS），即将边缘工作流系统平台视为一种服务，为用户的服务请求提供其所需要的资源或服务[19, 20]。根据边缘计算环境中工作流任务的特点与用户实际需求，边缘工作流系统主要具有五类功能需求[21]：

(1)用户指定的真实边缘计算环境的生成和部署需求。与云计算环境不同，边缘计算环境具有异构的计算资源和网络环境。传统的云计算环境通常使用虚拟化技术来生成和部署不同的计算资源。但是，它不能适应多样化的边缘计算资源和网络环境。现有的边缘计算实验工具箱大多只支持边缘计算资源和网络的模拟设置。因此，如何快速有效地生成和部署用户自定义的边缘计算环境是该引擎的第一个关键需求。

(2)对用户提交的智能应用的工作流任务进行可视化建模和生成需求。现有的工作流执行引擎大多支持标准工作流应用建模。但缺乏对智能应用的支持。然而，边缘计算环境有大量的智能应用。这些应用中的计算任务是高度定制化的，与标准工作流有很大区别。因此，所提出的边缘工作流执行引擎需要支持标准工作流建模和用户的自定义工作流建模。

(3)为边缘计算环境设计的高效的工作流执行引擎需求。目前主流的工作流引擎是基于云计算环境设计的。鉴于边缘计算和云计算的计算资源和网络差异，将云计算工作流引擎直接移植到边缘计算环境是不现实的。因此，需要设计和实现一个高效率的工作流执行引擎，以适应边缘计算环境。

(4)对边缘计算环境和工作流任务的实时监控需求。由于边缘计算环境的实时性特点，工作流任务执行的性能指标具有非常快的变化率。现有的研究工作主要监测工作流执行的起点和终点，这就造成了预测的执行成本与实际的差距。因此，建议引擎需要支持边缘计算环境的实时监测。

(5)支持对工作流应用的性能目标进行优化需求。根据目前边缘计算环境的资源管理研究工作，工作流任务执行的评价指标很多，如能耗、执行成本和执行时间。现有的工作流引擎只支持这些评价指标中的一部分，无法全面评价工作流任务的性能。因此，建议工作流引擎需要支持工作流任务的评价指标。

3.2.2　示例1：EXPRESS 资源管理

EXPRESS 系统是根据物流最后一公里配送的实际场景，在边缘计算环境中使用工作流技术以及区块链技术，设计的一种基于边缘计算环境的无人机最后一公里配送系统的资源管理框架[22]。该系统框架能够在保证终端设备计算任务请求响应时间约束与系统业务流程安全性的同时，减少终端设备计算任务执行能耗开销[22]。

EXPRESS 系统框架分为四个部分，如图 3.2 所示。自下而上分别为基础设施层、计算与数据资源管理层、应用层以及用户交互层。其中基础设施层主要包含边缘计算环境中的计算资源与数据资源，该层能够对应用层与用户层所发起的服务请求进行处理。计算与数据资源管理层对上主要负责接收应用层的服务请求并为其分配最为合适的计算或数据资源，对下则主要负责对底层计算与数据资源的高效管理。应用层则主要集成了无人机配送系统在运行过程中所需要的服务或应用。用户接口层则是面向使用系统的工作人员或用户，提供服务的访问接口与界面。EXPRESS 系统框架的各层功能总结如下。

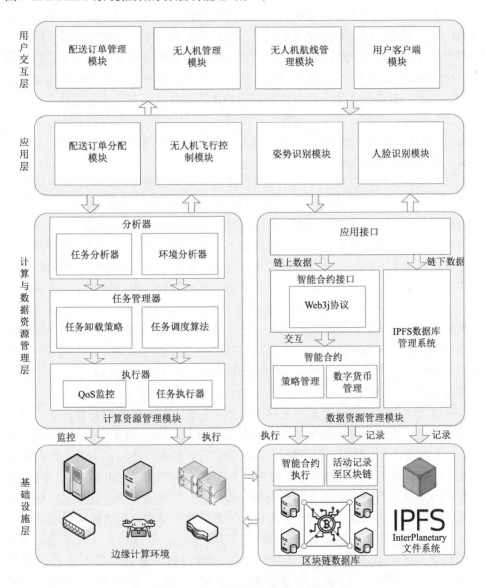

图 3.2　EXPRESS 资源管理系统框架

底层基础设施层是 EXPRESS 框架的基础，其主要包含边缘计算环境中的计算资源以及数据存储资源。其数据存储资源由基于区块链技术的数据库所实现。对于计算资源来说，边缘计算环境中的计算资源可用于执行终端用户所发出的计算任务。与此同时，通过诸如虚拟机或容器等虚拟化技术，基础设施层还能够为上层计算与数据资源管理层提供监控和执行接口，实现对底层计算与数据资源的实时监控与管理。对于数据资源来说，区块链数据库可以存储和搜索需要安全存储和传输类型的数据，如商业交易记录和用户的私人信息，还能够为基于区块链的数据管理模块提供执行和记录接口。作为区块链数据库的延伸，星际文件系统（InterPlanetary file system，IPFS）可以存储具有高访问频率和高存储需求的公共数据[23]。因此，通过将与系统核心业务流程相关的数据存储在区块链数据库中，可以保证系统核心数据以及业务流程的安全性。其他因数据量较大而不适合存储在区块链中的系统数据则存储在 IPFS 中，以此在保证该类数据安全性的同时，还能够保证系统数据访问效率。

计算与数据资源管理层由基于边缘计算环境的计算资源管理模块和数据资源管理模块组成。计算资源管理模块主要负责管理边缘计算环境中底层的计算资源，并为应用层提供计算任务执行接口。计算资源管理模块的子模块包括任务分析器、任务管理器和任务执行器。任务分析器的主要功能是接收来自应用层的任务请求并分析计算任务的特性。此外，该模块还需要监测和分析边缘计算环境中计算资源的状态。结合任务分析器的结果，任务管理器需要根据用户计算任务请求的特征与需求以及当前边缘计算环境中资源的状态做出任务卸载决策方案（即计算任务需要被发送到边缘计算环境中的哪一层计算资源）和调度方案（即该层计算资源中具体的任务执行方案），这两个方案的生成则是由所采用的任务卸载策略和调度算法分别产生。最后，用户所发起的计算任务将会根据其对应计算任务卸载决策和调度方案进行执行。

数据资源管理模块分为两个子模块，分别为链上数据管理模块和链下数据管理模块。链上数据管理模块对下负责直接管理底层区块链数据库的数据操作（例如，插入数据、读取数据、更新数据和删除数据），对上为应用层中的系统应用提供数据库操作接口。链上数据管理模块包含三个子模块，分别为应用接口子模块、智能合约接口子模块和智能合约子模块。首先，应用接口子模块是智能合约接口子模块和应用层之间进行数据交互的桥梁。通过该子模块，无人机配送系统的应用可以直接与区块链数据库进行数据操作互动。然后，智能合约接口子模块建立了应用接口子模块和智能合约子模块之间进行数据传输的桥梁。它可以根据 Web3j 协议为应用接口子模块创建智能合约实例。最后，智能合约子模块根据智能合约实例执行相应的策略并记录活动日志。在 EXPRESS 框架中，由于考虑到区块链数据库的数据操作的效率问题，我们将访问频率高、存储数据量大的公共系统数据存储在链下数据库。链下数据管理部分则被用于管理应用侧与链下数据库进行交互时的数据库操作，其中包含 IPFS 数据库管理系统子模块。

应用层作为无人机配送系统中所有应用的载体，由系统管理应用以及机器学习应用组成。例如，在无人机投递系统中，当配送系统收到用户的物流配送订单时，首先，配送订单分配模块根据无人机配送开销和配送网络当前的状态将订单分配给合适的无人机配送站。然后，无人机携带货物起飞。在无人机飞行过程中，无人机飞行控制模块需要实时感应环境数据并自动控制无人机飞往目的地。当无人机到达目的地时，姿势识别模块将要求用户摆出一个特定的姿势并进行实时检测。一旦姿势识别模块检测到目标用户的姿势，还需要对用户的身份进行进一步核实。此时，人脸识别模块将对用户的脸与配送系统中预留的人脸数据进行匹配，在确认用户真实身份后，无人机将降落并放下包裹。最后，人脸识别模块将拍摄用户在领取包裹过程中的照片并上传至云服务器，以此作为货物运输成功的凭据。

顶层的用户交互层则是智能软件与终端用户(包括系统管理员和用户)之间进行信息交互的桥梁。用户交互层的模块可以分为两类。第一类是系统管理模块，用于管理无人机配送系统的硬件、软件资源，例如，配送订单管理模块、无人机管理模块和无人机航线管理模块。第二类是客户端模块，用于向用户提供实时的订单配送业务的查询功能。

3.2.3　示例 2：Edge4DL 智能应用管理

为了节约物流运输时间与成本，亚马逊、顺丰等物流企业都开始使用无人机(UAV)作为最后一公里配送环节的运输工具[24]，医疗机构可以使用无人机进行药物的配送。以无人机配送的收货场景中，通过人脸识别应用对收货人的定位和确认为例，将人脸识别应用在协同框架 Edge4DL 中，以证明框架的有效性。

在无人机配送的收货场景中，本章设计了基于 Edge4DL 框架的人脸识别应用(face recognition application based on Edge4DL，FRE)策略，如图 3.3 所示。云服务器主要存储所有的订单信息和负责无人机起飞前的路径规划等工作[24]。同时为了保证收货人信息的安全性，整个过程由云服务器负责收货人信息的统一管理，在无人机到达收货人指定目的地之前，边缘服务器会从云服务器下载对应收货人的人脸特征数据。当无人机到达收货人指定目的地时，就需要对无人机拍摄的视频进行逐帧分析，从而定位和确认收货人，完成收货环节。第一步，在作为终端设备的无人机上对原始的视频帧进行简单的预处理。首先使用轻量级的目标检测算法筛选出包含人的视频帧，然后根据这些视频帧中所检测出人的位置坐标，使用切割算法提取出整个视频帧中只包含人的小部分图像，最后将这些图像中只包含人的部分上传到边缘服务器。第二步，在邻近的边缘服务器上对无人机过滤后的数据进一步处理。收货地的周边大多会有很多行人,所以上传至边缘服务器中会存在多个人的图像信息,而为了吸引无人机的注意,规定收货人对其招手,使用姿势识别算法筛选出包含招手姿势的图像。第三步,在边缘服务器上进行最后的收货人确认。使用人脸识别应用检测图像中做招手姿势的人,是否与从云服务器提前下载的收货人人脸特征相匹配。如果是,则边缘服务器会给无人机发出指令,完成对收货人的定位和确认。无人机将飞到收货人旁边进行降落,从而完成收货。如果否,则进行下一帧的识别,直到找到收货人。

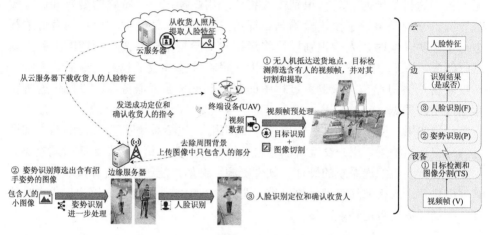

图 3.3　基于 Edge4DL 框架的人脸识别应用

如图 3.3 所示,右侧的流程图更加直观地展示了 **FRE** 策略如何对无人机拍摄的视频帧(V)进行分析。第一步,终端设备上执行目标检测并进行图像分割(TS);第二步,边缘服务器进行姿势识别(P);第三步,边缘服务器对做出招手姿势的人进行人脸识别(F)。在第一步中,本章选取了专门针对嵌入式移动设备而设计的轻量级目标检测算法 tiny-YOLO[25]。本章对 tiny-YOLO 进行了专门的训练,使其仅仅对行人进行识别,从而达到过滤效果。在第二步中,本章使用了卡内基梅隆大学基于卷积神经网络开发的姿势识别算法 OpenPose[26],为了进一步过滤数据,此算法对硬件有较高的要求,将其部署至边缘服务器。在第三步中,本章使用了人脸识别开源项目 face_recognition,它基于开源的深度学习模型而开发[25],将此人脸识别应用部署至边缘服务器。本章从无人机真实拍摄的视频中选取任意一帧,像素大小为 1920×1080,分别作为图 3.3 中①②③步的输入,在同一配置下运行并记录时间。如表 3.1 所示,如果单独运行三个步骤,从第一步到第三步的运行时间依次递增,侧面说明三个步骤的复杂度依次递增。因此我们可以提前花费较少的时间对原始数据进行过滤,目标识别可以过滤掉一部分不包含人的视频帧,图像分割可以将处理的像素大小降低,边缘服务器上执行姿势识别协同完成进一步的数据过滤，从而减少传输时间和人脸识别应用的计算时间。视频逐帧通过终端设备与边缘服务器的协同过滤，最后由第三步的人脸识别应用确认是否为收货人。

表 3.1　Edge4DL 框架执行时间

步骤名称	①目标检测&图像分割(TS)	②姿势识别(P)	③人脸识别(F)
时间/s	0.17	0.24	0.8

下面给出 FRE 策略伪代码。首先作为终端设备的无人机执行算法第 1~5 行，它到达指定收货地点后开始寻找收货人，此时边缘服务器已提前将正确的收货人人脸特征(KnownFace)从云端下载。对于一帧图片(F)，首先调用目标检测算法，为了判断此帧是否含有人，并获得在此帧中所有人的对应位置信息(L)(第 1 行)。如果 L 为空，则表示此帧没人，算法返回 False。如果 L 不为空，表示存在人，此时调用图像分割算法，根据目标检测算法中得到的位置信息，将原始帧 F 切割成若干张含有人的小图片集合 I[num]，并上传到边缘服务器(第 2~5 行)。边缘服务器执行算法第 6~15 行，接收到从无人机获取的图片集 I[num]，得到图片集 I 的图片数量 num，num 也代表此帧所包含的人数(第 6 行)。遍历 I 中的图片，对于图片集 I 中的第 j 张图片[j]，首先调用姿势识别算法，判断图片中人是否在招手，如果是，边缘服务器调用人脸识别应用判断此人是否匹配收货人人脸特征。如果匹配成功，算法返回 True。当遍历完全部的图片后，仍然没有找到收货人，算法返回 False(第 7~15 行)。

算法 3.1　基于 Edge4DL 框架的人脸识别应用(FRE)

输入：视频帧(F)；人脸特征(KnownFace)；

输出：人脸匹配结果(True 或 False)

无人机侧：

1　对于每一帧图片(F)，调用目标检测算法(Target_Detection_Algorithm)，获得在此帧中所有人的对应位置信息(L)；

2　**if L == NULL**

3　　**return** False;

4　**else**

5　　调用图像分割算法，根据目标检测算法中得到的位置信息，将原始帧 F 切割成若干张含有人的小图片集合 I[num]；

边缘服务器侧：

6　　接收到从无人机获取的图片集 I[num]，得到图片集 I 的图片数量 num；

7　　**for** j = 1 **to** num **do**

8　　　　调用姿势识别算法，判断图片中人是否在招手；

9　　　　**if** accepted **then**

10　　　　　调用人脸识别应用判断此人是否匹配收货人人脸特征；

11　　　　　**if** matched **then**

12　　　　　　　**return** True;

13　　　　　　**else return** False;

13　　　　　**end if**

14　　　　**end if**

15　　**end for**

3.2.4　示例 3：FogWorkflowSim 工作流管理

　　雾计算环境可以提供丰富的资源类型，使得其拥有分布性、实时性、移动性等优势。然而这些丰富的资源带来的是雾计算环境中的任务管理问题。由于雾计算环境中的资源情况较为复杂，不仅有云服务器资源、雾节点资源，还有终端设备资源，这些资源又可以细分为网络资源、计算资源、存储资源等。真实的雾计算环境还尚未成熟，虽然雾计算领域已有很多研究成果，这些成果都经过了模拟实验环境的验证，但是模拟实验仍缺乏真实环境中的条件，效果较差。因此缺乏一个仿真平台既可以仿真雾环境中这些复杂的资源，又可以评估任务管理策略的性能。与此同时，以流程形式定义的工作流作为终端设备的目标应用程序更具有一般性，因此需要结合工作流系统对雾环境中的资源进行有效的管理[27]。由于目前对雾环境中工作流系统的研究较少，因此还没有一套成熟的雾工作流系统能够较为全面和真实地对雾环境进行仿真。在云计算环境中常用的仿真框架如CloudSim[28]等均是根据云计算环境的具体情况进行设计与使用的，也无法满足雾计算环境中复杂的资源与网络结构的仿真要求。而常用的工作流系统WorkflowSim[29]虽然能很好地仿真工作流，但是只适用于云计算环境。现有的雾计算仿真环境 iFogSim[30]没有使用工作流系统对资源进行有效管理，其使用范围有限，故本章提出了雾工作流仿真系统。

　　本节主要讨论 FogWorkflowSim 的体系架构与功能，如图 3.4 所示，根据雾计算环境中的资源管理需求，FogWorkflowSim 的系统架构划分为三层：雾计算环境层、工作流环境层和管理层。每一层都负责某些特定的功能，以保证其他层次的操作。下面将对三层的具体功能进行详细描述。

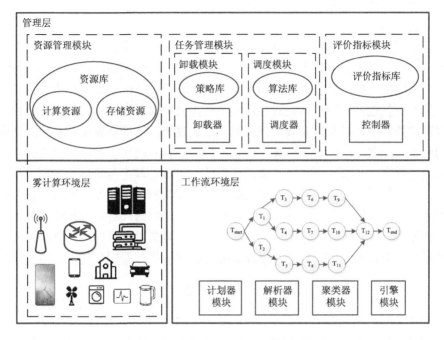

图 3.4　FogWorkflowSim 系统架构

1) 雾计算环境层

由于雾计算的网络结构是三层结构，分别为终端设备层、雾节点设备层、云服务器设备层。每一层的每个设备都能处理任务，但每个设备都要有其硬件资源配置，包括常见的计算资源、存储资源、上行和下行链路带宽等。所以系统需要对雾计算环境中这三层的设备进行建模，并借助管理层的资源管理模块管理和使用这些硬件资源，包括处理虚拟机创建请求并分配相应资源给虚拟机等。系统更要能模拟在设备中处理工作流任务的过程，其中包括处理任务的输入输出数据。这些设备需要处理的工作流任务既可以来自工作流系统层，也可以来自雾环境中其他设备。

2) 工作流环境层

工作流环境层由计划器模块、解析器模块、聚类模块、引擎模块构成，能够实现对工作流的模拟。计划器模块负责仿真的开始。解析器模块负责将输入工作流文件解析成系统中表示工作流任务的任务类，类中属性需包括任务负载和任务间依赖关系等。聚类模块根据特定的聚类算法将多个任务聚类成一个作业，然后系统对聚类后的作业执行相应调度操作。本章不聚焦于任务聚类，因此仅按照原有顺序将单个任务聚类成单个作业，实现简单的聚类模型。引擎模块的功能是调用聚类方法、按依赖关系提交给调度模块进行处理、重新处理失败的任务以及判断若是完成全部任务则结束模拟的操作。

3) 管理层

管理层的结构分为资源管理模块、任务管理模块和评价指标模块。资源管理模块是雾计算环境中存储和计算资源的虚拟池。任务管理模块由卸载模块和调度模块共同组成，卸载模块中的策略库是系统中卸载策略的仓库，其中包括常用的卸载策略可供选择。卸载器是管理层中至关重要的部分，系统将卸载策略的入口设置在卸载器中，以确保有效的任务卸载。调度模块中的调度库是系统中调度算法的仓库，需要有的熟悉调度算法可供选择，同样系统需要把调度算法的入口设置在调度器中，并且它还需要负责虚拟机的创建和处理任务的提交、更新和返回等操作。评价指标模块中的控制器主要是在执行完所有工作流任务后负责对执行过程中关于资源使用量的计算，也就是根据指标库中的评价指标模型对结果进行评估性能指标操作。此外，指标库也承担着调度算法优化目标的职责，指标库中应该有常见的任务执行时间、终端设备能耗、任务执行费用三种评价指标模型。

参 考 文 献

[1] MOFRAD S, AHMED I, LU S Y, et al. SecDATAVIEW: a secure big data workflow management system for heterogeneous computing environments[C]//Proceedings of the the 35th annual computer security applications conference, San Juan, PR, USA, 2019.

[2] XU X L, FU S C, YUAN Y, et al. Multiobjective computation offloading for workflow management in cloudlet-based mobile cloud using NSGA-II [J]. Computational intelligence, 2019, 35 (3) : 476-495.

[3] WANG J W, ALTINTAS I. Early cloud experiences with the Kepler scientific workflow system [J]. Procedia computer science, 2012, 9: 1630-1634.

[4] OSTERMANN S, PLANKENSTEINER K, PRODAN R, et al. Workflow monitoring and analysis tool for ASKALON [M]//MEYER N, TALIA D, YAHYAPOUR R. Grid and services evolution. Boston: Springer, 2009: 1-14.

[5] DEELMAN E, VAHI K, JUVE G, et al. Pegasus, a workflow management system for science automation [J]. Future generation computer systems, 2015, 46: 17-35.

[6] RODRIGUEZ M A, BUYYA R. Scientific workflow management system for clouds [M]//MISTRIK I, BAHSOON R, ALI N, et al. Software architecture for big data and the cloud. Amsterdam: Elsevier, 2017: 367-387.

[7] LIU X, YUAN D, ZHANG G F, et al. SwinDeW-C: a peer-to-peer based cloud workflow system [M]//FURHT B, ESCALANTE A. Handbook of cloud computing. Boston: Springer, 2010: 309-332.

[8] ZENG J, DU Z X, HU C M, et al. CROWN FlowEngine: a GPEL-based grid workflow

engine[C]//Proceedings of the international conference on high performance computing and communications, Houston, 2007.

[9] LUO H Y, LIU X, LIU J, et al. Runtime verification of business cloud workflow temporal conformance [J]. IEEE transactions on services computing, 2022, 15(2): 833-846.

[10] KIM M, MOHINDRA A, MUTHUSAMY V, et al. Building scalable, secure, multi-tenant cloud services on IBM Bluemix [J]. IBM journal of research and development, 2016, 60(2-3): 8:1-8:12.

[11] GUO P, PETERSON R, PAUKSTELIS P, et al. Cloud-based life sciences manufacturing system: integrated experiment management and data analysis via Amazon web services[C]//Proceedings of the INFORMS international conference on service science, Nanjing, 2019.

[12] CERNAT M, STAICU A N, STEFANESCU A. Towards automated testing of RPA implementations[C]//Proceedings of the 11th ACM SIGSOFT international workshop on automating TEST case design, selection, and evaluation, Virtual, USA, 2020.

[13] POURMIRZA S, PETERS S, DIJKMAN R, et al. BPMS-RA: a novel reference architecture for business process management systems [J]. ACM transactions on internet technology (TOIT), 2019, 19(1): 1-23.

[14] DE CARVALHO SILVA J, DE OLIVEIRA DANTAS A B, DE CARVALHO F H Jr. A scientific workflow management system for orchestration of parallel components in a cloud of large-scale parallel processing services [J]. Science of computer programming, 2019, 173: 95-127.

[15] BRAVO-ROCCA G, LIU P N, GUITART J, et al. Scanflow: a multi-graph framework for machine learning workflow management, supervision, and debugging [J]. Expert systems with applications, 2022, 202: 117232.

[16] KAUR M, ARON R. FOCALB: fog computing architecture of load balancing for scientific workflow applications [J]. Journal of grid computing, 2021, 19(4): 1-22.

[17] SHAO Y L, LI C L, TANG H L. A data replica placement strategy for IoT workflows in collaborative edge and cloud environments [J]. Computer networks, 2019, 148: 46-59.

[18] DU X, TANG S T, LU Z H, et al. A novel data placement strategy for data-sharing scientific workflows in heterogeneous edge-cloud computing environments[C]//Proceedings of the 2020 IEEE international conference on web services (ICWS), Beijing, China, 2020.

[19] HUANG B B, LI Z J, TANG P, et al. Security modeling and efficient computation offloading for service workflow in mobile edge computing [J]. Future generation computer systems, 2019, 97: 755-774.

[20] LAKHAN A, LI X P. Content aware task scheduling framework for mobile workflow applications in heterogeneous mobile-edge-cloud paradigms: CATSA framework[C]//Proceedings of the 2019 IEEE international conference on parallel & distributed processing with applications, big data & cloud computing, sustainable computing & communications, social computing & networking (ISPA/BDCloud/SocialCom/SustainCom), Xiamen, China, 2019.

[21] XIE Y, ZHU Y W, WANG Y G, et al. A novel directional and non-local-convergent particle swarm optimization based workflow scheduling in cloud-edge environment [J]. Future generation computer systems, 2019, 97: 361-378.

[22] XU J, LIU X, LI X J, et al. EXPRESS: an energy-efficient and secure framework for mobile edge computing and blockchain based smart systems[C]//Proceedings of the the 35th IEEE/ACM international conference on automated software engineering, Melbourne, Australia, 2020.

[23] NYALETEY E, PARIZI R M, ZHANG Q, et al. BlockIPFS-blockchain-enabled interplanetary file system for forensic and trusted data traceability[C]//Proceedings of the 2019 IEEE international conference on blockchain (Blockchain), Atlanta, GA, 2019.

[24] GAO H, XU Y, LIU X, et al. Edge4Sys: a device-edge collaborative framework for MEC based smart systems[C]//Proceedings of the 35th IEEE/ACM international conference on automated software engineering (ASE), Melbourne, Australia, 2020.

[25] KHOKHLOV I, DAVYDENKO E, OSOKIN I, et al. Tiny-YOLO object detection supplemented with geometrical data[C]//Proceedings of the 91st vehicular technology conference (VTC2020-Spring), Antwerp, Belgium, 2020.

[26] WU E Q, TANG Z-R, XIONG P W, et al. R OpenPose: a rapider OpenPose model for astronaut operation attitude detection [J]. IEEE transactions on industrial electronics, 2022, 69(1): 1043-1052.

[27] MAROZZO F, TALIA D, TRUNFIO P. A workflow management system for scalable data mining on clouds [J]. IEEE transactions on services computing, 2018, 11(3): 480-492.

[28] CALHEIROS R N, RANJAN R, BELOGLAZOV A, et al. CloudSim: a toolkit for modeling and simulation of cloud computing environments and evaluation of resource provisioning algorithms [J]. Software: practice and experience, 2011, 41(1): 23-50.

[29] CHEN W W, DEELMAN E. WorkflowSim: a toolkit for simulating scientific workflows in distributed environments[C]//Proceedings of the 2012 IEEE 8th international conference on E-science, Chicago, IL, 2012.

[30] GUPTA H, VAHID DASTJERDI A, GHOSH S K, et al. iFogSim: a toolkit for modeling and simulation of resource management techniques in the internet of things, edge and fog computing environments [J]. Software: practice and experience, 2017, 47(9): 1275-1296.

第4章　边缘工作流系统服务质量

本章将首先对云服务服务质量（quality of service，QoS）进行介绍，接着结合实际分析了商业云服务中服务等级协议（service level agreement，SLA）的运作过程，最后介绍了边缘环境中通用服务质量框架及各项服务质量指标。

4.1　云服务质量

4.1.1　通用服务质量

云服务是指通过互联网提供的计算服务、存储服务、数据库服务、应用程序等各种资源。这些资源由云服务提供商在其数据中心中管理和维护，并通过云计算技术按需提供给用户。用户可以根据自己的需求，通过云服务实现灵活的资源调配和管理，无须在本地购买和维护昂贵的硬件设备和软件系统。云服务的提供者通常是大型的云计算服务提供商，例如，亚马逊 AWS、微软 Azure、谷歌云等。云服务提供了一种灵活、可扩展、高效、经济实惠的计算资源管理方式，为企业和个人提供了更加便捷、可靠、高效、安全、可定制化的计算服务。通过云服务，用户可以在任何地方、任何时间、任何设备上访问其数据和应用程序，而不必关心底层的物理基础设施和维护工作。此外，云服务可以降低用户的 IT 成本、提高资源利用率、减少能量消耗、提高应用程序的可用性和可伸缩性，并且能够帮助用户更好地应对业务上的挑战和变化。

云计算环境中的服务质量指的是云服务提供商所提供的服务的质量，包括性能、可用性、可靠性、安全性、可扩展性、灵活性等多个方面。云服务提供商需要保证其服务能够满足用户的需求和期望，并且能够在高负载情况下保持稳定和高效运行，以提供高品质的服务。同时，云计算环境中的服务质量还需要考虑用户的隐私和数据安全等方面，以确保用户的数据得到保护。根据实际应用场景的需求，不同的应用对 QoS 存在不同要求，即服务等级目标（service level objective，SLO）。对于云服务的性能方面，云计算环境中普通 Web 页面的响应时间应该小于 1s[1]。对于交互性强的应用（例如地图缩放），响应时间必须小于 100ms[2]。如果云计算环境所提供的应用服务无法满足性能要求，则会对用户与服务提供商产生影响。例如，根据亚马逊网络商店的实验，页面加载时间每增加 100ms[3]，销售额会下降 1%。对于云服务的可靠性方面，云存储服务的可用性要求为

99.999%[4]。也就是说，云存储服务在一年中最多只能停机 5min。这是因为云存储服务通常用于存储企业重要的数据和文档，一旦服务停机，将会对企业产生严重的影响。例如，中国信通院发布的《可信金融云服务(银行类)能力要求参考指南》中说明可信金融云服务(银行类)的可用性应达到 99.95%[5]。综上所述，结合云计算环境的应用场景的不同特征，如何根据不同服务质量要求与服务等级目标，为终端用户提供更好的云服务是云计算面临的一大挑战。

随着多样化的应用场景、多层次的服务、多样化的用户、复杂的服务交互在云计算环境中的广泛应用，单一的服务质量需求已经无法满足用户与云服务提供商的实际需求。因此，需要将不同服务质量需求组合考虑。QoS 管理是指在云计算环境中通过管理和调整资源使用、应用程序性能、可靠性和安全性等方面来确保服务质量满足用户需求的过程。具体来说，它涉及对网络带宽、存储空间、处理器速度等资源的优化，确保应用程序在不同负载情况下均能提供稳定的性能，同时遵守 SLA 等约定。通过 QoS 管理，云服务提供商可以优化服务提供方案，提高用户满意度，并实现更高的收益和更好的市场竞争力。云服务的用户通常是分布在全球范围内的大量用户，对服务的需求和期望也多种多样。同时，云服务提供商提供的服务也具有复杂性和动态性，涉及多种技术和资源的协同工作。因此，为了保证云服务的高可靠性、高性能和高质量，需要进行 QoS 管理，以确保满足用户的需求和期望，并与云服务提供商的资源和技术进行有效的协同和管理。同时，QoS 管理也可以帮助云服务提供商更好地管理和配置资源，提高资源的利用率和效率。因此，云服务中的 QoS 管理越来越受到重视。

下面对云服务中代表性 QoS 指标进行简要概述：

(1)成本(cost)：成本表示用户在云服务提供商所提供的资源中执行任务或应用所需支付的费用。云服务的成本通常与服务的质量和性能相关。在选择云服务提供商和云服务级别时，成本是决策过程中必须考虑的重要因素之一。

(2)性能(performance)：性能是指在特定条件下，系统或应用程序能够完成任务的速度和效率，通常以响应时间、吞吐量、并发用户数等指标来衡量，更高的吞吐量、更短的响应时间以及更多的并发用户数表示云服务更好的性能。在云服务中，性能是一个重要的服务质量指标，因为用户对于云服务的响应速度和处理能力有较高的要求。同时，云服务提供商也需要提供高性能的服务来满足用户需求，并提高自身的市场竞争力。

(3)可用性(availability)：可用性是指系统或服务在一定时间内能够正常运行的概率或比例。在云服务中，可用性是指云服务在合同约定的服务时间内，能够持续地提供服务的概率或比例。例如，如果一个云服务提供商的服务合同约定了99.9%、99.991%、99.9998%的可用性，那么该服务每年最多可以停机 8h、45min和 36s。因此，可用性是云服务质量管理中非常重要的一个指标，对于许多企业和组织来说，业务连续性是非常关键的，因此需要保证其使用的云服务具有高可用性。

（4）可靠性（reliability）：可靠性是指云服务在运行过程中不出现故障或不可用的能力。在云计算环境中，可靠性通常被表示为服务的可用时间和故障率。云服务的可靠性对于用户而言非常重要，因为任何停机时间都会影响用户的业务流程，带来巨大的损失。因此，云服务提供商通常会采取措施来提高其服务的可靠性，例如实施冗余架构和备份策略，以确保在故障发生时可以快速恢复服务。可靠性能够通过发生故障的数量来衡量，比如在特定时间段内服务次数和违反服务协议次数。

（5）可伸缩性（scalability）：可伸缩性是指云服务提供商的系统或服务在面对不断增长的用户或工作量时，能够保持或增强其性能、质量和可靠性。具体来说，可伸缩性可以表现为系统或服务能够在不降低服务质量的情况下，适应变化的工作量、用户数、数据量等因素的增加。这也是云服务提供商需要考虑的重要 QoS 指标之一。

（6）安全性（security）：安全性是指云服务能够保护用户数据的机密性、完整性和可用性，以及保护用户不受未经授权的访问、数据泄露、服务中断和其他安全威胁的影响。云服务提供商应该实施适当的安全措施，包括数据加密、身份验证和授权、防火墙、入侵检测和预防等，以确保用户数据的安全和隐私。此外，云服务提供商还应该遵守适用的安全性法规和标准，如 ISO 27001 等。

4.1.2　服务等级协议

虽然云计算环境中包含海量的服务资源，但其通常来自不同的服务提供商。这些服务提供商可能具有不同的地理位置、不同的网络带宽和不同的硬件架构。因此，如何在使用不同服务提供商提供的服务资源的同时保证 QoS，是一个值得关注的问题。SLA 是指在服务提供商和用户之间，就服务质量、性能、可用性、可靠性、安全性等方面所达成的一种书面协议。该协议规定了双方对于服务的期望、约束和保证，以及如何解决可能出现的问题和争议。服务等级协议是云计算服务中的一个重要组成部分，也是保证云计算服务质量的重要手段之一。标准服务等级协议可能包括许多组件，如请求标头（Header）信息（如名称、版本、所有者、责任分配和类型）、功能信息（如功能需求、服务操作和调用）和非功能信息（如服务质量、事务、语义和流程）。SLA 正式定义了服务提供商应交付的目标/最低服务质量。根据它，如果服务提供商未能满足双方商定的 SLA，该服务提供商将受到处罚。

SLA 生命周期指的是服务等级协议从开始到结束的整个过程，一般包括以下几个阶段：

(1)协商阶段：在此阶段，服务提供商和用户协商服务级别和条款，包括服务的质量要求、可用性、维护窗口等。

(2)定义阶段：在此阶段，制定并签署 SLA，确定服务质量指标和相关的服务等级目标，以确保提供商向用户提供协商达成的服务。

(3)实施阶段：在此阶段，服务提供商按照 SLA 的要求提供服务，用户使用这些服务并监视其性能。

(4)监控和报告阶段：在此阶段，服务提供商监视其服务的性能，并根据 SLA 的要求记录和报告性能数据，以确保用户了解服务的实际性能。

(5)评估和修正阶段：在此阶段，用户和服务提供商分析监视数据，并评估 SLA 是否符合实际性能和需求。根据评估结果，可以决定是否需要进行修改和重新协商。管理的主要作用是确保云服务提供商能够履行其服务合同，并根据用户的需求提供可靠的服务质量保证。SLA 管理的过程包括制定、监测、评估和更新服务等级协议，以保证服务的高效性、稳定性和可持续性。通过 SLA 管理，云服务提供商可以更好地与用户协商和达成一致，明确双方的责任和义务，提供更加专业、高效和可靠的服务。同时，SLA 管理还可以帮助用户实现资源的优化配置和使用，降低成本和风险，提高资源利用率和用户满意度。同时，对于不同的 SLA，其规范和监控的方式可能有很大不同。对于不同的云服务产品，SLA 的规定也不同。下面将以微软的两款不同产品为例，说明 SLA 在商业环境中的工作原理。

Azure VM 是微软推出的基于 Linux 和 Windows 虚拟机业务，其 SLA 承诺如下：对于在同一 Azure 区域中的所有虚拟机，我们保证您在大于 99.99%的时间内至少能连接到一台虚拟机实例[6]。同时保证对于每月正常运行时间百分比在[99.0%, 99.9%]、[95.0%, 99.0%]、[0, 95.0%]三个区间时，用户分别可以获得账单的 10%、25%和 100%的折扣。其中每月正常运行时间百分比的计算方式是：（最大可用分钟数−停机时间)/最大可用分钟数×100%。停机时间是指：最大可用分钟数内在该区域不具备任何虚拟机连接性的总累计分钟数。

Azure Cosmos DB 是微软推出的一款 NoSQL 快速数据库。其 SLA 还额外添加了数据项读写的承诺：Azure Cosmos DB 提供 99.999%的读取/写入可用性[7]。对于每月读写可用性百分比在[99.0%, 99.999%]、[0, 99.0%]两个区间时，用户分别可以获得账单的 10%、25%的折扣。

4.2　边缘服务质量

4.2.1　通用服务质量

边缘计算环境中的 QoS 管理与云计算环境类似，都是针对提供的服务资源进行管理和优化，以确保满足用户的要求和期望。然而，边缘计算环境具有分布式、资源有限性、安全性，使得其 QoS 管理更加具有挑战性。首先，边缘计算环境中的设备和服务通常分布在不同的位置，且可能随时加入或退出网络，因此对服务进行有效管理需要具备分布式的能力。其次，边缘计算环境中的设备和资源通常是有限的，如存储容量、带宽等，因此需要进行合理的资源分配和调度，以最大限度地提高资源利用率和服务质量。最后，边缘计算环境中的设备和服务通常具有高度的敏感性和机密性，因此需要进行有效的安全管理和控制，以保护数据和资源的安全性和完整性。由于边缘计算环境中计算与网络环境的复杂性，现有针对服务与资源的单一目标优化方式已不能满足服务提供商与用户的多样化需求，因此需要对多种 QoS 因素进行同时考虑。边缘计算环境中的 QoS 管理需要综合考虑多个因素，并采用多种技术和方法进行优化和改进，以满足不同应用场景的需求。边缘工作流系统中通用 QoS 管理可以根据用户的不同需求，提供多样化的 QoS 组合方案（如时间、费用、截止期限、安全性等），对于服务提供商而言，QoS 服务质量管理不但增强了边缘计算环境的服务质量，还提高了其资源的利用率。然而，不同 QoS 指标的评价标准在本质上存在巨大差异。例如，任务执行时间与费用在计算方法、单位、需求方面均不相同。因此，当边缘工作流系统需要支持多种 QoS 指标时，就需要为其设计对应的 QoS 管理模块，即服务质量管理模块。由于边缘计算环境中 QoS 指标的复杂性与多样性，本节无法涵盖所有指标的管理策略，而仅将重点放在如何构建边缘计算环境中的通用服务质量框架。

　　一种典型的边缘计算环境中的通用服务质量框架如图 4.1 所示，其主要分为三层，分别为用户与服务代理层、QoS 管理层、资源层[8, 9]。首先，用户通过服务请求层向 QoS 管理层发送用户应用或任务的 QoS 需求[10]。QoS 管理层在接收到用户的 QoS 需求后根据边缘计算环境中资源的类型与特征（例如，数量、性能、可用时间、位置、可靠性等），为用户的应用或任务请求分配合适的服务或资源。最后，边缘计算环境中的资源层则负责根据 QoS 管理层生成的服务或资源分配方案为用户应用与任务提供对应服务与资源[11]。

　　根据工作流实例生命周期的四个主要阶段，QoS 管理层由边缘计算环境资源数据库和四个模块组成，分别为：QoS 需求分析模块、QoS 服务选择模块、QoS 服务监控模块、QoS 违约处理模块[12, 13]。首先，不同用户的 QoS 需求会被发送至 QoS 需求分析模块中进行分析处理。然后，根据不同工作流实例属性与 QoS 需求，QoS 服务选择模块会为其分配最为合适的边缘计算环境资源与服务。接着，底层边缘计算环境中的资源与服务会根据分配方案执行用户的工作流实例。在此过程中，QoS 服务监控模块会持续监控用户工作流实例的运行情况。最后，当用户工作流实例在执行过程中发生 QoS 违约或失效的情况后，QoS 违约处理模块会根据违约情况以及当前边缘计算环境资源与服务状态进行及时处理，尽可能减少在工作流实例执行过程中 QoS 违约现象的发生。下面将对各模块的主要功能进行详细介绍。

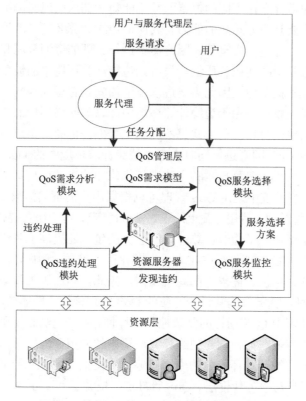

图 4.1　边缘计算环境中的通用服务质量框架

　　QoS 需求分析模块用于分析用户所传来的 QoS 需求，并将其由抽象的 QoS 需求描述规范化为具体的 QoS 需求模型。QoS 需求分析是用户工作流实例分析过程中一个非常重要的组成部分，其包括流程结构、任务定义、功能和非功能 QoS 需求定义。一般来说，QoS 需求可以由对应工作流实例中任务 QoS 约束的形式指定。然而，在实际应用中一个工作流实例通常由多个工作流任务所组成。与之对应，QoS 需求同样存在工作流实例级与任务级的 QoS 约束。工作流实例级别的 QoS 约束通常包括整个工作流执行过程中的总体响应时间、可靠性和可用性等指标。而任务级别的 QoS 约束通常包括每个任务执行的响应时间、CPU 利用率、网络带宽等指标。边缘计算环境中的大部分用户通常仅对工作流实例级的 QoS 约束进行设置。例如，工作流响应时间约束是对整个工作流实例执行完成的时间设置最大限制。然而，出于对边缘计算环境中服务选择和监控目的，需要为每个工作流任务设置对应的 QoS 约束。因此，需要 QoS 需求分析模块在保证工作流实例级与任务级的 QoS 约束一致性的前提下，分析并设置每个工作流任务的 QoS 约束。这里的一致性是指，如果每个单独的工作流任务都能满足其 QoS 约束，那么整个工作流的 QoS 约束也能满足，反之亦然。

根据 QoS 需求分析模块所生成的工作流实例特征，QoS 服务选择模块将进一步为用户的工作流实例分配合适的服务或资源。其主要功能包括服务发现、服务选择、服务调度等。QoS 服务选择模块的目标是满足用户对服务质量的需求，同时最大化利用边缘计算环境的资源，提高服务的性能、可靠性和可用性。在 QoS 服务选择模块中，可以根据用户的需求、服务的属性和边缘计算环境的资源情况等因素，采用不同的服务选择算法来实现最优服务的选择。由于用户工作流实例的 QoS 需求可能存在多个维度，QoS 服务选择模块在选择服务或资源时应当尽可能满足所有维度的 QoS 需求。当用户工作流实例的 QoS 需求无法全部满足时（例如，时间与费用、时间与能耗、费用与可靠性等），应当使用权衡算法（如马尔可夫决策）进行取舍与权衡。

QoS 服务监控模块用于在工作流实例运行过程中验证该工作流的 QoS 需求是否全部实现。如果当前的边缘环境所提供的服务或资源没有满足工作流实例的 QoS 需求，那么 QoS 服务监控模块将生成一个警报信息，并将该信息发送至 QoS 违约处理模块，让边缘计算环境提供更多的资源来满足当前工作流实例的 QoS 需求。

当 QoS 服务监控模块检测到当前工作流实例的执行方案违反了其 QoS 约束时，QoS 违约处理模块将采取一系列恢复与补救措施来处理并试图让工作流实例执行状态满足其 QoS 约束。QoS 违约处理与传统软件系统中对功能故障的异常处理方式有很大不同。例如，当软件系统的功能故障发生时，系统状态可以不断回滚到它的最后一个检查点并重新启动执行，直到解决功能故障。然而，对于非功能性的 QoS 需求违约，传统软件系统的处理策略则无法解决。例如，当工作流实例的执行过程中检测到截止时间违约时，采用回滚和重新启动策略不但不能弥补延迟，还会使得整个工作流实例的执行时间延长，其截止时间的违约情况将变得更加严重。实际上，工作流实例的截止时间违约只能通过对后续未开始的工作流任务采用增加资源性能或任务再调度的方式进行补偿，来减少后续工作流任务的执行时间。

4.2.2　计算与网络服务质量

由于边缘计算的广泛应用及其异构性、移动性和分布式等特点，云服务质量的一些特性在边缘计算中并不适用，因此需要使用边缘服务质量。边缘服务质量是指边缘计算环境中提供的服务的性能、可用性、可靠性、安全性和可扩展性等方面的质量特征，不同的应用对 QoS 有着不同的要求。在响应时间方面，边缘计算动态服务模式的增强现实任务可能需要 20ms 的响应时间。边缘服务器中运行的静态设备检测可以接受 10s 以内的响应时间[14]。在能耗方面，边缘计算环境下最后一公里配送场景中无人机飞行期间的计算能耗为 10J 左右，在此场景下的配送包裹能耗可达到 8000kJ[15]。

由于边缘计算环境中的异构性、移动性和分布式等特点，单一的 QoS 指标模型已经无法满足用户与服务提供商的实际需求。因此，在边缘计算环境中，需要综合考虑多个 QoS 指标，进行综合评估和管理，以确保服务的高效、可靠、安全和优质。边缘服务质量管理是指在边缘计算环境中，为满足用户的多样化需求，采用一系列策略和技术手段来保证服务质量。边缘服务质量管理包括服务等级协议的定义和管理、服务质量监控、故障诊断和 QoS 违约处理等方面。为了实现边缘服务质量管理，需要采用一些技术手段，如 QoS 感知的服务选择、资源管理、任务调度和网络优化等，以提升边缘计算环境中的服务质量和用户体验。然而，如果没有有效的边缘服务质量管理策略，很难实现有针对性的服务质量[16]。例如，在边缘计算环境下最后一公里配送场景中，飞行中的无人机需要毫秒级别的响应时间。然而较差的边缘服务质量管理方案可能会使得服务响应时间过长，导致无人机不能及时躲避障碍物而发生严重事故。

下面罗列了近年来相关文献所描述的具有代表性的 11 种 QoS 因素[17]：

(1)吞吐量：系统中可以处理的最大请求服务速率。吞吐量是衡量性能的重要指标之一。

(2)截止时间：请求可以完成的最后时间。一般情况下，请求一定要在截止时间前完成，否则会严重影响用户满意度。

(3)响应时间：用户发出请求到收到响应之间的时间。例如，从提交工作流活动到接收其执行结果的持续时间。

(4)资源利用率：系统可用资源的最大利用率，例如内存利用率。

(5)成本：服务申请人在一定时间内为计算、通信或数据存储所支付的费用。成本对于任何软件系统来说都是一个非常重要的 QoS 指标，尤其是在需要支付任何资源使用费用的商业边缘计算环境中。

(6)执行时间：程序完全执行的持续时间。

(7)能源消耗：一个资源执行一个请求的服务所使用的能源量。能源消耗对服务提供商而言也是十分重要的一个因素，它直接或间接影响着服务成本。

(8)可靠性：系统在规定条件和规定时间内执行所需任务的能力。它是通过故障的数量来衡量，比如在特定时间段内服务次数和违反服务协议次数。

(9)可用性：系统确保所请求的资源具有预期性能的能力。它可以通过服务在特定时间内可用的概率来衡量。

(10)可伸缩性：计算系统的能力随着服务请求或资源应用的增加，系统性能保持不变。尤其是在高并发的环境下，保证可伸缩性非常重要。

(11)安全性：与边缘/云计算环境相关的可用数据的保护是通过安全技术完成的。它通过对相关方进行身份验证、对消息进行加密和提供访问控制来提供机密性和不可否认性。根据服务请求者的不同，服务提供商可以有不同的提供安全性的方法和级别。

4.3　示例 1：时间管理

本节以边缘计算环境中最基础的服务质量——任务执行时间为例，结合边缘计算环境中任务执行的两类技术：计算卸载与调度，构建了计算卸载与任务调度时间模型，并设计了时间优化的任务卸载与调度算法，从而生成时间优化的卸载与调度方案。

4.3.1　计算卸载与任务调度时间模型

当执行任务时，执行时间是一个很重要的评价指标[18-20]。由于任务不卸载时不存在数据传输，任务卸载时需要考虑数据传输问题，所以我们分成卸载与不卸载两种情况分别探讨[21, 22]。

1)不卸载任务执行时间模型

当任务 T_i 不卸载时，该任务的任务负载决定了这个任务的执行时间。

$$t_i^e = \frac{l_i}{f_{end}} \tag{4.1}$$

式中，t_i^e 为任务 T_i 在终端设备的执行时间；l_i 为任务 T_i 的任务负载；f_{end} 为终端设备的 CPU 主频。

2)卸载任务执行时间模型

当任务 T_i 卸载至边缘节点或云服务器时，该任务的总执行时间由任务负载和数据传输共同决定。

$$t_i^o = \frac{l_i}{f_o} + \frac{\sum_{i=1}^{n} DS_i}{B} \tag{4.2}$$

式中，t_i^o 为任务 T_i 卸载所需要的总时间；f_o 为卸载的边缘节点或云服务器的任务处理速度；$\sum_{i=1}^{n} DS_i$ 为任务输入文件的总数据量；B 为当前网络的传输速率。

3)任务调度时间模型

任务总执行时间即工作流完工时间的计算如下所示：

$$T_{\text{total}} = \sum_{i=1}^{m} t_i^{\text{e}} + \sum_{i=1}^{n} t_i^{\text{o}} \tag{4.3}$$

式中，$\sum_{i=1}^{m} t_i^{\text{e}}$ 为所有不卸载任务的执行时间之和；$\sum_{i=1}^{n} t_i^{\text{o}}$ 为所有卸载任务的执行时间之和。其中根据卸载设备又分为边缘节点和云服务器两种情况，公式如下：

$$T_{\text{offload}} = \sum_{i=1}^{p} t_i^{\text{fn}} + \sum_{i=1}^{q} t_i^{\text{cs}} \tag{4.4}$$

式中，$\sum_{i=1}^{p} t_i^{\text{fn}}$ 为卸载到边缘节点的任务的执行时间之和；$\sum_{i=1}^{q} t_i^{\text{cs}}$ 为卸载到云服务器的任务的执行时间之和；p 为卸载至边缘节点的任务个数；q 为卸载至云服务器的任务个数。

4.3.2　时间优化的任务卸载与调度算法

在初始化边缘计算环境时，系统中的资源总量被创建，每一个边缘服务器都能对自己的计算、存储等资源库进行管理。例如，在任务调度之前，EdgeBroker 给每个边缘服务器发送创建虚拟机请求时，如果资源满足虚拟机创建需求，则在边缘服务器中的 Host 创建相应虚拟机。在虚拟机销毁时，也会释放相应计算、存储等资源，使得这些资源可以被 Host 重新利用。

1）卸载模块

OffloadingEngine：卸载引擎，与工作流环境中的引擎模块不同，它负责处理 WorkflowEngine 提交的任务，根据卸载策略生成的卸载决策把这些任务提交给调度模块去处理。

策略库里目前暂时有 All-in-End（全部任务都在终端执行）、All-in-Edge（全部任务只使用边缘节点的资源）、All-in-Cloud（全部任务只使用云资源）、Baseline[23]、PSO、GA 六种任务卸载策略。

2）调度模块

EdgeBroker：调度器，它处理虚拟机的创建、更新、返回及边缘服务器的资源管理，包括分配资源给虚拟机，它能接收卸载模块的 OffloadingEngine 提交过来的任务，然后根据调度算法生成的调度方案把提交的任务分别调度到边缘计算环境中不同的设备中。

FogWorkflowSim 系统中任务管理过程控制流图如图 4.2 所示，过程如下[24]：WorkflowEngine 将那些没有父任务或是全部父任务都已执行完的任务提交给 EdgeBroker，让 EdgeBroker 根据所选择的调度算法将这些任务分别调度到相应的边缘服务器，边缘服务器接收到任务后处理这些任务并返回处理结果，

WorkflowEngine 根据处理结果判断是否存在未执行的任务，若存在则继续提交，不存在则调用 Controller 去计算适应度值，并获得返回结果。

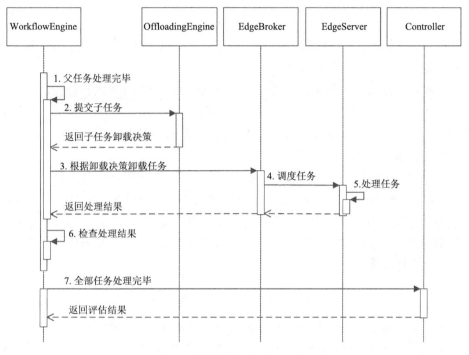

图 4.2 任务管理过程控制流图

4.4 示例 2：能耗管理

本节以边缘计算环境中最典型的服务质量——能耗为例，结合边缘计算环境中任务执行的计算卸载技术，构建了计算卸载能耗模型，并设计了能耗优化的任务卸载算法，从而生成能耗优化的卸载方案。

4.4.1 任务卸载能耗模型

当终端设备执行任务时，必定会产生能耗。当任务不卸载时只考虑终端设备的执行能耗，当任务卸载时不需要考虑执行能耗，但是需要考虑数据传输能耗，所以我们分成卸载与不卸载两种情况分别探讨。

1）不卸载能耗模型

当任务 T_i 不进行卸载时，即 T_i 放置在终端设备上执行。此时就需要考虑任务 T_i 在终端设备执行所产生的能耗。首先通过任务负载计算任务在终端设备的执行时间，然后通过任务执行时间计算任务在终端设备上的运行能耗。根据不同任务负载计算任务在终端设备的执行时间：

$$T_{\text{end}} = \sum_{i=1}^{n} \frac{l_i}{r_{\text{end}}} \tag{4.5}$$

式中，l_i 为任务 T_i 的任务负载；r_{end} 为终端设备的任务处理速度；T_{end} 为所有在终端设备中任务的执行时间之和。

根据在终端设备的任务执行时间之和计算任务在终端设备的执行能耗：

$$E_{\text{end}} = P_{\text{end}} \times T_{\text{end}} \tag{4.6}$$

式中，E_{end} 为任务在终端设备执行能耗；P_{end} 为终端设备执行任务时的功率。

2) 卸载能耗模型

当任务 T_j 被卸载至边缘服务器或云服务器时，此时终端设备不存在执行能耗。首先，需要考虑任务卸载到边缘服务器或云服务器时的数据发送能耗。接着，当任务执行结束后，要考虑数据返回终端设备的接收能耗。最后，需要考虑任务在卸载时终端设备的空闲能耗。因此，卸载至边缘服务器或云服务器的任务执行能耗 E_{off} 计算公式为

$$E_{\text{off}} = P_{\text{trans}} \times \frac{c_j + d_j}{B} + P_{\text{idle}} \times T_{\text{off}} \tag{4.7}$$

任务卸载到边缘节点的能耗分为数据传输能耗以及终端设备空闲能耗两部分。式中，P_{trans} 为终端设备数据传输功率；c_j 为任务 T_j 所发送数据大小；d_j 为接收数据大小；B 为网络传输带宽；P_{idle} 为终端设备空闲功率；T_{off} 为卸载任务的执行时间。

4.4.2　能耗优化的任务卸载算法

EdgeWorkflow 目前提供六种卸载算法，分别为 min-min 算法、max-min 算法、FCFS 算法、Round Robin 算法、粒子群优化(PSO)算法和遗传算法(GA)。请注意 min-min、max-min、FCFS、Round Robin 等算法仅用于时间优化，PSO 和 GA 等启发式算法可用于时间、能耗和费用等多目标优化。下面对这些算法进行详细介绍。

1) min-min 算法

min-min 算法是一种基于任务时间最短优先原则的贪心算法，主要应用于静态任务卸载问题中。min-min 算法的执行时间较快。其核心思想是通过最小化每个任务的最短完成时间来进行任务卸载。具体来说，min-min 算法先计算出每个任务在每个处理器上的最短完成时间，然后从中选择最小值的任务分配给对应的处理器，直到所有任务都被分配完毕。这样的策略可以使得短任务尽早完成，从

而减少整个作业的完成时间，该算法描述如下：

算法 4.1　min-min 算法

输入：任务集合 $T = \{T_1, T_2, \cdots, T_n\}$，设备集合 $D = \{D_1, D_2, \cdots, D_m\}$，$\mathrm{ETC}(T_i, D_j)$ 表示将任务 T_i 分配到设备 D_j 上所需的执行时间；

输出：任务 T_i 在设备 D_j 上的卸载顺序 $S_j = \{S_1, S_2, \cdots, S_n\}$；

1　for i=1 to n do

2　　for j=1 to m do

3　　　计算任务 T_i 在每个设备 D_j 上的最小执行时间，即 $\mathrm{MET}_{i,j} = \min\left(\mathrm{ETC}(T_i, D_j)\right)$

4　　end for

5　end for

6　将 $\mathrm{MET}_{i,j}$ 进行排序，得到升序排列的 $\mathrm{MET}_{1,1} \leqslant \mathrm{MET}_{1,2} \leqslant \cdots \leqslant \mathrm{MET}_{i,j}$

7　while　$\mathrm{MET} \neq \varnothing$

8　　按照 MET 数组的升序排序依次为每个任务 T_i 分配设备 D_j；

9　　分配完成后，从 MET 数组中移除所有包含任务 T_i 的 $\mathrm{MET}_{i,j}$；

10　　记录任务 T_i 在设备 D_j 上的卸载顺序 S_j；

11　end while

12　return　S

---

　　min-min 算法是一种贪心算法，通过找到每个任务在所有设备上最小的执行时间，来实现最优的任务分配。但是该算法缺乏考虑任务和设备之间的关系，因此不能很好地处理较复杂的卸载问题。

　　2）max-min 算法

　　max-min 算法是一种基于启发式的贪心算法，用于解决任务卸载问题，其目标是使得任务的完成时间最短。max-min 算法非常类似于 min-min 算法。同样要计算每一任务在任意一个可用机器上的最早完成时间，不同的是 max-min 算法首先卸载大任务，任务到资源的映射是选择最早完成时间最大的任务映射到所对应的机器上，该算法描述如下：

算法 4.2　max-min 算法

输入：任务集合 $T = \{T_1, T_2, \cdots, T_n\}$，设备集合 $D = \{D_1, D_2, \cdots, D_m\}$，$\mathrm{ETC}(T_i, D_j)$ 表示将任务 T_i 分配到设备 D_j 上所需的执行时间；

输出：任务 T_i 在设备 D_j 上的卸载顺序 $S_j = \{S_1, S_2, \cdots, S_n\}$；

1　　　从任务集合 T 中计算每个任务的最短执行时间；

2　　　初始化每个处理器的空闲时间为 0；

3　　　重复以下步骤，直到所有任务都已被分配：

4　　　　选择一个执行时间最长的任务 T_i；

5　　　　选择一个空闲时间最短的设备 D_j；

6　　　　分配任务 T_i 到设备 D_j；

7　　　　记录卸载顺序 S_j；

7　　　　更新设备 D_j 的空闲时间；

8　　　　从任务集合中删除任务 T_i；

9 return S

3）FCFS 算法

FCFS 算法是先来先服务卸载算法，也叫做先进先出卸载算法，是一种最简单、最直观的卸载算法。其核心思想是按照任务提交的先后顺序进行卸载，即先进先出的原则。采用 FCFS 算法，每次从后备任务队列中选择一个或多个最先进入该队列的任务，将它们调入内存，为它们分配资源，创建任务，然后放入就绪队列。在进程卸载中采用 FCFS 算法时，则每次卸载是从就绪队列中选择一个最先进入该队列的进程，为之分配处理机，使之投入运行。该进程一直运行到完成或发生某事件而阻塞后才放弃设备，其算法描述如下：

算法 4.3　FCFS 算法

输入：任务集合 $T = \{T_1, T_2, \cdots, T_n\}$；

输出：任务在设备上的卸载顺序 $S = \{S_1, S_2, \cdots, S_n\}$；

1 初始化等待队列 $W = \varnothing$，当前时间 time $= 0$；

2 任务集 T 中的任务按照时间依次到达，放入等待队列 W；

2 while $W \neq \varnothing$ do

3　　　从等待队列中取出一个任务 T_i；

4　　　执行任务 T_i 直到完成；

6　　　将任务 T_i 放入 S；

5　　　更新时间 time；

6　　　如果此时有新的任务 T_j 到达，则将其加入等待队列 W；

7 end while

8 return S

4) Round Robin 算法

Round Robin 算法是一种基于时间片的卸载算法，它的原理是为每个进程分配一个时间片，然后按照时间片的顺序依次轮流执行每个进程。当进程的时间片用完后，如果该进程仍然需要执行，那么它将被放置到就绪队列的末尾，等待下一次轮到它执行。Round Robin 算法的优点主要包括：①公平性，Round Robin 算法保证每个进程都会被平等地分配 CPU 时间片，从而保证了公平性；②简单性，Round Robin 算法的实现相对简单，容易理解和实现；③响应性，Round Robin 算法确保每个进程在一定时间内都能够得到执行，从而提高了系统的响应速度；④适用性，Round Robin 算法适用于不同的进程类型，包括交互式进程和批处理进程；⑤高效性，Round Robin 算法的时间复杂度为 $O(n)$，其中 n 为进程数目，因此效率较高。其算法描述如下：

算法 4.4　Round Robin 算法

输入：任务集 $T = \{T_1, T_2, \cdots, T_n\}$，时间片 t；

输出：任务在设备上的卸载顺序 $S = \{S_1, S_2, \cdots, S_n\}$；

1　初始化就绪队列 $R = \{R_1, R_2, \cdots, R_m\}$，设置时间片 t；

2 while　$T \neq \varnothing$　do

3　　取出队首任务 T_i；

4　　if 任务 R_i 已完成 then

5　　　　将任务 R_i 放入 S；

6　　　　继续执行队列中的下一个就绪任务 R_{i+1}；

7　　else if 任务 R_i 未完成&&已用完时间片 then

8　　　　将任务 R_i 放回就绪队列队尾 R_m；

9　　else if 任务 R_i 未完成&&未用完时间片 then

10　　　　执行任务 R_i；

11　　　　将任务 R_i 放回就绪队列队尾 R_m；

12 end while

13 return　S

---

5) PSO 算法

粒子群优化(PSO)算法，最开始是由 Kennedy 和 Eberhart 提出。PSO 算法通过模拟鸟群觅食行为，不断迭代寻找全局最优解。其核心思想是通过模拟鸟群、鱼群等群体在搜索食物、迁徙等过程中的行为方式来实现全局最优解的寻找。在粒子群算法中，将候选解空间看做是粒子群所处的空间，每个粒子代表一个解，粒子的位置表示解的值，粒子的速度表示解的更新方向和速度。粒子之间可以进行信息共享和合作，以获得更好的解。粒子的运动包含两个因素：惯性因素和社会因素。惯性因素使粒子朝其历史最优位置移动，社会因素使其朝群体历史最优位置移动。每个粒子根据自己的历史最优位置和群体历史最优位置，计算出自己的速度和位置，从而进行搜索。随着搜索的进行，粒子的速度和位置逐渐趋近于最优解。通过不断迭代更新粒子的位置和速度，粒子群算法可以逐步接近全局最优解，具有收敛速度快、易于实现等特点。作为一种仿生的启发式智能算法，粒子群优化算法具有模型简单、操作便捷、鲁棒性强、易于实现的优点。同样，粒子群优化算法也有一些缺点，如易陷入局部最优解、多样性缺失过快、参数设置较复杂等。

粒子群算法中的行为准则包括以下三个：①群体最优行为准则，每个粒子的速度受到整个群体中最优个体的吸引，即粒子的速度向最优个体的位置移动。这个准则可以使粒子群快速找到全局最优解。②个体历史最优行为准则，每个粒子的速度也受到该粒子历史上最好的位置的吸引，即粒子向该粒子历史最好的位置移动。这个准则可以使粒子更快地收敛到局部最优解。③随机扰动准则，为了保证算法具有一定的随机性，每个粒子的速度还需要加上一个随机扰动。这个准则可以避免陷入局部最优解，并增加全局搜索能力。这些行为准则共同作用，使得粒子在搜索过程中既能够快速找到全局最优解，又能够在搜索过程中不断调整，避免陷入局部最优解。

粒子群算法基于粒子的位置和速度来追踪问题的解空间，其中每个粒子都可以视为潜在解的一个候选解。粒子以一定的速度在搜索空间中移动，并根据其当前位置和速度来更新其搜索方向。算法使用目标函数的值来评估每个粒子的位置，并利用最优解和全局最优解来指导下一次迭代的搜索。下面是基于粒子群算法的建模过程：

(1)定义问题的目标函数：对于待优化的问题，需要先定义出其目标函数，以便评估粒子的适应度。

(2)定义粒子的表示方式：粒子在算法中作为搜索空间中的一个个体，需要定义出其表示方式，通常将粒子 P_i 的位置定义为：$X(i,j) = (X_{i,1}, X_{i,2}, \cdots, X_{i,D})$，速度定义为：$V(i,j) = (V_{i,1}, V_{i,2}, \cdots, V_{i,D})$。

(3)初始化粒子群：生成一群粒子，随机初始化其位置和速度等属性，并为每个粒子计算其适应度。

(4)更新粒子的位置和速度：对于每一代粒子，使用当前位置和速度来计算下一代粒子的位置和速度，常用的更新公式为

$$V(i,j) = \omega V(i,j) + c_1 r_1 \left(P_{\mathrm{b}}(i,j) - X(i,j)\right) + c_2 r_2 \left(P_{\mathrm{gb}}(j) - X(i,j)\right) \tag{4.8}$$

$$X(i,j) = X(i,j) + V(i,j) \tag{4.9}$$

式中，$V(i,j)$ 为粒子 P_i 在第 j 个维度上的速度；ω 为惯性权重；c_1 和 c_2 分别为加速常数；r_1 和 r_2 为 0 到 1 之间的随机数；$P_b(i,j)$ 为粒子 P_i 的个体最优解在第 j 个维度上的取值；$P_{gb}(j)$ 为整个粒子群的全局最优解在第 j 个维度上的取值，$X(i,j)$ 为粒子 P_i 在第 j 个维度上的位置。

（5）计算适应度：使用目标函数计算每个粒子的适应度。

（6）更新个体最优解和全局最优解：将每个粒子的个体最优解和全局最优解进行更新，以指导下一次迭代的搜索。

（7）判断终止条件：如果满足终止条件，则算法停止，否则返回（4）。

（8）输出结果：输出最优解和目标函数的值。

具体来说，惯性权重反映了上一次搜索的结果对当前搜索方向的影响程度，同时也控制了当前搜索方向的发展趋势。r_1 和 r_2 是[0,1]范围内变换的随机数，粒子数 m 一般取值为[20, 40]。粒子数量越多，搜索范围越大，越容易找到全局最优解。加速常数 c_1 和 c_2 是指在粒子群算法中控制粒子速度调整的常数，用于控制粒子群的搜索行为。其中 c_1 是个人学习因子，c_2 是社会学习因子。它们控制了粒子从自身历史经验和整个粒子群中学习的比例。当 c_1 和 c_2 较小时，粒子的学习主要依赖于自身历史经验；当它们较大时，粒子更倾向于学习整个粒子群的经验。加速常数的大小会直接影响粒子群算法的搜索效果。通常情况下，c_1 和 c_2 的值都取 2，即个人和社会学习因子相等，但在实际应用中，需要根据问题的特点和实验结果进行调整，PSO 算法描述如下：

算法 4.5　PSO 算法

输入：粒子数目 m，每个粒子的维数 D，迭代次数 T，惯性权重 ω，加速常数 c_1 和 c_2，粒子的位置、速度初始值 $X(i,j) = (X_{i,1}, X_{i,2}, \cdots, X_{i,D})$，$V(i,j) = (V_{i,1}, V_{i,2}, \cdots, V_{i,D})$；

输出：粒子群全局最优解 P_{gb}；

1　初始化种群中的每个粒子的位置和速度；

2　初始化每个粒子的个体最优位置和全局最优位置；

3 for t=1 to T do

4　　for i=1 m do

5　　　　计算 P_i 的适应度值；

6　　　　if P_i 的适应度值优于 P_{ib}　then

7　　　　　　更新粒子的个体最优位置；

8　　　　　　if P_i 的适应度值优于 P_{gb}　then

9　　　　　　　　更新 P_{gb}；

10	end if
11	根据 P_{gb} 和 P_{ib} 更新 P_i 的 $X(i,j)$ 和 $V(i,j)$;
12	end for
13	end for
14	return　P_{gb}

6) 遗传算法(GA)

遗传算法又叫基因进化算法，它模仿了生物进化理论中的自然选择和遗传学中的生物进化过程。GA 通常用来求解复杂问题的最优解，其主要针对的是一群利用二进制编码的粒子组成的初始种群，每个粒子可以看成问题的一个可能解。

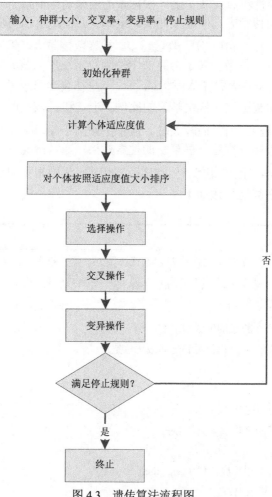

图 4.3　遗传算法流程图

算法初期，根据粒子的适应度值大小从当下所有粒子中筛选个体，再借助遗传因子交叉和变异操作来生成下代。如此反复，直至达到最大运行次数或符合期望的停止条件。遗传算法具有适应性强、并行计算、适用于复杂非线性问题、避免局部最优的优点。同时，遗传算法也具有计算量较大、参数设置困难、无法保证全局最优解、可能会出现早熟现象等缺点。

　　GA 的实现过程类似于自然界的物种进化过程。遗传算法的实现过程如图 4.3 所示，主要包括以下 10 个步骤：①确定问题的适应度函数，即对问题的目标或约束进行定义和评估；②初始化种群，包括确定个体数目、个体编码方式和初始解；③确定遗传算法的参数，如交叉概率、变异概率、选择策略等；④选择操作，根据适应度函数，从当前种群中选择一部分适应度较高的个体；⑤交叉操作，将被选择的个体进行配对，按照一定的概率进行交叉操作，生成新的个体；⑥变异操作，对新的个体进行变异操作，以增加种群的多样性；⑦评估操作，对新的个体进行适应度评估，判断是否满足终止条件；⑧选择最优解，从所有个体中选择适应度最高的个体作为最优解；⑨迭代操作，将选择、交叉、变异、评估、选择最优解等操作进行迭代，直到达到终止条件；⑩输出结果，输出最终求解的结果。

　　GA 的具体算法伪代码描述如下：

算法 4.6　GA

输入：种群大小 M ，变异率 R_{muta} ，交叉率 R_{cross} ，迭代次数 T ，种群编码 $\boldsymbol{x} = \left(x_1, x_2, \cdots, x_d\right)^{\text{T}}$ ；

输出：最优个体 P_{gb} ；

1　初始化种群编码 $\boldsymbol{x} = \left(x_1, x_2, \cdots, x_d\right)^{\text{T}}$ ；

2　计算每个个体的适应度值 $f(x)$ ；

3 while $(i<T)$

　　　根据个体适应度值，使用轮盘选择算法，选出 $M/2$ 个父代个体；

4　　　对选出的父代进行交叉操作(交叉率为 R_{cross})，生成 $M/2$ 个子代；

5　　　对生成的子代进行变异操作(变异率为 R_{muta})；

6　　　将父代个体和子代个体合并成新的种群；

7　　　计算新种群中每个个体的适应度值；

8　　　选择适应度值最优的个体作为最优个体，并记录最优适应度值；

9　　　$t=t+1$ ；

10 end while

11 return　P_{gb}

4.5　示例 3：安全性管理

本节以边缘计算环境中无人机最后一公里配送系统为例，结合真实的边缘计算三层架构，设计安全隐私保护框架[25]。首先，描述了边缘工作流系统的安全与隐私保护问题[26]。其次，结合边缘计算环境中无人机最后一公里配送场景中的系统业务流程，详细描述在该业务流程中存在的安全隐私问题。接着，提出一种边缘计算环境中无人机配送系统安全隐私保护框架。最后，对所提框架的安全性进行验证。

4.5.1　安全和隐私问题

现有的边缘工作流安全性主要考虑的是资源故障引起的异常，而忽略了恶意攻击对工作流产生的危害[27]。边缘工作流系统的安全和隐私问题主要体现在三方面：边缘计算环境中大量的边缘服务器会造成较大的攻击面；工作流执行时间较长，为恶意攻击者提供了充足的扫描和渗透时间；工作流系统中存在大量包含个人隐私信息的数据，这些数据一旦发生泄露或被篡改将会带来巨大损失。从以上三方面考虑，我们将从边缘工作流任务安全和数据隐私来分析工作流系统的安全与隐私问题。

1）边缘工作流系统中任务安全问题

执行用户的应用程序时通常需要建模为工作流，其运算复杂度高、执行时间长等特点会为恶意攻击者发起攻击提供便利。首先，因为边缘工作流的运算复杂度高，所以需要大量的边缘服务器来满足计算需求。而每一台边缘服务器都可能成为攻击的突破口，边缘服务器的数量越多，则暴露在恶意攻击者面前的攻击面越大。其次，边缘工作流执行时间长会为恶意攻击者提供充分的攻击准备时间，攻击者可以通过网络扫描的方式探测执行工作流的边缘服务器类型，并根据获取的相关信息制定相应的攻击策略，从而获取最大的攻击利益。

当恶意攻击者攻击一个执行工作流任务的边缘服务器时，可以选择中断正在执行的工作流任务，也可以选择篡改工作流任务的执行结果。由于边缘工作流会应用在智慧医疗、智能家居、智能运输等领域，未完成的任务和错误的计算结果都将会带来巨大的影响和损失。

2）边缘工作流系统中数据隐私问题

边缘工作流的核心在于任务卸载与调度，通过工作流的卸载与调度可以实现多种优化目标，如最小化工作流执行能耗[28]、最小化任务执行时间[29]、最大化边缘服务器的利用率[30]等。但是，在边缘计算环境下的卸载与调度需要在边缘服务器之间频繁地传递中间数据，造成工作流系统在边缘计算环境中具有较高的安全隐患。边缘工作流系统中的数据有以下三类安全隐私问题：

(1) 数据的机密性问题[31]。数据的机密性是指存储在边缘计算环境中的数据不公开给未经授权的个人、实体或进程。在传统的数据通信网络中，访问控制和数据加密被广泛部署用来保护数据的机密性，当用户发送计算请求时需要对已存储的数据进行解密，完成计算任务后对其计算结果再次加密传输。然而，此过程中用户数据中的敏感信息可能会泄露给边缘服务器，恶意攻击者在边缘服务器中会获取相关用户隐私信息。边缘工作流中的数据涉及某些科研机构、企业等领域的核心机密，恶意的攻击者会对其数据传输进行监听，并窃取传递的边缘工作流中间数据，导致数据的机密性被破坏。

(2) 数据的完整性问题[32]。数据的完整性是指未经授权地更改或破坏数据的属性。在传统的数据通信网络中，数据的完整性问题通常只收到恶意攻击者的威胁，其数据发送方和接收方都被认为是可信任的，并且可以协助保护数据的完整性。在边缘计算环境中，边缘服务器不都是可信的，存在恶意的边缘服务器会破坏数据的完整性。在边缘计算环境中，存在"恶意媒介"[33]会截获并篡改传输中的数据，且在数据转发到目的地之前可能插入恶意操作，破坏数据的完整性。

(3) 数据的可用性问题[34]。数据的可用性是指无论任何时候用户向边缘服务器请求访问数据时，数据都是可访问和可用的。在边缘工作流系统中，通常将同一数据的不同副本存储在分散的地理区域，当某一区域的服务系统出现故障，可以利用其他区域的数据快速恢复损坏或丢失的数据，但这种方法的存储资源利用率较低。在边缘工作流系统中研究机构多次分析数据时存在分析需求，企业之间数据分享时存在合作需求，工作流系统出现异常时存在数据恢复需求，但是边缘工作流中的数据通常存储在边缘服务器中，若边缘服务器出现故障，存储在服务器中的数据也将丢失，导致数据的可用性遭到破坏。

4.5.2　业务流程与安全性分析

1. 业务流程分析

无人机配送系统基于用户选择订单到收到货物的整个过程[35]，一共分为七个阶段，如图 4.4 所示。第一阶段是订单进入配送站，云计算层根据收货人的订单地址，进行飞行路径规划以及配送任务预调度。第二阶段是配送无人机起飞前与收货人进行交互，确认收货地址有无变更。若变更，则需要返回云计算层重新进行路径规划与配送任务预调度；若不变，则按照原定方案执行配送任务。第三阶段是按照云计算层所生成的配送方案进行拣货装货。第四阶段是无人机在感应到包裹以后，机载 RFID 读写器扫描包裹，并将包裹信息传到区块链中。在区块链建立无人机与包裹的对应关系后，关闭无人机货箱，起飞。第五阶段是在无人机飞行过程中，主要存在两个计算任务执行：①导航与自动驾驶；②实时环境监控与感知。第六阶段是无人机抵达接收者周围，触发区块链智能合约。智能合约生成手势图，要求接收者做相应的手势，无人机拍照，并借助边缘服务器进行手势识别。第七阶段是无人机对接收者身份识别成功后打开货箱。在接收者取货的同时拍照，上传至边缘服务器。边缘服务器对照片进行转换后，存入区块链(取货存档)，至此完成一次物流配送工作。

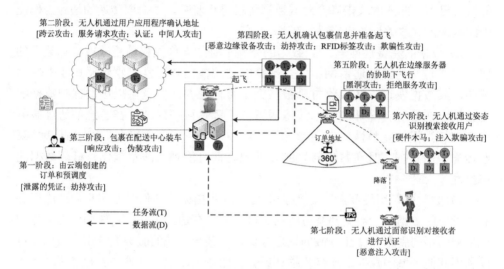

图 4.4　无人机配送系统流程和安全问题

然而，在无人机配送过程中，用户信息、无人机、包裹的安全性可能受到威胁。例如，用户的收货地址或者包裹信息被恶意攻击者修改，导致用户无法接收包裹或者接收到错误的包裹。另外，无人机被恶意的攻击者干扰飞行或劫取，导致无人机无法在规定的时间内完成送货任务或包裹丢失。

2. 安全性分析

基于以上无人机配送业务流程，我们对基于边缘计算的无人机最后一公里配送系统中存在的安全问题进行分析，如表 4.1 所示。接下来主要从身份认证、异常入侵、攻击三个角度描述了无人机配送系统中的安全问题，并对问题发生的原因以及可能造成的后果进行详细分析。

表 4.1　无人机配送系统的安全问题

流程阶段	安全问题	存在攻击类型
第一阶段	订单在进入配送站时被拦截或修改	泄露的凭证导致账户被劫持
		劫持攻击
第二阶段	无人机与手机交互被攻击	跨云攻击
	收货地址被恶意更改	服务请求攻击
	无人机被更换	中间人攻击
第三阶段	配送方案、货物编号被恶意更改	响应攻击
	无人机被替换	伪装攻击
第四阶段	包裹信息的正确性	恶意边缘设备攻击
	传递过程被攻击	劫持攻击
	RFID 被攻击	RFID 标签攻击
第五阶段	导航路线被恶意更改	黑洞攻击
	障碍物、天气等飞行环境检测有误	拒绝服务攻击
第六阶段	生成的手势图被替换或截取	硬件木马
	发射虚假信号，欺骗无人机降落	注入欺骗攻击
第七阶段	替换认证照片	恶意注入攻击

1）身份认证问题

在无人机配送系统中的第二阶段与第七阶段均存在认证问题。

在第二阶段中，配送无人机可能会被恶意人员替换成非系统内的无人机代替执行飞行任务。为了防止这种情况的发生，无人机需要在得到认证后才能执行飞行任务。因此，这一阶段的"认证"是指无人机的认证。

在第七阶段中，存在两个方面的认证问题。一方面，当恶意人员在用户身份认证过程中使用已有照片，欺骗无人机认证成功，导致系统错误判断已完成配送任务。另一方面，恶意人员也会通过用户身份认证这一过程窃取用户的身份信息，从而达到非法目的，因此，这一阶段的"认证"是指用户的认证。

2）异常入侵问题

异常入侵检测是对网络传输进行实时监控，并在发现可疑数据传输时发出警报或者采取主动反应措施的网络安全技术。在无人机配送系统中的每一阶段都有可能发生异常入侵行为，针对无人机物流系统的异常入侵检测将在本书第 8 章作详细描述。本章主要阐述在配送过程的第二阶段和第三阶段中，用户地址以及货物编号与常规记录对比出现异常。此类异常入侵会导致货物配送到错误地址或者用户接收到错误的货物。

3) 攻击问题

在无人机配送系统中的每个阶段都存在很多可能被攻击的行为，例如，跨云攻击 (cross-cloud attack)、响应攻击 (response attack)、伪装攻击 (impersonation attack)、拒绝服务 (denial of service，DoS) 攻击、中间人攻击 (man-in-the-middle attack)、劫持攻击 (hijacking attack) 等。此类攻击问题会严重威胁到无人机配送系统的安全性。

在第一阶段，用户订单进入配送站时，可能会泄露凭证或遭遇劫持攻击导致订单被劫持。攻击者可以获得云计算层包含的大量被弃用的凭证，从而获得用户的账户和订单信息，同时劫持用户订单信息。

在第二阶段，无人机与用户手机进行交互时，可能发生跨云攻击。跨云攻击是指攻击者利用云计算环境中的漏洞或弱点，从一个云服务提供商的环境中攻击另一个云服务提供商的环境。这种攻击方式可能会导致数据泄露、服务中断、恶意软件传播等问题。攻击者可以从云端进入到数据中心，获取用户隐私数据。同时，可能会发生权限泄露 (leakage of permissions)，攻击者使用攻击工具泄露权限，写入临时的文件系统，更改用户的收件地址。

在第三阶段，无人机根据配送方案进行拣货与装货时，可能会发生响应攻击和伪装攻击。响应攻击是指攻击者利用系统或网络对某个目标进行攻击，然后通过对攻击结果的响应来进一步攻击目标。这种攻击方式通常是通过对系统或网络的响应来引发新的攻击，从而进一步破坏系统或网络的安全性。伪装攻击是攻击者插入伪造的边缘设备或攻击授权的边缘设备，以便其在边缘设备层隐匿。修改或伪造的边缘设备可以作为普通边缘设备来获取、处理、发送或重定向数据分组。换句话说，就是攻击者可能会在该阶段更换原有的无人机或者更改货物编号使得无人机配送其他包裹。

在第四阶段，无人机在感应包裹时，可能会发生恶意边缘设备攻击，使得无人机感应不到包裹，但是系统中显示有包裹存在。在 RFID 读写的过程中也可能发生 RFID 标签攻击，主要包括拒绝服务攻击、中间人攻击、劫持攻击等。拒绝服务攻击旨在使目标系统或网络资源无法正常提供服务，从而使其无法满足合法用户的请求。攻击者通过向目标系统发送大量的请求或恶意数据包，占用其带宽、处理能力或存储空间，导致系统资源耗尽，无法正常响应合法用户的请求。中间人攻击是指攻击者在通信双方之间插入自己的设备或程序，以窃取、篡改或伪造通信内容的一种攻击方式。攻击者可以在通信过程中窃取敏感信息，例如用户名、地址、手机号等，也可以篡改通信内容，例如修改配送地址、货物接收方等，甚至可以伪造通信双方的身份，以达到欺骗的目的。在无人机将读写到的包裹信息传递到区块链时，可能会发生劫持攻击。劫持攻击是攻击者劫持用户的 DNS 请求，错误地解析网站的 IP 地址，用户试图加载，从而将其重定向到网络钓鱼站点。

在第五阶段，无人机飞行过程中可能存在黑洞攻击 (blackhole attack) 和拒绝服务攻击。黑洞攻击是指在无线自组织网络中，某些节点假扮成目的地节点，将发送到该目的地节点的数据吸引到自己处，从而使得数据丢失或者被攻击者窃取。黑洞攻击者通常会发送虚假的路由信息，使得其他节点将数据转发到攻击者的节点上，从而实现攻击目的。黑洞攻击是一种比较常见的网络攻击方式，在无线传感器网络等资源受限环境中尤为突出。拒绝服务 (DoS) 攻击主要分三种，电池耗尽攻击、睡眠剥夺攻击和宕机攻击。这三种攻击会导致无人机在飞行过程中受到阻碍，飞行路线被恶意更改，或者是对飞行环境的实时监测不准确，如障碍物的检测与避让、大风大雨等影响飞行的恶劣天气。干扰无人机的正常飞行过程，使得无人机迫降、撞击障碍物等。

在第六阶段，智能合约生成用户手势图和无人机拍照识别用户时，可能会发生硬件木马和注入欺骗攻击。硬件木马是攻击者对边缘设备的集成电路进行恶意修改，使攻击者能够利用该电路或功能获取边缘设备上运行的数据或软件。此类攻击会生成攻击者特定的手势图或替换成攻击者已知的手势图，在无人机飞行到攻击者附近后做相应的手势识别，以此劫取无人机。注入欺骗攻击 (injection spoofing attack) 是一种网络攻击手段，攻击者通过发送伪造的数据包来冒充合法用户或主机，从而欺骗网络系统。攻击者可以伪造源 IP 地址或 MAC 地址等信息，使得网络系统误认为攻击者发送的数据包是合法的，并将其接收和处理。攻击者通过这种方式可以实现多种攻击目的，比如窃取数据、篡改数据、拒绝服务等。此类攻击会给无人机发射虚假信号，欺骗无人机降落。

在最后一阶段，无人机对用户进行拍照取证时，可能会发生恶意注入攻击。恶意注入攻击是对输入数据的验证不足导致的，服务提供商代表攻击者执行攻击操作。攻击者就可以窃取数据、破坏数据库完整性或绕过身份验证。

4.5.3　安全隐私保护框架

根据上述边缘计算环境中无人机配送系统中的安全问题，本节将从用户身份认证、异常检测和主动防御三个角度提出一个基于无人机配送系统的安全架构 (authentication, detection and defense for secure edge computing，A2DSEC)，如图 4.5 所示[25]。该安全框架主要分为四层：基础设施层、安全保护层、应用层、用户交互层，下面将分别对各层功能进行介绍。

基础设施层是安全框架的基础，为边缘计算环境中的应用提供计算与数据资源与服务，其中也包含与系统安全性相关的区块链数据和边缘计算环境。区块链数据主要用于存储用户身份认证结果和记录检测过程。边缘计算环境用于执行不同的安全检测任务，为检测模块和主动防御模块提供支持。

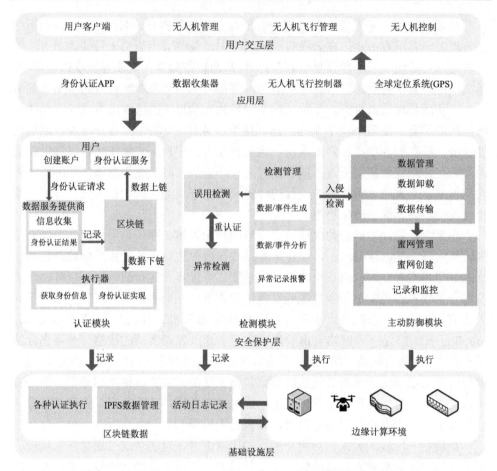

图 4.5　基于无人机配送系统的 A2DSEC 框架

安全保护层是安全框架的核心，用于针对安全攻击提供检测、加固以及防御功能。其包括认证、检测和主动防御模块。其中，认证模块的功能是用户身份认证。检测模块的功能是检测系统的异常入侵。主动防御模块的功能是对系统可能发生的攻击进行主动防御。

认证模块主要针对用户的身份认证，其中包括用户、数据服务、区块链组件。用户将在创建账户时提交其身份信息。在无人机包裹投递过程中，用户需要使用身份认证服务，该服务将向数据服务提供商发送身份认证请求。数据服务的主要对象是拥有用户身份信息的数据服务提供商或机构，如公安局、银行等。在收到用户的身份认证请求后，将认证结果数据上传到区块链，从而保证了数据的真实性和用户身份信息的可追溯性。为了实现用户身份认证，需要从用户信息集合中提取用户身份信息(文本或图片)，并对多方数据进行组合。认证模块结合多方数据进行认证,通过区块链的不可伪造性[36],保证用户使用无人机投递包裹时的安全性和匿名性。

检测模块主要包括误用检测技术、异常检测技术和检测管理[37]。误用检测是一种检测计算机攻击的方法,具有高准确性和相对成熟的技术,但更新和维护正常特征数据库很困难。异常检测可以检测到从未发生过的入侵或滥用权限的类型,但警报率较高,建立"活动概要文件"和设计统计算法也很困难。综合考虑误用检测和异常检测技术的优缺点,我们结合这两种异常入侵检测技术来检测无人机送货系统中的异常入侵行为。

主动防御模块主要分为数据管理和蜜网管理两部分。主动防御通过系统生成的防御机制对网络攻击做出反应,其中包括检测、逃避、欺骗、控制等。在 A2DSEC 中,主要研究蜜罐技术(honeypot technology)。蜜罐技术是一种保护系统安全的有效方法,它在系统中部署一些易受攻击的主机或网络服务作为诱饵来欺骗攻击者,以吸引攻击者对这些诱饵进行攻击;防御方捕获攻击行为,并制定相应的安全策略,以在一定程度上保护系统安全。在数据管理部分的数据转移过程中,它结合网络安全技术,在与收集、分发、分析、传输和防火墙相关的步骤中协调系统中收集的数据,以确保数据的安全传输。蜜网管理部分分为 Honeynet 创建、日志记录和监控。它提供管理员一个 Honeynet 系统参数来管理和配置用户界面。Honeynet 是根据从数据管理分析中获得的数据类型特征而创建。日志和监控主要用于记录系统中每天发生的事件。系统管理员可以检查错误的原因以及检测入侵活动中入侵者留下的痕迹。

应用层为无人机配送系统的各个功能提供不同的应用服务,包括认证应用程序、数据收集器、无人机飞行控制器和全球定位系统(GPS)。认证应用程序可用于无人机-无人机认证或人-无人机认证。本书的安全框架主要关注后者,即用户认证。数据收集器用于收集用户信息和无人机数据(对接、飞行、分配等)。无人机飞行控制器用于控制无人机的飞行和信息传输。控制器包括加速度计、陀螺仪、磁罗盘和气压传感器,这些是无人机的惯性测量单元,控制无人机飞行的主要功能如表 4.2 所示。GPS 是无人机飞行过程中必不可少的一部分,它为无人机飞行提供路线,并使工作人员能够实时监控无人机的飞行位置。

表 4.2　无人机飞行控制器的功能

控制器	功能
加速度计	无人机在 XYZ 三轴的方向所承受的加速力,也是无人机飞行的主要输出
陀螺仪	控制无人机在 XYZ 三轴的角速度
磁罗盘	为无人机提供方向,提供三轴所承受的磁场数据;侦测其他磁性或含铁金属物体(电极、电线、车辆、其他无人机等)
气压传感器	利用气压检测无人机飞行高度,协助无人机导航、上升到一定高度

顶层是用户交互层，其面向用户提供交互接口，包括用户客户端接口、无人机管理接口、无人机飞行管理接口、无人机控制接口。其中用户客户端提供在线订单选择和无人机交付的实时位置信息。无人机管理包括在线分配系统中的订单管理、员工和无人机信息管理、无人机的添加、删除、分配管理以及无人机认证管理。无人机飞行管理和无人机控制提供用户界面，管理无人机的所有传感器和控制器，以及无人机的飞行和其他行为。

4.5.4　安全性验证

安全保护层实验部署如图 4.6 所示，包含四层：应用层、虚拟蜜网层、防御监控层、基础设施层。应用层主要负责接收并验证用户的服务请求。当用户或攻击者向局域网发送请求时，认证模块启动对请求发起者进行身份认证。经过身份认证后，数据通过防火墙聚合到检测模块中进行异常检测。虚拟蜜网捕获攻击者的请求数据，并将其传输到入侵行为数据库进行行为分析，分析攻击者的请求数据属于异常行为的类别。然后，异常行为数据被传输到预警模块，并向基础设施

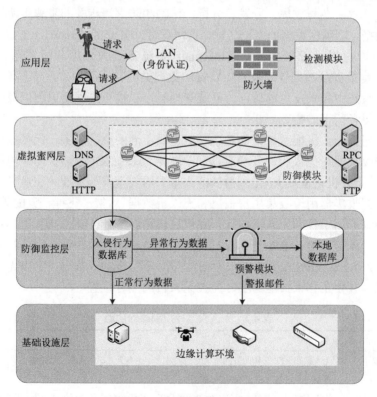

图 4.6　安全保护层实验部署

层发送警告电子邮件，同时预警模块将异常行为发送至本地数据库进行存储。基础设施层收到警告电子邮件后采用相应的防御措施。在基础设施层中，若是攻击者(有攻击性)，基础设施层接收到警报邮件。若是用户(无攻击性)，基础设施层接收到正常行为数据，执行相关指令。

在本节中我们从两个方面验证了 A2DSEC 安全框架的安全性。首先，低延迟性是指 A2DSEC 框架可以立即检测攻击并向操作者报警。较低的检测延迟可以保证有足够的时间主动保护系统。如图 4.7 所示，当检测到来自十组对手的攻击时，系统总是立即发出警报。其次，验证了 A2DSEC 能够准确地检测攻击。我们实现了十组虚拟攻击，并从部署的防火墙和基于签名的 IPS 系统中收集检测结果。结果显示，防火墙和基于签名的入侵防御检测到所有攻击，最终的性能结果以每组实验结果的平均值表示。从图 4.7 中我们发现入侵检测的平均速度约为 1.32s。实验证明，该框架具有较高的检测精度和速度。

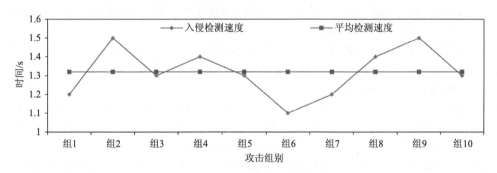

图 4.7　虚拟攻击的入侵检测速度

参 考 文 献

[1] CHEN X P, MOHAPATRA P, CHEN H M. An admission control scheme for predictable server response time for web accesses[C]//Proceedings of the the 10th international conference on world wide web, Hong Kong, China, 2001.

[2] PACHECO M, OLIVA G, RAJBAHADUR G K, et al. Is my transaction done yet? An empirical study of transaction processing times in the ethereum blockchain platform [J]. ACM transactions on software engineering and methodology, 2023, 32(3): 1-46.

[3] KOHAVI R, LONGBOTHAM R. Online experiments: lessons learned [J]. Computer, 2007, 40(9): 103-105.

[4] GRACIA-TINEDO R, ARTIGAS M S, MORENO-MARTÍNEZ A, et al. Actively measuring personal cloud storage[C]//Proceedings of the 2013 IEEE sixth international conference on cloud computing, Santa Clara, CA, 2013.

[5] 中国信通院. 可信金融云服务(银行类)能力要求参考指南和系列标准发布 [EB/OL].

[2022-12-17]. http://www.caict.ac.cn/xwdt/hyxw/201808/t20180816_182055.htm.

[6] Microsoft. Service level agreements（SLA）for online services [EB/OL]. [2023-06-19]. https://www. microsoft.com/licensing/docs/view/Service-Level-Agreements-SLA-for-Online-Services? lang=1.

[7] Microsoft. Service level agreements（SLA）for online services [EB/OL]. [2023-06-19]. https://www.microsoft.com/licensing/docs/view/Service-Level-Agreements-SLA-for-Online-Ser vices?lang=1.

[8] LAI P, HE Q, CUI G M, et al. QoE-aware user allocation in edge computing systems with dynamic QoS [J]. Future generation computer systems, 2020, 112: 684-694.

[9] ZHANG Z J, ZHANG W Y, TSENG F H. Satellite mobile edge computing: Improving QoS of high-speed satellite-terrestrial networks using edge computing techniques [J]. IEEE network, 2019, 33(1): 70-76.

[10] YIN Y Y, CAO Z X, XU Y S, et al. QoS prediction for service recommendation with features learning in mobile edge computing environment [J]. IEEE transactions on cognitive communications and networking, 2020, 6(4): 1136-1145.

[11] SODHRO A H, LUO Z W, SANGAIAH A K, et al. Mobile edge computing based QoS optimization in medical healthcare applications [J]. International journal of information management, 2019, 45: 308-318.

[12] AHMAD Z, NAZIR B, UMER A. A fault-tolerant workflow management system with Quality-of-Service-aware scheduling for scientific workflows in cloud computing [J]. International journal of communication systems, 2021, 34(1): 1-23.

[13] LI M, SHEN L D, HUANG G Q. Blockchain-enabled workflow operating system for logistics resources sharing in E-commerce logistics real estate service [J]. Computers & industrial engineering, 2019, 135: 950-969.

[14] NOGHABI S A, COX L, AGARWAL S, et al. The emerging landscape of edge computing [J]. GetMobile: mobile computing and communications, 2020, 23(4): 11-20.

[15] XU J, LIU X, LI X J, et al. Energy-aware computation management strategy for smart logistic system with MEC [J]. IEEE internet of things journal, 2022, 9(11): 8544-8559.

[16] LIU X, YANG Y, YUAN D, et al. A generic QoS framework for cloud workflow systems[C]//Proceedings of the 2011 IEEE ninth international conference on dependable, autonomic and secure computing, Sydney, NSW, 2011.

[17] KASHANI M H, RAHMANI A M, NAVIMIPOUR N J. Quality of service-aware approaches in fog computing [J]. International journal of communication systems, 2020, 33(8): 1-34.

[18] SUN Y X, GUO X Y, SONG J H, et al. Adaptive learning-based task offloading for vehicular edge computing systems [J]. IEEE transactions on vehicular technology, 2019, 68(4): 3061-3074.

[19] NAOURI A, WU H X, NOURI N A, et al. A novel framework for mobile-edge computing by optimizing task offloading [J]. IEEE internet of things journal, 2021, 8(16): 13065-13076.

[20] ALNOMAN A. Delay-aware scheduling scheme for ubiquitous IoT applications in edge computing[C]//Proceedings of the international symposium on networks, computers and communications（ISNCC）, Dubai, 2021.

[21] ZHANG J, GUO H Z, LIU J J, et al. Task offloading in vehicular edge computing networks: A load-balancing solution [J]. IEEE transactions on vehicular technology, 2020, 69（2）: 2092-2104.

[22] ISLAM A, DEBNATH A, GHOSE M, et al. A survey on task offloading in multi-access edge computing [J]. Journal of systems architecture, 2021, 118: 1-16.

[23] MACH P, BECVAR Z. Mobile edge computing: a survey on architecture and computation offloading [J]. IEEE communications surveys & tutorials, 2017, 19（3）: 1628-1656.

[24] ISEC-AHU. FogWorkflowSim 算法自定义文档 [EB/OL]. [2023-06-19]. https://github.com/CCIS-AHU/FogWorkflowSim.

[25] YAO A T, JIANG F, LI X J, et al. A novel security framework for edge computing based UAV delivery system[C]//Proceedings of the 2021 IEEE 20th international conference on trust, security and privacy in computing and communications（TrustCom）, Shenyang, 2021.

[26] ALROWAILY M, LU Z. Secure edge computing in IoT systems: review and case studies[C]//Proceedings of the 2018 IEEE/ACM symposium on edge computing（SEC）, Seattle, WA, 2018.

[27] MAHADEVAPPA P, AL-AMRI R, ALKAWSI G, et al. Analyzing threats and attacks in edge data analytics within IoT environments[J]. IoT, 2024, 5（1）: 123-154.

[28] PENG K, ZHU M S, ZHANG Y W, et al. An energy-and cost-aware computation offloading method for workflow applications in mobile edge computing [J]. EURASIP journal on wireless communications and networking, 2019, 2019（1）: 1-15.

[29] DENG S G, YU Z, WU Z H, et al. Enhancement of workflow flexibility by composing activities at run-time[C]//Proceedings of the the 2004 ACM symposium on applied computing, Nicosia, Cyprus, 2004.

[30] CUI G M, HE Q, CHEN F F, et al. Trading off between user coverage and network robustness for edge server placement [J]. IEEE transactions on cloud computing, 2022, 10（3）: 2178-2189.

[31] HE H, ZHENG L H, LI P, et al. An efficient attribute-based hierarchical data access control scheme in cloud computing [J]. Human-centric computing and information sciences, 2020, 10（1）: 1-19.

[32] YANG K, JIA X H. Data storage auditing service in cloud computing: challenges, methods and opportunities [J]. World wide web, 2012, 15（4）: 409-428.

[33] XIAO Y H, JIA Y Z, LIU C C, et al. Edge computing security: state of the art and challenges [J]. Proceedings of the IEEE, 2019, 107（8）: 1608-1631.

[34] WANG C, WANG Q, REN K, et al. Privacy-preserving public auditing for data storage security in cloud computing[C]//Proceedings of the 2010 IEEE INFOCOM, San Diego, CA, 2010.

[35] XU J, LIU X, LI X J, et al. EXPRESS: an energy-efficient and secure framework for mobile

edge computing and blockchain based smart systems[C]//Proceedings of the the 35th IEEE/ACM international conference on automated software engineering, Melbourne, 2020.

[36] WANG J, WU L B, CHOO K-K R, et al. Blockchain-based anonymous authentication with key management for smart grid edge computing infrastructure [J]. IEEE transactions on industrial informatics, 2020, 16(3): 1984-1992.

[37] AN X S, ZHOU X W, LÜ X, et al. Sample selected extreme learning machine based intrusion detection in fog computing and MEC [J]. Wireless communications and mobile computing, 2018, 2018: 1-11.

第5章 边缘工作流系统——EdgeWorkflow

EdgeWorkflow 是首次支持一键部署和边缘计算环境中计算资源和网络建模的工作流执行引擎。为了展示 EdgeWorkflow 在功能和性能方面的易用性，本章首先结合工作流管理问题，对边缘计算环境中所需考虑的两个关键性能指标进行描述，即仿真与真实环境下任务执行时间、费用与能耗的评价指标差异。其次，对 EdgeWorkflow 系统中五大核心模块进行设计。接着对 EdgeWorkflow 系统所考虑的服务质量进行描述。最后，设计并实现了 EdgeWorkflow 系统原型，并对系统效能进行了评估。

5.1 系统环境概述

对于一个简单易用的边缘工作流执行引擎，不同指标的实验结果应该是高效、稳定、有效的。因此，本节通过一个真实的无人机配送系统框架（EXPRESS），对 EdgeWorkflow 的两个关键性能指标进行评估，即不同计算资源下的任务执行时间以及仿真环境与真实环境下任务执行时间的差异。

EdgeWorkflow 目前以下配置在阿里云上运行：Intel（R）Xeon（R）Platinum 8369HC 双核 CPU，3.4 GHz，4GB RAM，40GB ROM，Ubuntu 18.04 64 位操作系统。容器使用 Docker version 19.03.6。数据库为 MySQL 5.7.31。EdgeWorkflow 是在 Java JDK 1.8 中开发的。因为计算资源由 KNIX 系统以容器的形式管理，EdgeWorkflow 还可以部署在任何用户为其智能系统创建的计算环境。

结合边缘计算无人机配送场景，图 5.1 所示为一个典型的工作流任务卸载与调度方案，包括无人机（UAV）层、边缘服务器层和云服务器层[1]。无人机层有两架无人机，每架无人机需要执行一个人工智能应用程序抽象的工作流实例[1, 2]。UAV 层和云服务器层之间的连接是广域网（wide area network，WAN），数据传输速度为 512kb/s。UAV 层和边缘服务器层之间的连接是一个局域网（local area network，LAN），数据传输速度为 100 Mb/s[1, 3]。假设无人机、边缘服务器和云服务器的 CPU 频率分别为 0.7 GHz、1.4 GHz 和 2.1 GHz，则边缘服务器和云服务器的费用分别为每小时 1.08 美元和 2.36 美元。无人机的传输功率为 0.1 W，任务执行功率为 0.7 W，空闲功率为 0.03 W[1]。

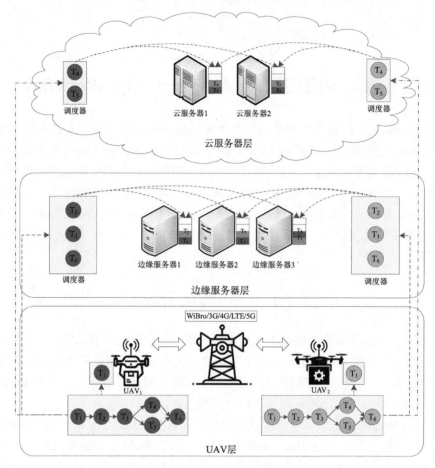

图 5.1 一个典型的工作流任务卸载与调度方案

如图 5.1 所示，对于每个工作流实例，一个计算任务在 UAV 层执行，三个计算任务被卸载到边缘服务器，两个计算任务被卸载到云服务器。表 5.1 和表 5.2 分别给出了工作流实例的完工时间、费用和能耗在仿真和真实边缘计算环境下的实验结果。

表 5.1 对 UAV₁ 在仿真和真实边缘计算环境中的实验结果分析

任务	任务传输/接收数据/KB	负载/MIPS	任务卸载决策	仿真			真实		
				任务执行/传输时间/s	能耗/J	费用/10⁻³$	任务执行/传输时间/s	能耗/J	费用/10⁻³$
T_1	1000/2000	500	UAV	0.71/0	0.50	0	0.71/0	0.50	0
T_2	6000/5000	2000	边缘服务器	1.43/0.11	0.05	0.43	1.43/0.11	0.05	0.43
T_3	3000/2500	3000	边缘服务器	2.14/0.05	0.07	0.64	2.14/0.05	0.07	0.64

续表

任务	任务传输/接收数据/KB	负载/MIPS	任务卸载决策	仿真			真实		
				任务执行/传输时间/s	能耗/J	费用/10^{-3}\$	任务执行/传输时间/s	能耗/J	费用/10^{-3}\$
T_4	800/500	1500	云服务器	0.71/2.54	0.28	0.50	0.71/2.54	0.28	0.50
T_5	650/500	2500	云服务器	1.19/2.25	0.25	0.83	1.19/2.25	0.25	0.83
T_6	6000/4000	2500	边缘服务器	1.79/0.10	0.06	0.54	3.58/0.10	0.12	1.07
	总计			9.77	1.21	2.94	11.56	1.27	3.47

表 5.2　对 UAV_2 在仿真和真实边缘计算环境中的实验结果分析

任务	任务传输/接收数据/KB	负载/MIPS	任务卸载决策	仿真			真实		
				任务执行/传输时间/s	能耗/J	费用/10^{-3}\$	任务执行/传输时间/s	能耗/J	费用/10^{-3}\$
T_1	1000/2000	500	UAV	0.71/0	0.50	0	0.71/0	0.50	0
T_2	6000/5000	2000	边缘服务器	1.43/0.11	0.05	0.42	2.86/0.11	0.10	0.86
T_3	3000/2500	3000	边缘服务器	2.14/0.05	0.07	0.64	4.28/0.05	0.07	1.28
T_4	800/500	1500	云服务器	0.71/2.54	0.28	0.50	1.42/2.54	0.30	0.99
T_5	650/500	2500	云服务器	1.19/2.25	0.25	0.83	2.38/2.25	0.30	1.67
T_6	6000/4000	2500	边缘服务器	1.79/0.10	0.06	0.54	1.79/0.10	0.06	0.54
	总计			9.77	1.21	2.94	14.53	1.33	5.34

通常情况下，执行两个工作流实例的评价指标在仿真边缘计算环境和真实边缘计算环境之间存在差异。对于 UAV_1 的工作流实例，在仿真环境中总完工时间为 9.77s。而同一工作流实例在真实环境中的完工时间为 11.56s，比仿真环境中的完工时间高出 18.32%。这是因为大多数仿真环境通过使用工作流模型和评估模型来生成评估结果，而工作流任务并不是在真实环境中执行的。因此，在仿真环境中没有考虑真实边缘计算环境中的影响因素。例如，在第一个工作流实例执行流程中有一个任务延迟事件。UAV_1 和 UAV_2 的任务 6 同时卸载到边缘服务器 3。从图 5.1 中可以清楚地看到，UAV_2 的任务 6 首先进入执行队列。UAV_1 的任务 6 需要等待前一个任务完成后才能开始执行。

因此，UAV_1 工作流实例的实际执行结果在最大完工时间、费用和能耗方面都要高于仿真环境。对于 UAV_2 的工作流实例，由于仿真阶段不能充分考虑其他设备工作流实例产生的影响因素，在仿真环境中总完工时间仍然为 9.77s。然而，在实际的工作流实例执行过程中存在四个任务延迟事件。同一工作流实例在真实环境中的完工时间为 14.53s，比仿真环境高 48.72%。

在基于边缘计算的无人机最后一公里智能配送系统中，大多数工作流应用都具有时效性。这意味着当工作流实例的完工时间超过给定的时间约束时，工作流执行计划就没有意义了。此外，用户通常需要根据自己的工作流执行计划租用计算资源进行边缘计算。一旦工作流实例的时间限制没有得到满足，用户就必须支付额外的费用。以 UAV_2 的工作流实例为例，实际环境下的总费用为 $5.34×10^{-3}$\$。但是，相同的工作流实例在仿真环境中的总费用为 $2.94×10^{-3}$\$，比在真实环境中低44.94%。值得注意的是，虽然仿真环境的实验结果清楚地展示了计算任务在大多数简单情况下的执行时间、费用和能耗，但当影响因素发生时，仍然不能充分验证所使用的资源管理方法的有效性，例如真实边缘计算环境中的任务延迟。因此，在真实边缘计算环境中进行评估对于验证所选资源管理方法的有效性至关重要。

5.2　系　统　设　计

在本节中，EdgeWorkflow 系统设计包括存储与计算资源层、工作流管理仿真器、一键部署、工作流引擎和用户界面层。为了方便用户理解 EdgeWorkflow 的组织结构和操作流程，还介绍了工作流任务调度过程和工作流引擎的控制流程。

5.2.1　系统模块设计

EdgeWorkflow 实验平台能够创建一个真实的边缘计算环境并执行智能系统所需要运行的真实工作流实例。该实验平台能够被用于评估不同边缘计算环境中计算资源管理方法的性能与效率。在 EdgeWorkflow 实验平台的仿真阶段中，计算资源生成和任务管理策略功能继承自作者之前的工作 FogWorkflowSim[4]。该实验平台所生成的边缘计算环境中的计算资源是通过 Docker 容器技术实现的[4]。EdgeWorkflow 实验平台核心模块分为三层。如图 5.2 所示，分别是用户界面层、工作流管理系统层、存储与计算资源层。

用户界面层由四个模块组成，分别是工作流设置模块、边缘计算环境设置模块、优化策略设置模块和优化目标设置模块。工作流设置模块中包含三个子模块，分别为工作流自定义子模块、任务绑定子模块与工作流选择子模块。首先，工作流自定义子模块可以直观地创建具有自定义工作流结构的工作流模型。其次，任务绑定子模块将工作流任务模型与实际计算任务绑定。最后，用户通过工作流选择子模块选择执行工作流实例。边缘计算环境设置模块的功能是根据用户的要求配置并生成对应的计算资源和网络环境。优化策略设置模块包含两个子模块，分别为卸载策略子模块和调度算法子模块。卸载策略子模块的功能是为用户的工作流实例选择任务卸载策略。调度算法子模块的功能是为用户的工作流实例选择任务调度算法。优化目标设置模块的功能是为工作流实例的运行选择优化目标，如工作流实例的执行时间、终端设备的能耗和工作流实例的执行成本等。

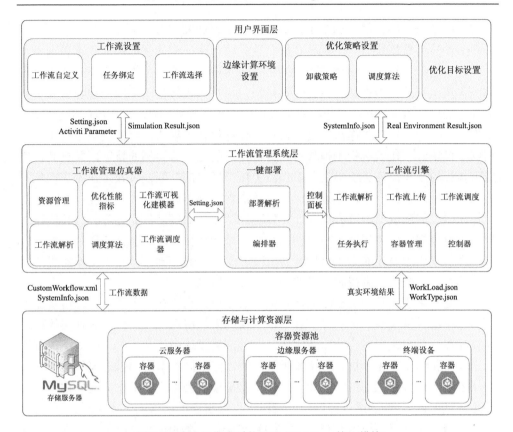

图 5.2　边缘工作流系统 EdgeWorkflow 核心模块

　　工作流管理系统层由工作流管理仿真器模块、一键部署模块和工作流引擎模块组成。工作流管理仿真器模块能够让用户在使用真实边缘计算环境进行工作流实例运行前，优先使用仿真边缘计算环境对不同的计算资源和任务管理策略进行性能评估。通过该方法，能够让用户在真实边缘计算环境中运行工作流实例之前，为其选择最合适的计算资源管理优化策略与工作流执行方案，节约用户在真实边缘计算环境中执行工作流实例的开销。工作流管理仿真器模块由六个子模块组成，分别是资源管理子模块、优化性能指标子模块、工作流可视化建模子模块、工作流解析子模块、调度算法子模块和工作流调度子模块。资源管理子模块的功能是根据用户的设置建立仿真边缘计算环境。优化性能指标子模块的功能是通过用户所选择的优化指标来评估工作流实例的执行方案的代价。工作流可视化建模子模块的功能是提供用户友好的界面和工具，让用户能够以图形化的方式设计和构建工作流。工作流解析子模块的功能是分析标准的工作流 XML 文件并在仿真边缘计算环境中生成可执行的工作流模型。调度算法子模块包含可选择的任务卸载与调度算法。它可以为用户的工作流实例模型在仿真环境中生成最优执行方案。工作流调度子模块的功能是调度工作流任务在仿真计算资源上运行。

工作流引擎模块有两个主要功能。首先,它从一键部署模块接收部署指令,并在真实边缘计算环境中执行用户的工作流实例。其次,工作流引擎需要实时监控工作流执行的性能指标。借助于该模块,用户可以轻松与不同的边缘计算资源管理方法进行效果比较。工作流引擎模块由六个子模块组成:工作流解析子模块、工作流上传子模块、工作流调度子模块、任务执行子模块、容器管理子模块和控制器子模块。工作流解析子模块可以分析用户的工作流实例的特征,并将其打包成可执行的工作流任务实例包。工作流上传子模块的功能是接收工作流实例包并上传至调度器执行。工作流调度子模块负责管理计算卸载与任务调度,并根据优化算法生成的卸载与调度方案在计算资源上卸载与调度工作流任务。任务执行子模块负责根据工作流调度子模块的指令,在边缘计算环境中执行工作流任务。容器管理子模块的设计参考了 KNIX 系统中的计算资源管理模块[1]。工作流引擎模块中的所有子模块都由控制器模块进行管理与协调。

一键部署模块是 EdgeWorkflow 的核心模块,它连接了工作流管理仿真器模块和工作流引擎模块。在一键部署模块的帮助下,用户可以一键部署真实的边缘计算环境,轻松执行对应工作流实例。一键部署模块由两个子模块组成:部署解析子模块和编排器子模块。部署解析子模块收集不同类型的部署配置信息,如边缘计算环境设置、工作流实例设置。编排器子模块为用户的工作流实例构建真实边缘计算运行环境,并通过控制面板调用工作流引擎模块将工作流实例进行运行。

存储与计算资源层由 MySQL 数据库和容器资源池组成。MySQL 数据库存储 EdgeWorkflow 产生的系统数据,如工作流结构的数据、边缘计算资源的数据、工作流任务的数据等。容器资源池可以在边缘计算环境中生成不同类型的计算资源,支持工作流任务的执行。

5.2.2 控制与数据流设计

工作流管理仿真器中工作流任务调度过程的控制和数据流如图 5.3 所示。图中的实线和虚线分别代表控制流和数据流。每当用户创建一个新的项目事件时,就会调用工作流可视化建模子模块,该子模块为用户的工作流实例提供工作流可视化建模和编辑子模块。同时,将资源设置发送给资源管理子模块,准备仿真边缘计算环境。工作流实例编辑操作完成后,用户通过 XML 文件将工作流实例提交给工作流解析子模块。在该子模块中,分析了工作流任务的特点。然后,调度算法子模块接收到工作流任务的特点,并从性能指标子模块中选择评价指标。在生成最佳工作流执行计划后,调度算法子模块将调度请求和最佳计划发送给调度程序。工作流调度子模块开始调度过程。资源管理子模块根据说明创建仿真环境并执行用户的工作流任务。最后,当所有工作流任务执行完毕后,执行度量结果将返回到用户界面。

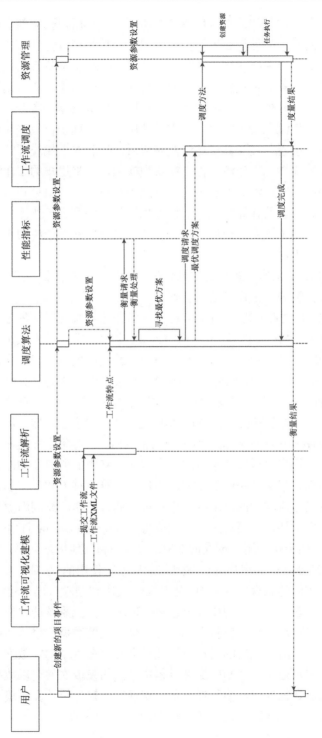

图 5.3　工作流任务调度过程的控制和数据流

工作流引擎的控制和数据流如图 5.4 所示。一旦用户执行部署操作，部署事件就被激活。同时，部署描述器子模块将用户的执行设置打包并传输给编排器子模块。编排器子模块在接收到包数据后，解析工作流实例执行的设置信息，如工作流设置、边缘计算环境设置。控制器子模块在得到部署指令后调用几个子模块来开始部署流程。首先，工作流解析子模块用于分析工作流实例的特征，并将分析结果传输给工作流上传子模块。其次，调用容器管理子模块生成边缘计算环境中的计算资源。接着，当计算资源创建完成后，控制器子模块开始调度过程，实时监控边缘计算环境。工作流上传子模块被唤醒，并将用户的工作流实例传递给工作流调度程序。工作流调度子模块接收到工作流任务的信息和执行计划后，将计算任务调度到相应的计算资源中。任务执行子模块执行工作流任务，并将执行结果返回给控制器子模块。最后，控制器子模块分析并将最终的指标和执行结果传递给编排器子模块。

EdgeWorkflow 工作流系统的数据管理包括三个基本任务：工作流 XML 文件管理、用户数据管理、工作流数据管理。

工作流 XML 文件管理：EdgeWorkflow 工作流系统使用两种方式为用户提供可使用的工作流 XML 文件（以下简称为 XML 文件）。第一种方式是在标准工作流库中选择 XML 文件，第二种方式是用户通过绘制面板自定义工作流结构，然后生成 XML 文件。在第一种方式下，由于 XML 文件的占用容量大小是由工作流中任务数量决定的，当工作流任务数量足够多时，如果在用户浏览器和 EdgeWorkflow 工作流系统之间传输 XML 文件会占用大量带宽，所以为了节约带宽资源，EdgeWorkflow 工作流系统将所有的 XML 文件集中存储在服务器的共享文件夹中，每个用户可以以共享方式读取该文件夹中的所有 XML 文件，但是不允许修改和删除共享文件夹中的 XML 文件。在第二种方式下，当标准工作流不能满足用户对工作流结构的需求时，用户可以通过工作流绘制面板生成 XML 格式的工作流模板文件，然后再进一步生成可在 EdgeWorkflow 工作流系统中执行的 XML 文件。由于每个用户创建的 XML 文件不和其他用户共享，所以创建自定义 XML 文件功能是需要用户提前注册登录后才能使用的，生成的 XML 文件会保存在用户才能访问的私有文件夹中，用户可以使用和删除自己创建的 XML 文件。

用户数据管理：用户在使用 EdgeWorkflow 工作流系统的过程中产生三种类型的数据：用户特征数据、自定义 XML 文件产生的数据、搭建边缘计算环境产生的数据。用户注册登录后的用户特征数据会存储在 MySQL 数据库中，由数据库负责管理。用户自定义 XML 文件过程中产生的模板文件会以数据库表的形式存储在 MySQL 数据库中，由数据库负责管理。搭建边缘计算环境产生的主机数据使用的是 Docker 镜像仓库进行管理，由工作流引擎调用 shell 脚本中的 Docker 命令进行操作（创建、修改、删除）。

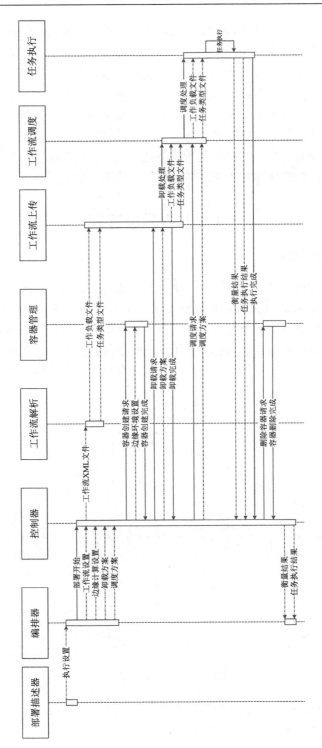

图 5.4　工作流引擎的控制和数据流

工作流数据管理：在 EdgeWorkflow 工作流系统生成的边缘计算环境中执行用户部署的工作流任务，为了节省存储成本，可能会在传输数据之前删除一部分中间数据，在传输完成后重新生成，以便重用或者重新分析。工作流中的数据来源是一种非常重要的元数据，记录了数据的依赖关系。通过这种依赖关系可以计算出每个数据的生成成本。根据生成成本和存储成本的对比，就能确定在边缘计算环境中不同主机间是传输计算任务还是传输计算结果，以降低系统总体成本。工作流任务在执行过程当中产生的数据是动态的，这些动态产生的数据由工作流引擎计算使用，以决定将每一个任务分配到可用的主机上。

5.3　服务质量管理

5.3.1　性能指标管理

性能指标控制类如图 5.5 所示。该类能通过 updateExecutionTime()函数计算各个指标，实现对卸载策略和调度算法等任务管理策略的自动化评估。控制器（Controller）里面包含着指标库，系统内置指标库里有任务执行时间、终端设备能耗、任务执行费用三种评价指标，除了这三种评价指标之外，系统还支持指标自定义扩展，用户可扩展自己的评价指标模型并添加进系统的指标库中。

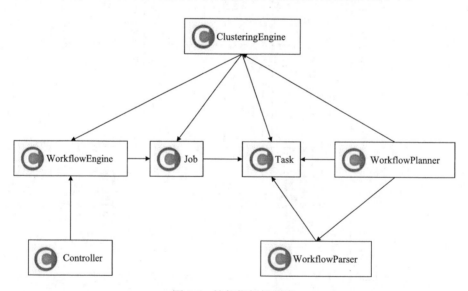

图 5.5　性能指标控制类

WorkflowPlanner：计划模块的实现类，其方法是负责启动仿真，调用解析方法获得任务集合并提交给聚类引擎。

WorkflowParser：解析模块的实现类,因为输入工作流文件以 XML 格式存储,所以该类负责把 XML 文件中所包含的所有任务及相关属性解析成 Task 类中的各个属性参数,以便于 EdgeWorkflow 系统管理。

Task：代表任务,经过解析 XML 文件后形成,类中属性有任务量大小及输入输出文件大小、任务间依赖关系。

ClusteringEngine：聚类模块的实现类,这个类负责将多个 Task 类通过指定的某种聚类方法合并为 Job 类。

Job：代表作业,通过聚类引擎生成的一个 Job 至少包含一个 Task,在系统中最终任务调度的对象不是 Task,而是 Job 类。

WorkflowEngine：引擎模块的实现类,可以依据任务间依赖关系提交任务给 FogBroker 进行记录和处理。它会处理每个任务处理完的返回结果,若是处理完的任务还有子任务,那么继续提交子任务,直到所有任务完成为止。

工作流环境通过解析模块、计划模块、聚类模块、引擎模块、任务类、作业类等实现。以 XML 格式存储的工作流文件可以通过常用的工作流生成器 WorkflowGenerator[5]生成,该生成器可生成常见的如 Montage(蒙太奇)、CyberShake、Epigenomics 等多种科学工作流结构,设置科学工作流的任务数量后生成器就会导出对应工作量模型文件(XML 格式)。将生成的模型文件输入到 EdgeWorkflow 工作流系统中,系统就会自动地对其进行解析聚类操作,最后根据资源分配模块中的卸载策略与调度算法决定各个任务的执行位置。因为工作流模型是以通用 XML 格式存储,所以此系统也支持自定义工作流,按照相应格式将自定义工作流转化为 XML 格式工作流文件,然后输入到系统中,也可以进行相应卸载与调度操作。

5.3.2　安全性管理

EdgeWorkflow 工作流系统的安全性管理主要包括三个模块:用户身份可靠性管理、用户数据隐私性管理和系统异常行为管理。

1)用户身份可靠性管理

EdgeWorkflow 系统在边缘计算环境中涉及多方参与实体,例如,移动终端用户、服务提供商、基础设施服务提供商等。然而,在边缘计算环境中基础设施位于网络的边缘,其数据、系统、身份、硬件都具有异构性和不确定性,容易导致各参与方产生身份信任危机[6]。因此,对 EdgeWorkflow 系统中的参与实体进行有效身份认证是信任管理的第一个模块。在计算机网络世界中,用户的身份信息是用一组特定的数据来表示的,计算机只能识别用户的数字身份,对用户的授权也是针对用户数字身份的授权。身份认证就是保证操作者的物理身份与数字身份相对应[7]。在 EdgeWorkflow 工作流系统的用户身份认证中,一方面,恶意攻击者可能会替换系统中合法用户的认证凭证，欺骗系统从而通过虚假身份认证。另一方面，恶意攻击者可能在身份验证过程中盗用合法用户的身份信息，盗用到的信息内容可能会被用于违法犯罪行为[8]。

在 EdgeWorkflow 系统中，以移动边缘计算中无人机最后一公里物流配送过程中用户身份认证为例，应用了区块链和人脸识别的身份认证技术，解决恶意攻击者替换合法用户身份认证凭证和盗用用户身份信息的问题。该系统将区块链部署在边缘节点上，并且利用区块链的智能合约去认证参与配送的无人机和监控无人机的配送过程，利用区块链的共识机制和防篡改的特点实现物流信息的一致性和可追踪性，最后利用边缘计算低延迟的特点满足物流信息实时更新的要求。此外，在用户接收无人机所投递的包裹的过程中，利用人脸识别技术来确认用户的身份信息以防止恶意的攻击者将包裹投递给错误的人。

EdgeWorkflow 系统中基于自我主权的身份认证模块的设计过程如图 5.6 所示，图5.6(a)描述了用户向数据服务提供商请求创建账户的过程。首先，用户向数据服务提供商发起身份认证请求。然后，数据服务提供商收集用户信息用于身份认证。在完成认证后，用户建立去中心化身份(decentralized identity，DID)存储在区块链中，与此同时，数据服务提供商给用户提供验证性凭证(verifiable credential，VC)。当无人机携带包裹到用户附近时，需要认证用户身份，认证过程如图 5.6(b)所示。首先，用户授权给无人机访问用户数据的权利。然后，无人机获取访问权限，再通过智能合约向区块链发送认证请求，区块链检查用户的真实性后，发送响应消息给无人机并赋予无人机访问用户数据的权利。最后，无人机确认用户真实身份，若是合法用户则交付包裹，若是非法用户则终止配送过程。

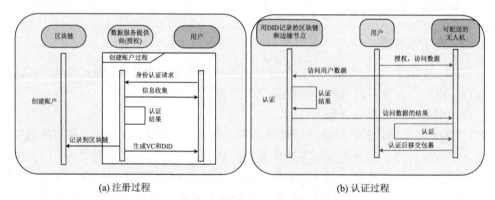

(a) 注册过程　　　　　　　　　　　　　　　(b) 认证过程

图 5.6　用户身份认证过程

2)用户数据隐私性管理

在大数据时代，终端设备(如智能家电、智能穿戴设备、传感器等)会采集并产生大量的数据信息，边缘计算为这些海量数据的存储和复杂的计算提供了强有力的支持。然而，随着数据量的快速增长，也不可避免带来很多隐私安全问题。在 EdgeWorkflow 工作流系统中，用户数据隐私问题也是当前所面临的主要挑战之一。任务卸载通过把本地的计算任务卸载到边缘节点或者云端，从而满足计算密集型应用对低延迟的要求。由于边缘服务器的漏洞和无线传输的特性，任务卸载带来了很严重的隐私问题，例如，恶意攻击者可以通过分析用户的卸载行为的统计数据来提取用户的敏感信息[9]，也可以利用边缘卸载无线传输的特性窃取传输的数据。此外，当边缘服务器不受信任或被攻破时，将会造成用户隐私数据泄露。隐私泄露造成的严重后果不仅会使个人信息遭到侵犯，而且很有可能会造成经济损失甚至会带来严重的人身安全问题。

　　任务卸载过程中存在的隐私泄露风险和当前主流的数据保护技术如图 5.7 所示。任务卸载过程中存在的隐私泄露风险主要包括：位置信息泄露，卸载策略模式泄露，传输中信息泄露，边缘服务器不受信，成员推断攻击。

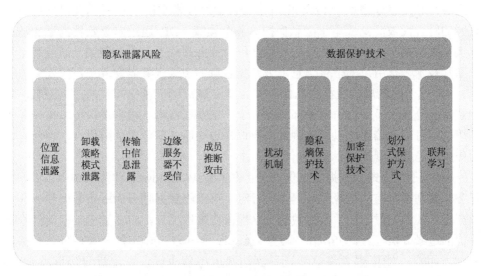

图 5.7　任务卸载过程中存在的隐私泄露风险和数据保护技术

　　(1)位置信息泄露[10]：所谓位置信息泄露是指边缘环境中移动用户为了达到低延迟、低能耗等目的，往往倾向于将任务卸载到最近的边缘服务器以获得更好的服务，那么就有可能使得攻击者推断出用户可能的位置信息。

　　(2)卸载策略模式泄露[11]：当任务卸载模式和用户使用模式高度相关的情况下，攻击者可能利用这一点信息来识别用户。

　　(3)传输中信息泄露：当终端向边缘服务器卸载任务时，由于无线通信的广播性质，存在一些攻击者可能会恶意窃听卸载任务的内容。

　　(4)不受信任的边缘服务器[12]：由于边缘节点的开放特性，边缘节点很有可能是不受信任的，而且随着边缘节点的增多，边缘节点遭受的攻击概率也会随之增大，用户将任务卸载到不受信任的边缘节点，用户的隐私信息将遭受巨大的挑战。

(5) 成员推断攻击[13]：当多个相互关联的任务卸载到同一个服务器时，攻击者可能通过任务中的信息推断出特定的用户。

为了解决以上数据隐私泄露问题，主要依赖当前主流的数据隐私保护技术：基于加密技术、扰动机制、隐私熵、划分式和联邦学习的用户数据隐私保护。

(1) 基于加密技术的数据隐私保护[14]：在任务卸载之前，通过某种加密算法（如 MD5、AES、RC4 等）将任务中的普通数据转换成加密数据，再将加密数据卸载到边缘端或云端。但是加密技术在加密过程中往往会消耗更多的算力和时间，所以在使用加密技术的同时也要考虑能耗和时间成本。

(2) 基于扰动机制的数据隐私保护[15]：当前通过扰动机制来实现数据隐私保护主要是利用差分隐私（differential privacy，DP）技术实现。DP 技术凭借严格数学证明的特性而被广泛应用于隐私保护的各个领域。DP 通过向原始数据添加噪声来实现数据扰动，然后将扰动后的数据用于任务卸载的过程。例如，通过利用差分隐私技术干扰用户的位置信息，来避免恶意的边缘服务器窃取用户的隐私。

(3) 基于隐私熵的数据隐私保护[16]：隐私熵被用于量化卸载的数据隐私，将卸载任务分成若干部分，每个部分对应于一个发送概率，根据发送概率来计算隐私熵。同时隐私熵还可以用来测量用户选择边缘服务器位置的随机性，因此可以用作位置隐私的度量。

(4) 基于划分式的数据隐私保护[16]：在 EdgeWorkflow 工作流系统中，将一些任务卸载到不可信的边缘服务器去执行时，可以将数据划分为敏感数据和非敏感数据进行任务卸载。通常，将敏感数据保留在本地执行，将非敏感数据交付给不可信的边缘端执行。此外，在深度学习领域，由于深度学习的计算任务总是相当庞大，用户可能更愿意将负载迁移到边缘服务器执行。在深度神经网络（deep neural networks，DNN），将少数的原始层数据和少量的神经网络层数据保留在本地，其他层数据转移到边缘服务器来执行其余层的训练过程，从而实现用户数据隐私保护。

(5) 基于联邦学习的数据隐私保护[17]：联邦学习（federated learning，FL）的作用主要是用来解决数据孤岛问题，将原始数据保留在本地，将梯度值卸载到（而不是原始数据）边缘端。FL 能有效帮助多个机构在满足用户隐私保护、数据安全和政策法规的要求下，进行数据使用和机器学习建模。例如，结合 DNN 划分技术到联邦学习中，将 DNN 模型分为两个部分，将具有敏感信息的层留在用户移动设备上用于提取特征，并通过扰动机制来保护隐私，而将其余部分卸载到边缘节点上，由边缘模型聚合局部参数，更新全局模型直至收敛。

3）系统异常行为管理

入侵检测主要依赖于两种检测技术：误用检测技术和异常检测技术。

误用检测技术：将被监控节点的行为和一组与特定已知攻击行为相关规则进行比较。这些规则由一组攻击签名定义。在这种情况下，需要永久更新攻击签名。在延迟容忍网络（delay tolerant network, DTN）（如 UAV 网络）中部署入侵检测系统（intrusion detection system, IDS）具有挑战性，因为一组 IDS 节点难以监控分布在广泛地理区域中的少量节点的行为。因此，异常检测技术更受欢迎。

异常检测技术：建立正常配置文件的模型，并尝试跟踪可能出现异常或可能被入侵的正常行为偏差。虽然这种技术可以检测到系统以前没有观察到的新攻击，但它的计算成本很高。异常检测通常使用神经网络和支持向量机等学习算法来检测被监控节点的异常行为。

两种检测技术的原理和优缺点如表 5.3 所示。

表 5.3　入侵检测方法

方法	原理	优点	关键问题
误用检测技术	建立入侵行为模型（攻击模型）；假设可以识别和表示所有可能的特征；基于系统和基于用户的误用	准确率高；算法简单	要识别所有的攻击特征，就要建立完备的特征库；特征库要不断更新；无法检测新的入侵
异常检测技术	设定"正常"的行为模式；假设所有的入侵行为会导致异常；基于系统和基于用户的异常	可检测未知攻击；自适应、自学习能力	"正常"行为特征的选择；统计算法、统计点的选择

本节以 A2DSEC 安全框架中的检测模块为例，描述 EdgeWorkflow 工作流系统中的异常入侵检测方法，主要包括误用检测技术、异常检测技术和检测管理。具体来说，误用检测是一种检测系统是否受到攻击的方法，一共分为两阶段。第一个阶段：建模阶段，通过对已知的网络攻击行为进行抽象建模，得到不同网络攻击行为的入侵特征，建立入侵特征库。第二阶段：检测阶段，比较所有进入系统的网络请求以发现已知的网络攻击。检测方法是多样的，例如，通过字符串匹配找到一条简单的指令，使用正则表达式或正常的数学表达式来表示安全状态的变化。

基于深度学习的正常行为模型的建模步骤如下：

步骤 1　对采集到的 UAV 行为特征数据进行预处理。在数据预处理过程中，采用公式（5.1）将数据归一化到一个固定的区间。假设步长设计为 N，原始数据由 N 个数据组成，标签为 $N+1$ 个数据。

$$x_s' = \frac{x_s(i) - x_{\min}}{x_{\max} - x_{\min}} \tag{5.1}$$

步骤 2　利用原始数据和标签作为训练集和验证集，通过深度学习算法得到预测模型。然后利用相同的数据选择最优的正常行为模型作为步骤 3 和步骤 4 的预测算法。首先，通过调整参数优化正常行为模型的效果。然后，对三种模型进行比较，得到最佳的正常行为模型。

步骤 3　在原始数据中加入一部分随机噪声作为测试集，输入到步骤 2 中最终选择的模型中进行数据预测，得到预测值。

步骤 4　比较真实数据与正常行为模型提供的数据之间的归一化均方根误差（normalized root mean square error, NRMSE），并使用公式(5.1)和公式(5.2)计算阈值。如果预测值与原始值的差值超过阈值，则认为 UAV 存在异常行为。

$$\text{NRMSE}(x_s) = \sqrt{\frac{1}{m} \sum_{i=1}^{m} [x_s(i) - \hat{x}_s(i)]} \tag{5.2}$$

式中，m 是数据列的总数；$x_s(i)$ 是原始数据；$\hat{x}_s(i)$ 是从预测模型得到的预测数据。

步骤 1 和 2 是正常行为模型构建过程。对采集到的数据进行预处理。在数据预处理过程中，利用公式(5.1)将数据归一化到固定区间，式中 x_s 代表数据的所有样本，$x_{\min}$ 和 $x_{\max}$ 代表每列的最小值和最大值。因为归一化的最大值为 1，最小值为 0，因此，$x_{\max}' = 1, x_{\min}' = 0$。假设步长设计为 N，原始数据由 N 个数据组成，标签为第 $N+1$ 个数据。步骤 3 和步骤 4 涵盖了将预测数据与原始数据进行比较以发现异常行为的过程。

针对传统基于异常的入侵检测使用特征少、数据难获取的问题，在检测框架和无人机最后一公里配送场景下设计了基于深度学习的正常行为建模过程。首先，构建系统的正常行为和活动模式。然后，确定系统行为或活动模式是否有异常变化。这种方法不依赖于特定的攻击是否发生，而且它还具有发现一些未知的攻击模式的优势。

5.4　系　统　原　型

基于以上针对边缘计算环境下工作流系统的讨论，构建了一个 EdgeWorkflow 的系统原型，该原型是使用 JDK 1.8 版本的 Java 语言进行开发[18]。目前仅支持单机使用，可以通过提供的 GitHub 地址（https://github.com/ISEC-AHU/ EdgeWorkflow）进行下载并使用。

EdgeWorkflow 系统 Web 版主界面如图 5.8 所示[18]。①区域是创建边缘计算环境中工作流运行项目的面板，其主要功能包括边缘计算环境设置、工作流任务

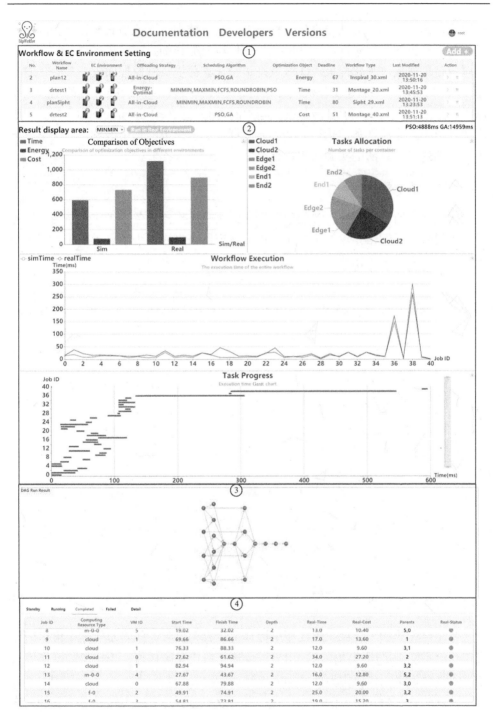

图 5.8　系统主界面

的可视化建模、调度算法与优化目标设置。②区域为工作流仿真执行及实际执行运行结果输出图表展示区域，③区域是工作流任务详细执行结果列表展示区域且③区域是工作流可视化面板。④区域是边缘计算环境实时监控面板。其中，右上角"Add"按钮用于创建工作流运行项目，①区域列表中"Action"列的运行按钮用于仿真环境中的工作流任务执行，②中的"Run in Real Environment"按钮用于真实环境中工作流任务的执行。②下方区域是实验结果的输出区域，其中下拉框中可以选择某种算法的实验结果进行显示。

5.4.1　工作流选择

如图 5.9 所示，用户需要创建工作流结构和工作流任务。工作流结构可以通过使用提供的示例工作流或可视化工作流建模器来生成。为了展示系统的更多细节，以一个自定义工作流为例。

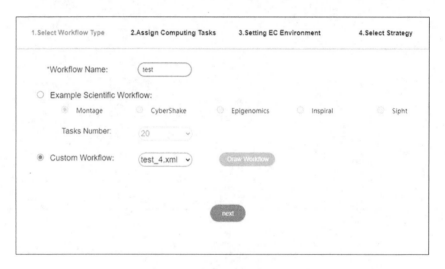

图 5.9　工作流类型选择面板

5.4.2　工作流自定义

当用户在添加工作流应用程序中选择工作流类型时，如果系统库中提供的标准工作流不能满足用户的需求，用户可以选择自定义工作流。单击绘制工作流按钮，进入自定义工作流主界面，如图 5.10 所示。

自定义工作流的主界面分为两部分。上面的"Draw a New Workflow"按钮表示用户创建了一个新的工作流 DAG。"Draw a New Workflow by Templates"按钮表示用户通过在下拉菜单中选择模板工作流文件来创建一个新的工作流 DAG，"Return"按钮表示返回主页。按钮组下方表格显示了当前用户创建的所有工作流 DAG 的详细信息。表中"Operation"列中的"Edit"按钮表示编辑当前工作流 DAG，"Delete"按钮表示删除当前工作流 DAG。"Submit"按钮表示提交当前工作流 DAG 生成对应的工作流 XML 文件。绘制完工作流 DAG 后，如果想使用当前工作流 DAG 生成 XML 格式的工作流文件，必须单击"Submit"按钮，通过工作流 DAG 生成工作流 XML 文件。我们通过一个带有分支的四个节点工作流 DAG 来演示这一点。

图 5.10　自定义工作流主界面

绘制工作流界面如图 5.11 所示。它分为四个部分：①工具栏；②对象选择框；③绘图面板；④属性设置区域。顶部是工具栏，包括保存、刷新、放大、缩小、退出等功能。左边是对象选择框，从上到下分别是开始节点、任务节点和结束节点，通过拖动添加到中间的绘图面板中。底部设置工作流 DAG、任务节点和边缘的属性。在设置工作流 DAG 的属性时，输入工作流 ID（非数字字符串）、工作流 XML FileName（非数字字符串）。设置任务节点的属性时，输入任务 ID（非数字字符串）、任务名称（非数字字符串）、工作负载（必须为数字字符串）。设置边缘的属性时，输入边缘 ID（非数字字符串）、数据大小（必须为数字字符串）。在设置了开始节点、结束节点、四个工作流节点属性、边缘属性和工作流节点关系之后，保存工作流并将其命名为 test。

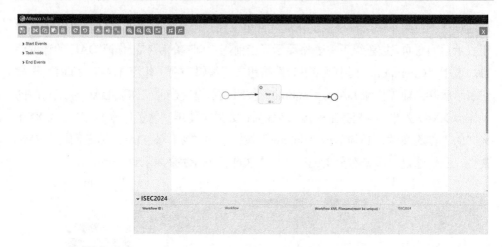

图 5.11　绘图工作流图形界面

　　绘制完工作流 DAG 后，单击"SAVE"，如图 5.12 所示。用户需要输入工作流 NAME（非数字字符串）、DESCRIPTION（当前工作流 DAG 的描述，可选字段）。用户可以选择"CANCEL"（不保存返回绘制工作流界面）、"SAVE-And-CLOSE"（保存退出到自定义工作流主界面的第二步）、"SAVE"（保存返回到绘制工作流界面）。

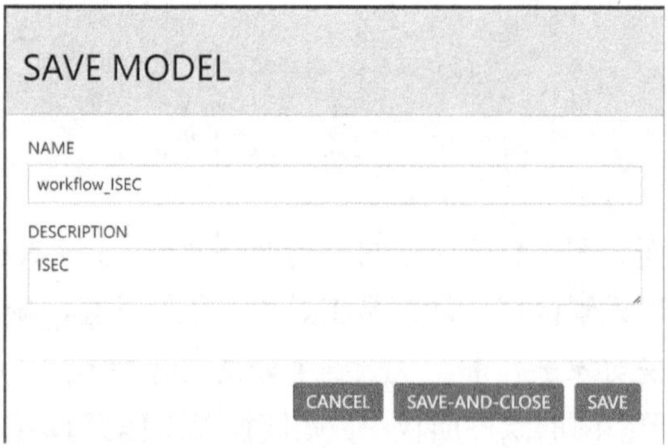

图 5.12　绘图工作流图形界面（保存）

5.4.3　任务绑定

　　如图 5.13 所示，将工作流计算任务模型与实际计算任务进行绑定。实际的计算任务由两种模式组成，分别为标准模式和自定义模式。

　　在标准模式下，如图 5.13 所示，工作流任务与系统提供的真实计算任务绑定。在自定义模式下，用户可以为每个工作流任务编写代码，这些代码可以被提交并绑定到工作流任务。为了演示，本章提供了四个科学计算任务示例：π值计算、KMP 字符串匹配算法、Levenshtein 算法和选择排序算法。用户可以从未分配的任务区域中选择任务，并将任务模型与实际计算任务之一绑定。

图 5.13　工作流任务绑定(标准模式)面板

在如图 5.14 所示的自定义模式下，用户可以根据步骤 1 选择自己定义的工作流结构，然后单击工作流结构中的每个节点，为每个工作流任务进行编程。在初始化代码中，系统默认会根据工作流节点的父子关系给出输入输出参数。这些输入和输出参数的数量不能更改，否则提交将失败。

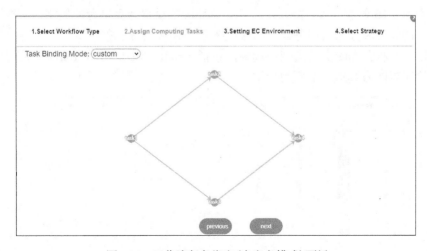

图 5.14　工作流任务绑定(自定义模式)面板

　　这里，我们以第一步中选择的四个节点的工作流 test_4.xml 为例，说明自定义模式的工作流任务绑定。在"Task Binding Mode"中，选择"custom"，进入自定义任务编码。依次单击各个工作流任务节点，进入编程界面，如图 5.15 所示。编程完成后，单击"Submit code"按钮，提交工作流任务代码。

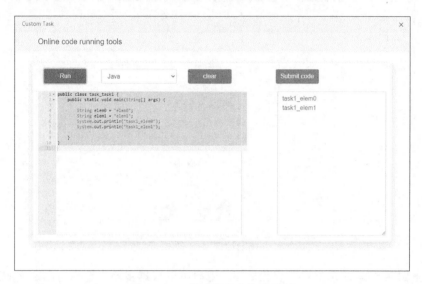

图 5.15　工作流任务自定义面板

5.4.4　边缘计算环境设置

　　如图 5.16 所示，用户需要在边缘计算环境中设置计算资源的类型，以执行工作流。计算资源分为云服务器、边缘服务器和终端设备三种类型。每一层中的资源可以从三种预先配置的类型中选择，包括 Small、Medium 和 Large，它们代表不同的计算能力级别和不同的价格。

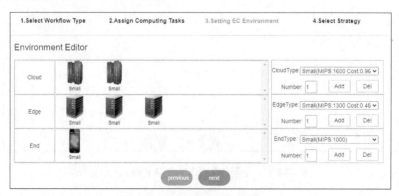

图 5.16　边缘计算环境设置面板

5.4.5　卸载与调度策略选择

如图 5.17 所示，用户需要选择卸载策略、调度算法、优化目标，并指定时间约束。目前卸载策略有三种类型：Energy-Optimal（能耗最优卸载策略）、All-in-Edge（所有任务在边缘服务器上执行）、All-in-Cloud（所有任务在云服务器上执行）。调度算法可以从 min-min、max-min、FCFS、Round Robin、PSO 和 GA 中选择。请注意，min-min、max-min、FCFS、Round Robin 等启发式算法仅用于时间优化。粒子群算法和遗传算法等搜索算法可用于时间、能耗和费用等多目标优化。

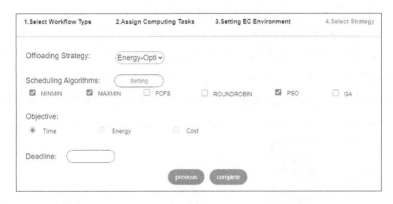

图 5.17　选择优化目标、卸载策略和调度算法面板

5.4.6　工作流执行结果

如图 5.8 所示，EdgeWorkflow 主界面主要有四个区域，除了区域①，剩余三个区域主要用于展示工作流的执行结果，区域②中分为四个统计图，柱状图展示了仿真和真实的边缘计算环境中的时间、能耗、费用三个关键指标的对比；饼图展示了在边缘计算环境中每个主机执行计算任务的数量对比；折线图展示了工作流中每个任务在仿真和真实的边缘计算环境中执行时间的对比；甘特图展示了在整个工作流中所有的任务执行时间和先后顺序的对比。区域③展示了所执行方案的工作流结构。区域④展示了整个工作流中所有任务的执行细节。在执行方案运行时，区域④用于监控所有任务的执行过程，正在执行的工作流任务会放在 Running 表格中，执行成功的工作流任务会放入 Completed 表格中，执行失败的工作流任务会放入 Failed 表格中，Detail 表格可以查看到所有的工作流任务的细节信息，包括：任务 ID、执行主机 ID、开始时间、结束时间、父节点、执行状态等。

5.5　实验设置与评估

5.5.1　系统性能指标评估

为了验证工作流任务执行时间与不同计算资源数量之间的关系，我们选择蒙太奇工作流，测量不同类型计算资源下的工作流执行时间。云服务器层的计算资源分为小型（1000 MIPS）、中型（1300 MIPS）和大型（1600 MIPS）三种类型。实验结果如图 5.18 所示。随着 CPU 速度的提高，工作流的执行时间逐渐减少。例如，当 CPU 速度为 1000 MIPS 时，蒙太奇工作流执行时间为 475.9ms。当该值增加到1300MIPS 时，蒙太奇工作流执行时间减少到 387.8ms。这表明，由于 CPU 速度提高了 30%，工作流的执行时间下降了 18.51%。当这个值增加到 1600 MIPS 时，蒙太奇工作流的执行时间减少到 333.6ms。这表明，由于 CPU 速度提高了 23.08%，工作流的执行时间下降了 13.98%。因此，工作流任务的执行时间与计算资源的 CPU 速度高度相关。这说明 EdgeWorkflow 的计算资源具有较强的稳定性。

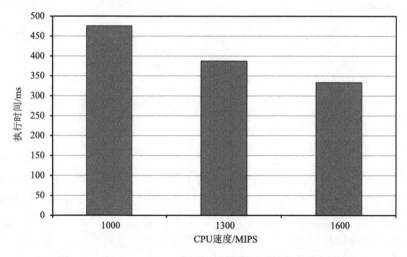

图 5.18　EdgeWorkflow 在不同计算资源下的任务执行时间

如案例研究部分所述，工作流任务在仿真边缘计算环境中的执行时间与在真实环境中的执行时间不同，无法充分验证资源管理方法的有效性。图 5.19 展示了 EdgeWorkflow 中仿真环境与真实环境任务执行时间的差异。一般情况下，真实环境中的任务执行时间平均比仿真环境中的任务执行时间高 20%。这是因为资源冲突和任务延迟因素会影响工作流实例的执行过程，增加任务的执行时间。在某些情况下，真实环境中的任务执行时间比仿真环境中的任务执行时间要短，例如，任务 27 和任务 28。这是因为计算任务的工作负载过低，不会触发资源冲突和任务延迟等因素。因此，实验结果证明了 EdgeWorkflow 的有效性。

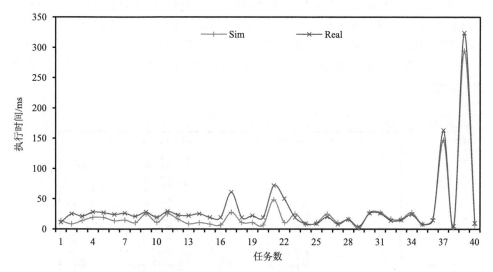

图 5.19　EdgeWorkflow 在仿真环境和真实环境中任务执行时间的差异

5.5.2　优化性能指标评估

首先，比较了任务调度算法下的任务执行时间、终端设备的费用和能耗。其次，给出了任务卸载计划的工作流执行甘特图和分配情况。蒙太奇支持主流的科学工作流结构，具有不同数量的任务。本章以蒙太奇工作流 (20，40，60，80，100 个任务) 为例，比较了不同优化目标下的任务调度算法[19]。边缘计算环境的参数设置如表 5.4 所示。

表 5.4　边缘计算环境的参数设置

参数	终端设备	边缘服务器	云服务器
CPU 运行速度/MIPS	1000	1300	1600
运行功率/mW	700	0	0
闲置功率/mW	30	0	0
数据传输功率/mW	100	0	0
数据接收功率/mW	25	0	0
任务执行费用/\$	0	0.48	0.96
设备数量	2	2	2

　　六种任务调度算法在任务执行时间方面的实验结果如图5.20所示。可以看出，PSO 和 GA 在任务执行时间方面总是比其他四种算法取得更好的性能。随着任务数量的增加，GA 和 PSO 之间的差距增大。例如，当任务数为 20 时，GA 下的任务执行时间比 PSO 下的任务执行时间低 6.43%。当任务数变为 100 时，差距增加到 35.19%。因此，在当前实验设置下，GA 是降低任务执行时间的最有效的任务调度算法。

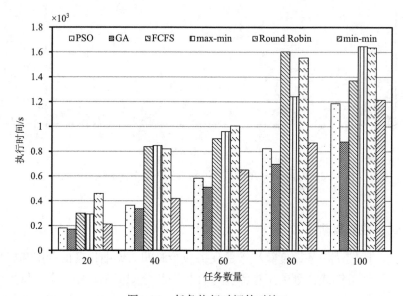

图 5.20　任务执行时间的对比

　　六种任务调度算法的任务执行费用结果如图5.21所示。与其他四种算法相比，两种启发式算法总能找到最优的任务调度计划以最小化任务执行费用。此外，随着任务数量的增加，GA 与 PSO 之间的差距也随之增大。例如，当任务数为 20 时，GA 的任务执行费用比 PSO 低 6.57%。当任务数变为 100 时，差距增加到 33.14%。因此，在目前的实验设置下，GA 是降低任务执行费用的最有效的任务调度算法。

　　图 5.22 为六种任务调度算法在终端设备能耗方面的实验结果。与其他五种算法相比，采用 GA 的终端设备的执行能耗值总是最低的。例如，当任务数为 20 时，GA 的任务执行时间仅为 PSO 算法的 26.67%。因此，在当前实验设置下，GA 是降低终端设备能耗的最有效的任务调度算法。

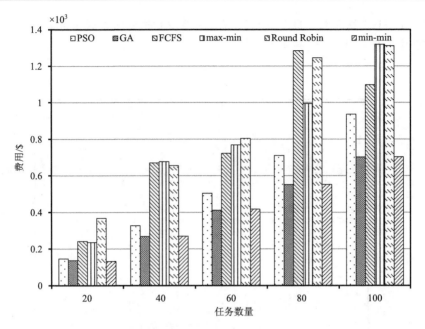

图 5.21　任务执行费用的对比

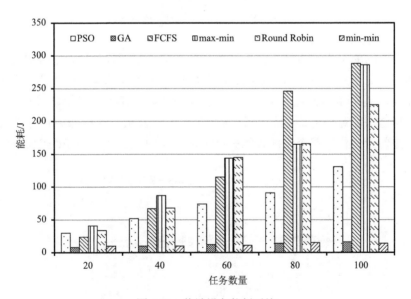

图 5.22　终端设备能耗对比

为了更深入地了解工作流任务执行过程，EdgeWorkflow 为用户提供了工作流执行甘特图。40 个任务数的蒙太奇工作流执行甘特图如图 5.23 所示。很容易看到每个工作流任务的时序图。例如，计算任务 1～任务 4 是并行执行的。计算任务

10 和任务 11 依次执行。此外，可以很容易地找到执行时间成本最高的任务，即图 5.23 中的任务 37 和任务 39。

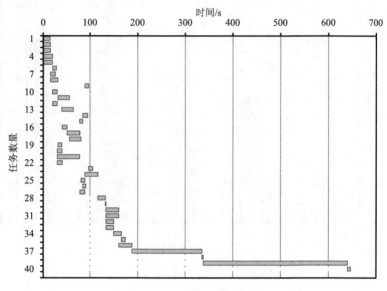

图 5.23　工作流任务的甘特图

对于不同的工作流任务，由于计算任务的特点不同，最适合的计算资源可能有所不同。比如，计算能力更强的云服务器更适用于计算量大而且集中的计算密集型任务，边缘服务器更适合执行数据密集型任务。任务卸载策略需要根据任务的特点将这些计算任务卸载到最合适的资源中。因此，当前卸载计划的任务分配情况是便于优化计算资源配置的关键指标。如图 5.24 所示，EdgeWorkflow 提

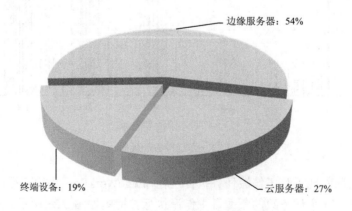

图 5.24　卸载方案边缘计算环境中的分布情况

供了任务分布情况的可视化显示。当前任务卸载计划中，云服务器占 27%，边缘服务器占 54%，终端设备占 19%。此外，可以看到，大多数计算任务都被卸载到边缘服务器，这意味着该卸载计划需要边缘服务器中最多的计算资源。

至此，本书第一部分工作是针对环境异构、结构复杂的边缘工作流系统在设计、实现到性能评估与优化等方面初步探索。未来将以 EdgeWorkflow 工作流系统为基础，进一步展开边缘工作流系统的性能与效率优化研究，包括如下几个方面：

(1) 工作流任务模型的进一步研究与完善，包括任务的多样性需求与特征的建模问题、数据依赖对工作流任务执行所带来的额外开销问题，跨组织工作流的建模问题。

(2) EdgeWorkflow 工作流系统的进一步实验验证，主要围绕构造大量真实工作流实验数据集进行优化与评估展开。

(3) Python 版本 EdgeWorkflow 工作流系统的设计与实现。EdgeWorkflow 工作流系统现有的版本只有 Java，而 Python 语言本身可为快速原型的开发与迭代以及跨平台提供更好的支撑。

(4) 环境与系统架构模型的深入研究，受限于具体场景的业务流程约束，本书所提出的 EdgeWorkflow 工作流系统仅考虑边缘计算环境中计算资源管理与数据资源管理两大管理问题，缺乏对其他智能系统场景中所涉及管理问题的研究。因此，需要进一步调研实时性智能系统的业务流程与管理需求以及用户在使用 EdgeWorkflow 平台过程中的新需求，进一步完善边缘计算环境中智能系统资源管理框架与实验平台。

参 考 文 献

[1] XU J, LIU X, LI X J, et al. EXPRESS: an energy-efficient and secure framework for mobile edge computing and blockchain based smart systems[C]//Proceedings of the the 35th IEEE/ACM international conference on automated software engineering, Melbourne, Australia, 2020.

[2] XU X L, FU S C, YUAN Y, et al. Multiobjective computation offloading for workflow management in cloudlet-based mobile cloud using NSGA-II [J]. Computational intelligence, 2019, 35(3): 476-495.

[3] YU Z, GONG Y M, GONG S M, et al. Joint task offloading and resource allocation in UAV-enabled mobile edge computing [J]. IEEE internet of things journal, 2020, 7(4): 3147-3159.

[4] LIU X, FAN L M, XU J, et al. FogWorkflowSim: an automated simulation toolkit for workflow performance evaluation in fog computing[C]//Proceedings of the 34th IEEE/ACM international conference on automated software engineering (ASE), San Diego, CA, 2019.

[5] WorkflowGenerator [EB/OL]. [2019-12-25]. https://github.com/pegasus-isi/WorkflowGenerator.

[6] PANDEY A, CALYAM P, DEBROY S, et al. VECTrust: trusted resource allocation in volunteer edge-cloud computing workflows[C]//Proceedings of the the 14th IEEE/ACM international conference on utility and cloud computing, Leicester, United Kingdom, 2021.

[7] JIA X Y, HE D B, KUMAR N, et al. A provably secure and efficient identity-based anonymous authentication scheme for mobile edge computing [J]. IEEE systems journal, 2020, 14(1): 560-571.

[8] NEGRU C, MUSAT G, COLEZEA M, et al. Dependable workflow management system for smart farms [J]. Connection science, 2022, 34(1): 1833-1854.

[9] XU X L, TANG B W, JIANG G X, et al. Privacy-aware data offloading for mobile devices in edge computing[C]//Proceedings of the 2019 international conference on internet of things (iThings) and IEEE green computing and communications (GreenCom) and IEEE cyber, physical and social computing (CPSCom) and IEEE smart data (SmartData), Atlanta, GA, 2019.

[10] XIAO Y, ZHOU A C, YANG X, et al. Privacy-preserving workflow scheduling in geo-distributed data centers [J]. Future generation computer systems, 2022, 130: 46-58.

[11] LI T, LIU H T, LIANG J, et al. Privacy-aware online task offloading for mobile-edge computing[C]//Proceedings of the 15th international conference on wireless algorithms, systems, and applications, Qingdao, China, 2020.

[12] OUYANG Y, LIU W, YANG Q, et al. Trust based task offloading scheme in UAV-enhanced edge computing network [J]. peer-to-peer networking and applications, 2021, 14(5): 3268-3290.

[13] WANG K H, HU Z X, AI Q S, et al. Membership inference attack with multi-grade service models in edge intelligence [J]. IEEE network, 2021, 35(1): 184-189.

[14] LAKHAN A, MOHAMMED M A, GARCIA-ZAPIRAIN B, et al. Fully homomorphic enabled secure task offloading and scheduling system for transport applications [J]. IEEE transactions on vehicular technology, 2022, 71(11): 12140-12153.

[15] ZHANG P Y, GAN P, CHANG L J, et al. DPRL: Task offloading strategy based on differential privacy and reinforcement learning in edge computing [J]. IEEE access, 2022, 10: 54002-54011.

[16] XU Z Y, LIU X H, JIANG G X, et al. A time-efficient data offloading method with privacy preservation for intelligent sensors in edge computing [J]. EURASIP journal on wireless communications and networking, 2019, 2019(1): 1-12.

[17] LI J, YANG Z P, WANG X W, et al. Task offloading mechanism based on federated reinforcement learning in mobile edge computing [J]. Digital communications and networks, 2023, 9(2): 492-504.

[18] ISEC-AHU. EdgeWorkflow 系统 Github 网站 [EB/OL]. [2023-06-19]. https://github.com/ISEC-AHU/EdgeWorkflow.

[19] DEELMAN E, DA SILVA R F, VAHI K, et al. The Pegasus workflow management system: translational computer science in practice [J]. Journal of computational science, 2021, 52: 1-7.

第二部分　研究实践篇

第6章 边缘计算中面向深度神经网络计算任务卸载策略

随着深度学习技术的突破和物联网的快速发展，基于深度神经网络的人工智能在智能物联网系统中得到广泛应用。人工智能应用的实时性需求对计算与网络资源提出了更高的要求。目前常用的解决方案是通过计算卸载技术将部分对计算能力需求较高的任务发送到计算能力较强的云服务器进行执行。然而，云服务器通常位于距离用户较远的数据中心，将任务卸载至云计算环境所带来的较高网络延迟无法满足人工智能应用的实时性需求。

边缘计算作为一种新的计算模式，通过将计算资源下沉至更靠近终端设备侧，减少了终端设备中服务请求的响应时间，同时降低了网络带宽压力。然而，深度神经网络计算任务与传统的计算任务相比，计算复杂度较高，输入数据连续且相同（如连续的视频帧），因此深度神经网络计算任务有着不同的执行流程和性能指标。另外，深度神经网络模型的结构多样，海量终端设备的服务请求也具有多样性，在处理不同服务请求时，需要考虑其服务质量需求的差异。最后，边缘计算环境中分布式的计算资源是异构的，不同计算资源之间数据传输能力也各不相同，增加了任务卸载问题的复杂性。综上，如何在边缘计算环境中为人工智能应用选择合适的卸载方案成为关键问题。

针对深度神经网络计算任务，如何降低任务的响应时间，以提高服务执行效率的问题。本章考虑边缘计算环境中计算资源特性，提出多个计算资源组成流水线，协同执行深度神经网络计算任务。针对深度神经网络推理任务的流程特征，设计了边缘计算环境中面向深度神经网络的资源协同框架(resource collaboration framework for DNN in edge computing，CoDNN)，以优化深度神经网络计算任务的执行效率。同时，针对单个深度神经网络计算任务的划分与卸载问题，本章在CoDNN 框架基础上，提出了边缘计算环境中深度神经网络计算任务卸载策略。该策略考虑了深度神经网络模型特点和推理任务的计算流程，定义了截止时间感知的延时优化模型，并提出了基于粒子群的深度神经网络划分卸载算法。通过实验表明，该策略能够显著降低终端设备的人工智能应用的响应延时，并且可以根据不同的任务截止时间约束和网络带宽进行自适应调整。

接着，针对边缘环境中多个终端设备同时发起服务请求情况，本章考虑对所有任务进行统一卸载以优化服务质量，提出了边缘计算环境中多深度神经网络计算任务卸载策略。首先，该策略对多个深度神经网络计算任务进行统一管理，在满足各计算任务截止时间约束下，进一步降低系统能耗。其次，根据具体问题建立响应时间约束下的系统能耗评价模型，并设计基于莱维飞行（Lévy flight）粒子群的深度神经网络划分卸载算法。最后通过实验证明，该策略可以对多个任务统一进行划分卸载，尽可能在满足截止时间的基础上，优化深度神经网络计算任务的执行总能耗。

本章主要针对终端设备中深度神经网络计算任务卸载优化问题，设计了边缘计算环境中面向深度神经网络的资源协同框架。针对单个神经网络和多神经网络计算任务的场景，本章分别提出了边缘计算环境中深度神经网络计算任务卸载策略和多深度神经网络计算任务卸载策略。通过使用边缘计算实验平台 EdgeWorkflow 对所提算法进行分析验证，实验证明本章的深度神经网络划分卸载策略可以有效降低深度神经网络计算任务的执行时间和系统能耗，从而提高服务质量。

6.1　深度神经网络划分卸载算法

6.1.1　引言

深度学习应用具有强大的数据分析能力，已经部署到了终端设备中，为终端设备提供了越来越多的智能化功能[1-3]。但由于其计算需求较大，DNN 计算任务对于计算性能受限、电池容量有限的终端设备来说，是一个极大的挑战。为了应对这些挑战，本节对终端设备中的 DNN 计算任务如何高效执行做了深度的调研，对现有相关工作中的不足进行分析。针对相关工作的局限性提出了新的解决方式，并对边缘环境中 DNN 计算任务的卸载策略进行了深入研究。

在实际生活中，基于深度神经网络的人工智能应用已被广泛部署。在这类应用的计算任务中，输入都是由一系列的相同规格的数据流组成，对每个输入单元可以由"数据帧"来表示。如在视频分析任务中，视频帧不断地输入到 DNN 模型中，通过 DNN 对视频逐帧检测以提取有效信息。在语音识别任务中，输入到网络模型的也是一系列的语音片段。与传统任务相比，这种对流数据的处理，需要更关心其整体的吞吐量，而不是每帧任务的处理延迟。受计算机指令流水的启发，本节考虑将 DNN 模型划分，卸载到不同计算资源中组成执行流水线，可以充分利用多个计算资源以提高处理 DNN 计算任务的吞吐量。由于流水线的应用，平摊到每帧任务的处理延迟可以大幅降低。

本节归纳总结以下问题：①如何为计算任务确定合适的计算资源与执行顺序？②如何为计算资源合理分配神经网络任务的计算量？③如何均衡计算资源中

的计算与通信延迟？针对上述问题，本节的主要工作内容如下：

（1）本节引入了边缘计算范式，同时考虑边缘计算环境中终端设备、边缘服务器和云服务器的不同的计算资源特性，提出多个计算资源组成流水线的方式协同执行深度神经网络推理，并设计了边缘计算环境中面向深度神经网络的资源协同框架（CoDNN）。

（2）在 CoDNN 基础上，提出了边缘计算环境中深度神经网络计算任务卸载策略和对应的基于粒子群的深度神经网络划分与卸载算法（DNN partition and offloading algorithm based on particle swarm optimization, DBPSO）。通过综合考虑计算延迟和通信延迟，确定 DNN 划分与卸载决策方案，以适应不同计算资源的计算能力和网络状况。

（3）使用经典的深度神经网络模型（VGG-16、VGG-19、GoogLeNet 和 DarkNet-53）评估了所提出的卸载策略的性能。实验表明该策略能够显著降低终端设备的人工智能应用的响应延迟，并且可以根据不同的任务截止时间约束和网络带宽进行自适应调整。

本节共分为六个部分，6.1.1 节为引言，主要介绍了边缘计算环境中深度神经网络计算任务卸载存在的问题与挑战。6.1.2 节通过实际案例，对边缘计算环境中深度神经网络计算任务卸载问题的研究动机与问题进行了分析与描述。6.1.3 节对面向深度神经网络的资源协同框架和模型设计进行了详细介绍。6.1.4 节对本节所提基于粒子群的深度神经网络划分卸载算法进行了介绍，6.1.5 节对所提解决方案进行了实验验证。最后，6.1.6 节给出了本节的工作小结。

6.1.2　动机与问题

本节以基于边缘计算的无人机最后一公里物流配送系统为例[4]，来描述边缘计算环境下 DNN 计算任务划分卸载的动机。该系统中，多个场景都部署了基于深度学习的人工智能应用。在无人机取货中，需要对货物进行识别，并找到相应的目标货物，在无人机送货过程中，使用人脸识别技术对收货人识别和定位。这些场景的核心技术是基于深度学习的视频分析，视频由终端设备生成，利用深度神经网络提取其每个视频帧图像的特征，然后进行分类识别[5]。由于无人机交付场景中各个 DNN 计算任务不同，视频数据流的输入速率（采样率）也需要满足不同的系统要求。例如，当采样率为 5 帧/s 时，平均每个 DNN 计算任务的响应时间为 200ms。

为了演示流水线完成 DNN 计算任务执行效率的可行性，假设终端设备和边缘服务器的 CPU 频率分别为 1.5 GHz 和 2.9 GHz。终端设备与边缘服务器之间的传输速度为 500Mb/s。在收货人接收识别过程中，使用经典 DNN 模型 GoogLeNet 对视频进行处理。一般来说，DNN 计算任务有两种执行方法，分别是在终端设备本地执行和完全卸载到边缘服务器中执行，如图 6.1 所示。首先，终端设备执行 DNN 推理平均需要 215ms(4.65 帧/s)，而此类应用的理想采样率是 14 帧/s[6]。当无人机识别收货人时，这样的识别速度肯定会导致用户等待时间过长，配送效率低下。因此，上述 DNN 计算任务执行效率较低，无法满足用户的 QoS 需求。如果将视频帧发送到部署 DNN 模型的边缘服务器中执行，则每次 DNN 推理平均需要 136ms(7.35 帧/s)。本节考虑第三种处理方式，将 DNN 模型分为两个部分，每次的 DNN 推理一部分在终端设备上完成，另一部分在边缘服务器上执行，终端设备和边缘服务器组成 DNN 计算任务执行流水线，由于并行处理的优势，DNN 计算任务的平均执行时间减少到 102 ms(9.8 帧/s)。

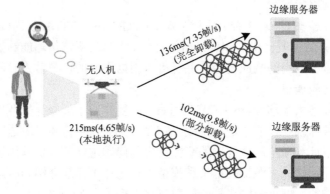

图 6.1　边缘服务器卸载 DNN 推理的示例场景

上面的示例证明了使用多个计算资源组成流水线的方式完成深度神经网络计算任务的优势。在现实场景中，一个边缘设备往往被多个计算资源所覆盖，因此从理论上来说，对 DNN 计算任务做出适合的划分和卸载策略，使用更多的计算资源来提高任务执行流水线的并发度，可以进一步提高 DNN 计算任务的吞吐量，从而降低 DNN 计算任务的平均执行时间。

在计算机体系结构中，流水线是一种并发的形式[7]，将一个进程(或一条指令)分割成几个子进程，这些子进程由专用的处理单元(流水线段)执行。连续的进程(指令)以类似于工业生产线的模式进行。因此，可以将流水线定义为将重复的顺序任务分解为子任务的技术，每个子任务都可以在一个专门的独立模块上高效地执行，该模块与其他子任务并发操作，可以提高一系列连续任务执行效率。在流水线中，流水线周期为执行时间最长的一段时间 Δt，流水线处理总时间 T 为单个任务执行时间加上任务数量乘流水线周期，即

$$T = \sum_{i=1}^{k} t_i + (n-1) \times \Delta t \tag{6.1}$$

式中，t_i 表示任务在流水线中各段的处理时间。

吞吐量 TP 表示单位时间内所完成的任务数，表示为

$$TP = \lim_{n \to \infty} \frac{n}{(k+n-1) \times \Delta t} = \frac{1}{\Delta t} \tag{6.2}$$

因此在理想状态下，平均每个任务的执行时间为流水线周期 Δt。

在实际应用中，DNN 计算任务的输入一般也都是连续的相同类型的数据。因此，任务的平均完成时间由任务的吞吐量决定。如视频分析任务中，单位时间内处理的视频帧数越多，任务执行的效率越高。如图 6.2 所示，以三台设备协同完成 DNN 计算任务为例，将 DNN 模型以层为单位划分为多个分区并分配给不同的计算资源，这样一个 DNN 计算任务就被划分为几个可以独立执行的子任务，每个计算资源只需完成所分配到的部分，输入数据依次经过流水线中的多个计算节点，完成整个 DNN 推理。然而 DNN 计算任务的划分和卸载方式会显著影响设备之间的通信和流水线的吞吐量。

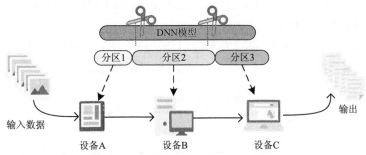

图 6.2　多设备协同完成 DNN 计算任务

如图 6.3 所示，三个设备组成了 DNN 计算任务执行流水线。每个设备都需要完成所分配的子任务。每个圆角矩形的长度表示该部分子任务的预估执行时间加上其输入传输时间。由于流水线并行操作，整个系统中任务执行的吞吐量大大提高，在流水线中，平均每个 DNN 计算任务的执行时间取决于所划分的子任务中时间花费最长的一个，即流水线周期。为了降低计算资源间的通信时间，在选择 DNN 模型的划分位置时，应该考虑数据输入较小的网络层。同时，为了节省计算资源，应该满足截止时间约束的同时尽可能少地使用计算资源。因此，找到合适的工作负载分配对系统的性能非常重要。例如，将工作负载较大的部分卸载到计算能力较差或带宽较低的设备上会降低任务执行效率。为了优化任务执行流水线，分配的分区大小需要与每个计算资源的计算和通信能力相匹配。

对 DNN 计算任务进行划分并卸载到不同计算资源中执行，组成流水线可以提高任务的执行速率。边缘计算环境分散的计算资源众多，但是在 DNN 执行流水线中，随着使用的设备数量的增加，通信成本也会相应增加，同时需要考虑边缘设备的计算能力和网络带宽的差异性。

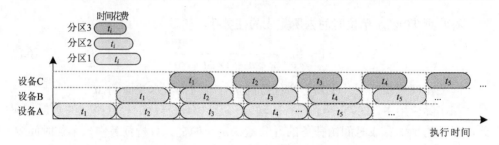

图 6.3　DNN 计算任务执行流水线时空图

假设用户终端设备中有一组 DNN 计算任务需要执行，假设该 DNN 由五层网络构成。每层网络的输入大小如表 6.1 所示。该终端设备所处边缘环境中，除终端设备 A 外，还有计算资源 B 和 C 可供选择使用，其中终端设备 A 的处理速度为 1GHz，计算资源 B、C 处理速度分别为 1.5GHz 和 2.9GHz，A 与 B 之间数据传输设置为 500Mb/s，A 与 C、B 与 C 之间设置为 100Mb/s。DNN 各层在 A、B 和 C 中的预估执行时间如表 6.2 所示。DNN 六种划分卸载方案如表 6.3 所示，其中分区数量表示将该 DNN 以层为单位划分了几个分区，执行顺序表示每个分区执行位置，划分方式表示每个分区中所包含的神经网络层。

表 6.1　DNN 各层输入大小

DNN 层	1	2	3	4	5
输入大小/MB	5	12	8	4	2

表 6.2　DNN 各层在三种计算资源上执行时间　　　　（单位：s）

DNN 层	1	2	3	4	5
A（1GHz）	1	2.5	1.5	2	1
B（1.5GHz）	0.75	1.875	1.125	1.5	0.75
C（2.9GHz）	0.35	0.875	0.525	0.7	0.35

表 6.3　不同 DNN 卸载方案

方案序号	分区数量	执行顺序	划分方式		
			分区 1	分区 2	分区 3
1	1	A	1,2,3,4,5	—	—
2	1	B	1,2,3,4,5	—	—
3	2	A→C	1	2,3,4,5	—
4	3	A→B→C	1	2	3,4,5
5	3	A→B→C	1	2,3	4,5
6	3	A→C→B	1	2,3	4,5

　　六种 DNN 划分卸载方案对应结果如表 6.4 所示,方案 1 表示任务本地执行策略,任务完全在终端设备中执行,没有将数据传输到其他计算资源中,由于计算能力有限,任务的平均完成时间最长。方案 2 将任务完全卸载到计算资源 B 中,一定程度上降低了响应时间。方案 3~方案 6 都使用了多计算资源协作推理的方式。方案 3 与方案 4 比较说明,使用的计算资源的数量会对任务处理效率产生影响。方案 4 和方案 5 使用了相同的计算资源和执行顺序,但是对 DNN 的划分方式不同,导致了结果的差异。在方案 5 与方案 6 中,DNN 的划分方式相同,但计算资源分配到的 DNN 分区不同,也导致了结果的不同。由此可见,对于边缘环境中 DNN 划分与卸载问题,DNN 的划分方式、DNN 分区的卸载以及对计算资源的性能和带宽的考虑都是必不可少的。

表 6.4　不同 DNN 卸载方案结果比较

方案序号	1	2	3	4	5	6
平均执行时间/s	8	6.07	2.642	2.215	3.96	2.57

6.1.3　框架分析与建模

1. 边缘计算环境中面向深度神经网络的资源协同框架

　　为了应对基于 DNN 的智能系统中计算任务的卸载问题,本节提出了边缘计算环境中面向深度神经网络的资源协同框架(CoDNN)。如图 6.4 所示,CoDNN主要由三个模块组成:任务分析模块、监控模块和卸载模块。在边缘计算环境中,每当终端设备中有 DNN 计算任务请求时,使用该框架。

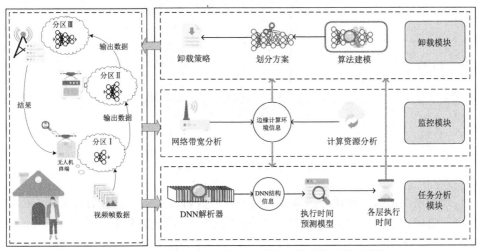

图 6.4　边缘计算环境中面向深度神经网络的资源协同框架

在该框架下，每当有终端设备发出服务请求时，首先任务分析模块中的 DNN 解析器会对终端设备中即将执行的 DNN 计算任务进行解析，记录 DNN 的结构信息。与此同时，监控模块会对当前的边缘计算环境进行分析，确认可用的计算资源，并记录下各计算资源之间的带宽。最后由卸载模块接收任务分析模块中的 DNN 模型执行概要信息和监控模块中记录的当前边缘计算环境信息进行建模，最终由卸载分区算法得到 DNN 的划分和卸载方案。

监控模块：由于不同设备的计算能力和数据传输能力都具有差异。因此需要监控模块来记录当前边缘计算环境中可用的计算资源信息，作为计算任务卸载决策的重要依据，其中包括每个设备的计算能力以及各计算设备间的网络带宽。

任务分析模块：每当终端设备发出 DNN 计算任务卸载请求，在任务分析模块中首先需要对该 DNN 模型分析，以获得 DNN 模型各层执行的次序和各层的类型与参数。然后使用类似 Neurosurgeon 中的回归函数构建执行时间预测模型[8]，它能够根据 DNN 模型各层的类型和参数预测其在各计算节点中的执行时间。DNN 模型结构可以用 DAG 来表示，而一些 DNN 模型（如 GoogLeNet 和 DarkNet）并不是简单的线性模型。这些网络中可能存在重复"分支"结构（如 GoogLeNet 中的 Inception 模块）[9, 10]，这些重复的子图结构被称为频繁子图[11]，这就造成了对神经网络划分问题的复杂性。为了解决这个问题，本节利用通用算法 GRAMI[12] 来自动挖掘频繁子图并将每个子图简化为一个神经网络层，如图 6.5 所示。由此，复杂的神经网络模型将被简化为线性模型。

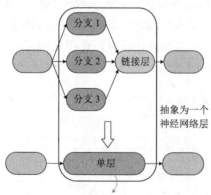

图 6.5　分支结构 DNN 处理示意

卸载模块：卸载模块根据监控模块和任务分析模块中的信息对神经网络的执行流程建模。根据用户的 QoS 要求，使用 DNN 卸载策略和对应的 DNN 分区算法，将整个神经网络模型划分为多个分区，并确定各个分区的执行位置。本章为

CoDNN 设计了两个神经网络计算任务卸载策略，分别用于优化 DNN 计算任务的时间和能耗。由此可以得到适应当前边缘环境的 DNN 计算任务的具体卸载方案，在执行阶段，根据该卸载方案，DNN 任务将由多个计算资源组成流水线协作执行。

2. 模型设计与分析

使用多个设备意味着将 DNN 划分为几个分区，但是随着设备数量的增加，通信成本也会相应增加。同时，为了节省计算资源，应该尽可能少地使用计算资源，以确保在规定的时间内完成任务。

对于给定的 DNN 模型，网络层表示为 $L = \{l_1, l_2, \cdots, l_n\}$，每层的输入大小不同，$f_{l_n}$ 表示对应层 l_n 的输入数据大小。该 DNN 计算任务的相应时间约束为 ddl。

对于给定的边缘环境，可用的边缘设备是有限的，记为 $N = \{n_1, n_2, \cdots, n_m\}$，$n_k$ 和 n_m 之间的数据传输速率表示为 $v_{m,k}$。通过延迟预测模型，网络层 l_i 在设备 n_k 中的预估执行时间记为 $t_{i,k}$。

对于已确定的 DNN 分区方案，$T = \{t_1, t_2, \cdots, t_\alpha\}$ 表示每个分区的计算时间。每个分区所花费的总时间为分区中第一个 DNN 层输入的传输时间加上分区中各层在相应计算节点上的执行时间之和：

$$t_\alpha = \frac{f_{l_i}}{v_{m,k}} + \sum_{s=1}^{j} t_{s,k} \tag{6.3}$$

由于使用了流水线的执行方式，平均每个 DNN 计算任务花费的时间 t_{max} 为

$$t_{max} = \max\{t_1, t_2, \cdots, t_\alpha\} \tag{6.4}$$

对于输入到 DNN 的连续数据帧，给定的处理速度要求为 Q 帧/s，所以平均每个 DNN 计算任务的截止时间 ddl 为 $\frac{1}{Q}$。需要选择合适的计算资源，分配相应的计算负载来保证达到截止时间约束，因此问题定义为：在使用尽可能少的计算资源的情况下使 t_{max} 更小，尽可能使得 $t_{max} \leqslant$ ddl，以满足视频分析任务的采样率要求。如果 t_{max} 不能满足采样率要求，那么系统将会发生拥塞，影响用户体验。

6.1.4　基于粒子群的深度神经网络划分卸载算法

1. 算法设计

6.1.2 节提出了使用多个设备组成流水线合作完成 DNN 计算任务，但是使用几个设备就意味着将 DNN 划分成几个分区，如果设备太多，通信成本也会随之增多。同时为了节约计算资源，应在达到任务截止时间的基础上尽可能地使用较少计算资源。因此需要考虑的问题是如何确定使用的计算资源的数量，如何确定

DNN 划分位置和 DNN 划分后各分区的执行位置。

为了解决上述问题，本节设计了基于粒子群的深度神经网络划分卸载算法（DBPSO），该算法通过检查候选集并快速收敛，可以有效地确定 DNN 计算任务的划分卸载方案，此问题的穷举搜索需要指数级的时间复杂度。在本算法中，任务卸载方案具体包含以下内容：预选的计算资源、所选计算资源在流水线中的执行顺序和每个计算资源所分配的 DNN 模型的层数。

基于粒子群的深度神经网络划分卸载算法的伪代码如下所示。单个粒子编码结构设计完成后，根据种群大小，对每个粒子初始化，并计算每个粒子对应卸载方案的适应度值。这组粒子将用作问题的初始解空间，并从中选出适应度值最低的卸载方案作为全局最优解（第 1～10 行）。

接着进入算法的迭代部分，每次迭代对新生成的卸载方案进行评价，从而搜索出性能最优的卸载方案（第 11～21 行），其中第 13～15 行对粒子的位置和速度更新，从而生成新的卸载方案，并计算每个方案的适应度值。第 16～18 行将每个方案的适应度值与当前粒子对应的局部最优解进行比较，如果适应度值更小则将其替换为新的局部最优解。第 19 行从所有的局部最优解中选出适应度值最优的作为当前的全局最优解。在最后一次迭代完成后，全局最优解就是最终得出的卸载方案，作为算法的输出（第 22 行）。

算法 6.1　基于粒子群的深度神经网络划分卸载算法

输入：算法迭代次数 ITER，粒子数量：N_p，任务截止时间约束 ddl，计算资源信息，DNN 各层执行时间；

输出：最优的卸载方案 S_{gb}；

初始化样本空间；

1　　初始化样本空间

2　　for $i = 1$ to N_p do

3　　　　随机初始化任务卸载方案 S_i 中粒子位置 x_k^i 和粒子速度 v_k^i；

4　　end for

5　　for $i = 1$ to N_p do

6　　　　计算划分卸载方案 S_i 中各组任务的平均响应时间 t_{max}；

7　　　　计算划分卸载方案 S_i 的适应度值 $F(S_i)$；

8　　　　初始化当前粒子的局部最优解 $S_{pb_i} = S_i$；

9　　end for

10　从 N_p 个卸载方案中选出适应度值最优的全局最优卸载方案 S_{gb}；

11　for $t = 1$ to ITER do

12	for $i = 1$ to N_p　do
13	通过更新粒子的位置 x_k^t 和速度 v_k^t 更新方案 S_k ;
14	计算划分卸载方案 S_i 的截止时间 t_{max} ;
15	计算划分卸载方案 S_i 的适应度值 $F(S_i)$;
16	if　$F(S_i) < F(S_{gb})$;
17	更新该粒子局部最优卸载方案 $S_{gb} = S_i$;
18	end if
19	从 N_p 个卸载方案中选出适应度值最优的为新的全局最优方案 S_{gb} ;
20	end for
21	end for
22	return 最终得到最优卸载方案 S_{gb}

2. 适应度函数

适应度值的计算是模拟 DNN 划分和卸载过程并对方案做出评价。系统对粒子进行解码，根据粒子中的信息模拟 DNN 卸载过程，并计算相应的时间代价。适应度值由三部分组成，如公式(6.5)所示。第一部分是在所有 DNN 分区中花费的时间最大部分，因为在流水线处理过程中，影响任务平均执行时间或吞吐量的是在流水线各段中时间花费最大的一个。第二部分是违反截止时间约束的处罚，其目的是尽可能地达到截止时间约束。第三部分是计算资源的使用成本，目的是节约计算资源。

$$\text{fitness} = d_1 \times t_{max} + d_2 \times 10 \times \frac{t_{max}^2}{\text{ddl}} + \text{ddl} \times n' \tag{6.5}$$

$$d_1 = \begin{cases} 1, & t_{max} \leqslant \text{ddl} \\ 0, & \text{其他} \end{cases} \tag{6.6}$$

$$d_2 = \begin{cases} 1, & t_{max} > \text{ddl} \\ 0, & \text{其他} \end{cases} \tag{6.7}$$

式中，ddl 是任务的截止时间约束，n' 是使用的计算资源数量。如公式(6.6)和公式(6.7)所示，如果任务执行时间没有超过给定的截止时间，则 d_1 等于 1，d_2 等于 0，如果任务执行时间超过给定的截止时间，则 d_1 等于 0，d_2 等于 1。

6.1.5　仿真实验与结果分析

1. 实验环境与参数设置

实验采用目前主流边缘计算实验平台 EdgeWorkflow 进行仿真模拟。在后续三组实验中，本节设置了具有不同 CPU 处理能力的设备，包括发送任务请求的终端设备和可供卸载的计算资源。并使用了四种经典的 DNN 模型（VGG-16、VGG-19、GoogLeNet 和 DarkNet-53）作为实验案例。所有实验模型都在 ImageNet[13]上进行预训练，并选择大规模数据集 CIFAR-10[14]上的图像分类作为计算任务。粒子群算法的主要参数设置如表 6.5 所示。

表 6.5　粒子群算法的主要参数设置

名称	数值
种群规模	50
学习因子 C_1	2
学习因子 C_2	2
惯性权因子	0.8～1.2

2. 实验结果对比

本组实验将 DBPSO 与其他几种 DNN 卸载策略的算法进行了比较。实验设置一台 CPU 处理能力为 1.2GHz 的终端设备 ED1 生成 DNN 计算任务，使用三台 CPU处理能力分别为 2.5GHz、3.0GHz 和 3.6GHz 的 PC 作为三个异构计算资源：空闲终端设备（ED2）、边缘服务器（Edge）和云服务器（Cloud）。每个计算节点之间的数据传输速率不同，根据地理位置分布如图 6.6 设置。为了充分利用所有计算资源，本节将计算任务的截止时间约束设置为 0。

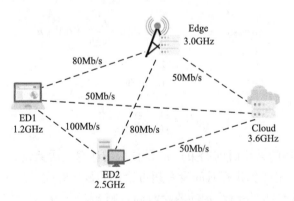

图 6.6　计算资源带宽设置

其他比较有代表性的卸载策略有 Neurosurgeon[8]、DNNOff[15]、MODNN[16]、DeepWear[17]。实验结果表明，DBPSO 能够以最佳的平均响应时间完成每组 DNN计算任务，如图 6.7 所示。与在终端设备本地执行（Local）相比，DBPSO 可将平均响应时间缩短 64.5%～72.1%。与以上其他任务卸载策略 Neurosurgeon、DNNOff、DeepWear、MODNN 相比较，DBPSO 使平均响应时间分别降低 34.6%～53.1%、27.8%～47.3%、10.7%～33.4%和 9.6%～36.0%。

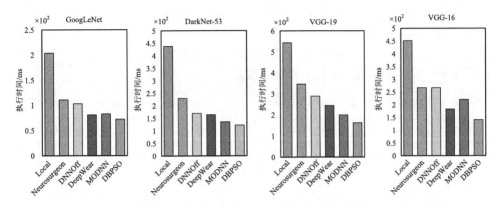

图 6.7　不同卸载策略下 DNN 计算的执行时间

对本实验结果分析：Neurosurgeon 策略只支持选择一个 DNN 划分点，将一部分 DNN 分区卸载到云服务器中执行。DNNOff 虽然使用了两个以上的计算资源，但它与 Neurosurgeon 一样，只优化了单次 DNN 计算任务的响应时间，而忽略了连续的任务在流水线中并发执行情况。DeepWear 和本节一样考虑到了执行流水线的影响，但它只支持终端设备与一个计算资源的协作，不能使用额外的计算资源来进一步提高任务的执行效率。MODNN 使用了粒度更细的 DNN 划分方式，但忽略网络带宽条件，需要频繁地跨设备通信，大大增加了数据传输时间，同时也未考虑到流水线处理的影响。本节的卸载策略采用流水线处理方式，充分利用每台设备上的计算资源，DBPSO 算法考虑了数据传输的影响，对流水线中各计算资源的计算负载合理分配，提高了流水线的吞吐量，从而降低了任务的平均执行时间。

3. 任务截止时间因素

本组实验探讨了 DNN 计算任务截止时间对算法结果的影响。实验设置了若干个 CPU 处理能力为 1.2GHz 的设备作为当前边缘计算环境中的计算资源，其中一个作为生成 DNN 计算任务的终端设备。每个设备之间的带宽设置为 500Mb/s。为了探究 DNN 计算任务在不同截止时间约束下的执行情况，每次实验截止时间设置为单个设备上的计算延迟乘以系数 $k(k<1)$。

实验结果表明，当截止时间严格时，DBPSO 会尽可能地使用更多的计算资源来达到截止时间约束。当任务执行时间满足截止时间后，随着截止时间约束变得宽松，卸载方案使用的计算资源数量也逐渐减少。如图 6.8(a) 所示，当 k 从 0.3 增至 0.45 时，在满足执行截止时间的情况下，使用的设备数量也从 7 台减少为 3 台。在 k 从 0.45 变为 0.55 的过程中，使用的设备数量保持不变，在这个范围内，计算资源的使用数量一旦减少，任务执行时间就不能满足截止时间。原因在于，DBPSO 算法中，适应度值的计算引入了对违反截止时间约束的惩罚，使得任务卸载方案尽可能满足截止时间约束。同时，适应度值计算中还建立了设备使用数量惩罚机制，以尽可能减少计算资源使用数量。

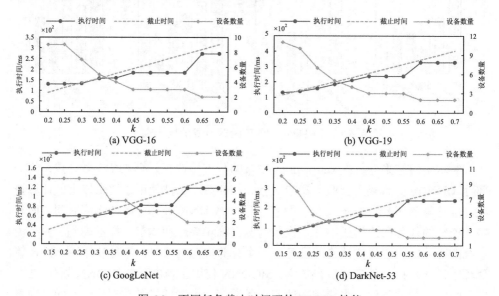

图 6.8　不同任务截止时间下的 DBPSO 性能

4. 网络带宽因素

本组实验探讨了网络带宽对卸载策略性能的影响。实验设置四个 CPU 处理能力为 1.2GHz 的设备作为计算资源，其中一个作为生成 DNN 计算任务的终端设备。截止时间设置为任务在单个设备上执行时间的 60%。为了观察不同带宽条件下 DNN 计算任务的执行情况，每次实验中各计算资源间的数据传输速率设置为 10～300Mb/s，选取间隔为 10Mb/s。

实验结果表明，当网络带宽不足时，数据传输时间过长，DBPSO 会使用更少的计算资源来降低通信延迟的影响，如图 6.9(a) 中 10～20Mb/s 所示。当网络带宽提高时，将会利用更多的计算资源，尽可能满足截止时间，如图 6.9(b) 中 20～40Mb/s 所示。在带宽充足的情况下，DBPSO 会在满足截止时间约束的前提下，减少计算资源的使用，如图 6.9(c) 中 70～80Mb/s 和图 (d) 中 50～60Mb/s 所示。

原因在于，在对 DNN 作划分卸载决策时，DBPSO 考虑到了数据传输时间对结果的影响，当数据传输速率过慢时，传输延迟会对任务的平均执行时间产生较大影响，因此系统会尽量减少 DNN 任务的划分次数。当传输速率足够时，DBPSO 会根据当前网络带宽状况，对 DNN 任务进行更多次的划分。

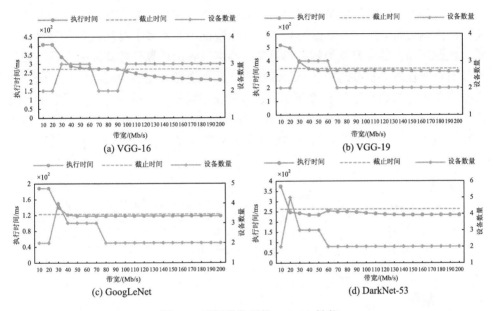

图 6.9　不同带宽下的 DBPSO 性能

6.1.6　小结

本节首先通过无人机最后一公里物流配送系统为例说明了研究动机，对深度神经网络计算任务响应时间进行优化。然后提出了使用多个计算资源组成流水线的方式完成深度神经网络计算任务。接着对 DNN 执行流水线进行分析，讨论流水线中的优化目标和方案。最后提出边缘计算环境中面向深度神经网络的资源协同框架 CoDNN，以实现边缘计算环境中计算资源的有效协同。在 CoDNN 基础上，本节提出了相应的深度神经网络的划分和卸载策略。首先通过简单的示例说明在对深度神经网络进行划分和卸载时需要考虑的影响因素。并根据深度神经网络的结构和边缘计算环境特征，建立相关的理论模型和优化目标，并提出了基于粒子群的深度神经网络划分卸载算法，最后通过实验分析证明提出的策略和对应算法的有效性。该策略通过对单个 DNN 模型进行划分卸载，提高 DNN 计算任务的平均响应时间，从而优化了应用的服务质量。

6.2　多深度神经网络卸载算法

6.2.1　引言

6.1 节考虑了对单个 DNN 计算任务的划分卸载策略。在实际场景中，可能会有多个终端设备处在同一边缘环境中，会出现同一时间多个终端设备发起服务请求，因此环境中的计算资源需要满足每个终端设备的计算任务卸载请求。如果分别仅对单个任务分析会造成计算资源抢占或计算资源分配不均问题，需要统一对多个任务进行卸载。如图 6.10 所示，在智能家居场景中，不同的基于深度学习的应用(如语音识别、图像识别和智能环境感知系统等)导致了 DNN 计算任务的多样化，由于不同的任务响应时间需求不同，也增加了任务卸载的复杂性。

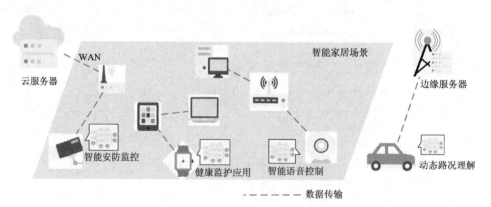

图 6.10　智能家居场景中多个 DNN 计算任务协同处理

为了应对终端设备和 DNN 计算任务的多样性，需要采取自适应的任务划分和资源分配策略，以满足不同计算任务对响应时间的需求。此外，还需考虑到边缘计算环境中计算资源的异构性，包括计算和通信能力的异构性，将多个 DNN 任务进行划分并分配到不同的计算资源中时，需要根据计算和通信的延迟情况，采取不同的划分和卸载策略，以实现更好的性能表现。最后，边缘中计算资源包括平板电脑、智能路由器和台式电脑等边缘设备，通过合理的卸载方案降低设备的能耗也是值得关注的。因此所设计的任务卸载策略既要满足每个计算任务的响应延时约束，又要降低处理和通信的能量消耗，这是非常具有挑战性的。综上，本节考虑了一个更加复杂的场景，即多个终端设备共享多个异构边缘计算资源，并提出了在截止时间约束下，边缘计算系统的最小能耗问题。

首先本节归纳总结以下问题：①如何同时为不同的计算任务合理分配计算资源？②如何确定每个 DNN 计算任务的划分方式？③如何对算法进行改进以提高

策略的有效性？针对上述问题，本节的工作内容如下：

(1) 本节在前面章节基础上，考虑了一个更加复杂的场景，即多个终端设备共享多个异构边缘计算资源，提出了在截止时间约束下，降低各 DNN 计算任务执行总能耗问题，并建立了面向多 DNN 计算任务卸载的时间和能耗模型。

(2) 提出了边缘计算环境中多深度神经网络计算任务卸载策略和对应的基于莱维飞行粒子群的深度神经网络划分卸载算法 (DNN partition and offloading algorithm based on Lévy flying particle swarm optimization, DBLPSO-MD)。该策略同时考虑多个 DNN 计算任务的特性与截止时间需求，确定每个任务的划分和卸载决策方案。

(3) 使用经典的深度神经网络模型 (VGG-16、GoogLeNet、DarkNet-53 和 ResNet-101) 评估了所提出的卸载策略的性能。通过实验表明该策略对每个任务统一进行划分和卸载，尽可能让每个任务在满足截止时间的基础上，使得系统总能耗最低。

本节共分为六个部分，6.2.1 节为引言，主要介绍了边缘计算环境中计算卸载与调度存在的问题与挑战。6.2.2 节对边缘计算环境中多 DNN 计算任务划分卸载问题进行了示例分析。6.2.3 节对 DNN 计算任务模型以及计算卸载时间与能耗模型进行了详细介绍。6.2.4 节对本节所提解决方案——基于莱维飞行粒子群的深度神经网络划分卸载算法进行了介绍，6.2.5 节对所提算法进行了实验验证。最后，6.2.6 节中给出了本节的工作小结。

6.2.2　问题示例分析

本节给出实例来说明多 DNN 计算任务卸载决策中需要考虑的问题。假设边缘环境中同时有两组 DNN 计算任务需要执行，有计算资源 A、B、C 和 D 可供选择使用，不同计算资源的负载功率、数据传输功率、空闲功率如表 6.6 所示，各计算资源之间数据传输速率为 100Mb/s。两组计算任务使用的网络模型 DNN1 和 DNN2 分别由四层和五层网络构成，每层网络的输入大小以及各层在不同计算资源中的预估执行时间如表 6.7 和表 6.8 所示。四种计算任务划分卸载方案如表 6.9 所示，其中不同卸载方案中不同的 DNN 划分方式表示各分区的执行位置，以及每个分区中所包含的神经网络层。

表 6.6　各计算资源性能参数

参数名称	A	B	C	D
负载功率/mW	700	1500	1500	2500
数据传输功率/mW	100	150	150	330
空闲功率/mW	30	60	60	120

表 6.7　DNN1 各层参数

DNN1		1	2	3	4
数据量/MB	输入大小	5	12	8	4
时间/s	A(1.0GHz)	1	2.5	2	1.5
	B(1.5GHz)	0.75	1.875	1.5	1.125
	C(1.5GHz)	0.75	1.875	1.5	1.125
	D(2.9GHz)	0.35	0.875	0.7	0.525

表 6.8　DNN2 各层参数

DNN2		1	2	3	4	5
数据量/MB	输入大小	5	8	12	8	4
时间/s	A(1.0GHz)	1	3	2.5	1.5	2
	B(1.5GHz)	0.75	2.25	1.875	1.125	1.5
	C(1.5GHz)	0.75	2.25	1.875	1.125	1.5
	D(2.9GHz)	0.35	1.05	0.875	0.525	0.7

表 6.9　不同划分卸载方案

方案序号	DNN1 划分方式			DNN2 划分方式		
	分区 1	分区 2	分区 3	分区 1	分区 2	分区 3
1	A:1,2,3,4	—	—	B:1	C:2	D:3,4,5
2	A:1	B:2	D:3,4	C:1,2,3,4,5	—	—
3	A:1,2	B:3,4	—	C:1,2	D:3,4,5	—
4	C:1,2	D:3,4	—	A:1,2	B:3,4,5	—

　　通过计算，四种任务划分卸载方案的结果如表 6.10 和表 6.11 所示，其中表 6.10 表示各 DNN 推理平均执行时间，表 6.11 表示各 DNN 推理总能耗。方案 1 与方案 2 对两个任务分配的资源数量不同，结果说明当计算资源分配不均时，会造成 DNN 平均推理时间过长。方案 3 与方案 4 对两个任务分配的资源数量相同，但分配的资源种类不同，导致任务执行时间与执行能耗的差异。由此可见，对于边缘环境中多 DNN 划分与卸载问题，在 6.1 节的问题上还需考虑各计算任务的资源分配问题，对多组 DNN 计算任务进行统一管理。

表 6.10　DNN 推理平均执行时间

方案序号		1	2	3	4
执行时间/s	DNN1	7.4	2.835	3.9	3.025
	DNN2	3.06	7.9	3.4	5.46

表 6.11　DNN 推理总能耗

方案序号	1	2	3	4
执行总能耗/J	15.42	18.53	15.31	17.35

6.2.3　模型设计与分析

本节需要对不同的 DNN 计算任务进行统一划分和卸载，在满足各计算任务的截止时间约束的同时，降低边缘计算系统的能耗。因此需要考虑 DNN 计算任务执行时间和系统能耗两个指标，分别建立相应的时间和能耗评价模型。

1. 时间模型

对处在同一边缘环境中的多个 DNN 计算任务，各个任务表示为 $\text{Task} = \{\text{task}_1, \text{task}_2, \cdots, \text{task}_n\}$。每个任务的响应截止时间分别为 $\text{DDL} = \{\text{ddl}_1, \text{ddl}_2, \cdots, \text{ddl}_n\}$。其中任务 task_i 中使用的 DNN 模型的网络层表示为 $L_i = \{l_{i,1}, l_{i,2}, \cdots, l_{i,m}\}$，由于模型结构的确定，DNN 每层的输入数据大小是固定的，$f_{i,m}$ 表示对应层 $l_{i,m}$ 的输入数据大小，$g_{i,m}$ 表示对应层 $l_{i,m}$ 的输出数据大小。

对于给定的边缘环境，可用的边缘设备是有限的，可用的计算资源集合记为 $R = \{r_1, r_2, \cdots, r_m\}$，$r_k$ 和 r_m 之间的数据传输速率表示为 $v_{k,m}$。通过延迟预测模型，每层网络在各个计算资源所需时间可预测得出，网络层 $l_{i,m}$ 在设备 r_k 中的预估执行时间记为 $\text{tl}_{i,m}^k$。

对于给定的 DNN 划分卸载方案，每个任务的 DNN 模型划分为 i 个分区，其中任务 task_i 的分区集合表示为 $\text{Part}_i = \{p_{i,1}, p_{i,2}, \cdots, p_{i,\alpha}\}$，每个分区包含着连续的 DNN 层（记为 $l_{i,p} - l_{i,q}$）。每个分区在卸载方案中分配到一个计算资源中，分区 $p_{i,\alpha}$ 在资源 r_k 中的计算时间表示为 $\text{tc}_{i,\alpha}^k$，该分区的计算时间为分区中所有层计算时间之和，即

$$\text{tc}_{i,\alpha}^k = \sum_{m=p}^{q} \text{tl}_{i,m}^k, \quad p \leqslant q \tag{6.8}$$

分区 $p_{i,\alpha}$ 的输入传输时间计算方式为分区中首个 DNN 层 $l_{i,p}$ 的输入从上一分区所属资源 r_s 到 r_k 的传输时间。方案中任务 task_i 中每个分区所花费的时间记为 $t_{i,\alpha}$，计算方式为分区输入传输时间加上该分区所需计算时间，即

$$t_{i,\alpha} = \text{tc}_{i,\alpha}^k + \frac{f_{i,p}}{v_{s,k}} \tag{6.9}$$

由于使用了流水线的执行方式，任务 task_i 中平均每次 DNN 推理花费的时间 $t_{\max_i}$ 为

$$t_{\max_i} = \max\{t_{i,1}, t_{i,2}, \cdots, t_{i,\alpha}\} \tag{6.10}$$

整个边缘计算环境中，每组任务中 DNN 推理的平响应时间为 $T_{\max} = \{t_{\max_1}, t_{\max_2}, \cdots, t_{\max_n}\}$，需要尽可能满足截止时间约束 $t_{\max_i} \leqslant \mathrm{ddl}_i$。

2. 能耗模型

根据卸载分区方案，每个 DNN 分区将单独分配到一个计算资源中执行。设备能耗为所有计算资源的总能耗。

确定卸载方案后，设任务 task_i 中的分区 $p_{i,\alpha}$ 所分配的计算资源为 r_k，该分区所相连的上一分区和下一分区所属计算资源分别为 r_m 和 r_n。考虑到边缘环境中计算资源的多样性，计算资源的计算功率表示为 pc_k，数据上传功率记为 pt_k，数据接收能耗记为 pr_k，空闲时功率记为 pi_k。每个计算资源能耗包括该 DNN 分区的计算能耗、接收输入数据能耗、将输出数据传输到下一设备的上传能耗和计算资源的空闲能耗四个部分，分别记为 $\mathrm{EC}_k^{i,\alpha}$、$\mathrm{ER}_k^{i,\alpha}$、$\mathrm{ET}_k^{i,\alpha}$ 和 $\mathrm{EI}_k^{i,\alpha}$。计算方式为

$$\mathrm{EC}_k^{i,\alpha} = \mathrm{tc}_{i,\alpha}^k \times \mathrm{pc}_k \tag{6.11}$$

$$\mathrm{ER}_k^{i,\alpha} = \frac{f_{i,p}}{v_{m,k}} \times \mathrm{pr}_k \tag{6.12}$$

$$\mathrm{ET}_k^{i,\alpha} = \frac{g_{i,p}}{v_{k,n}} \times \mathrm{pt}_k \tag{6.13}$$

$$\mathrm{EI}_k^{i,\alpha} = (t_{\max} - \mathrm{tc}_{i,\alpha}^k) \times \mathrm{pi}_k \tag{6.14}$$

则计算资源 r_k 对分区 $p_{i,\alpha}$ 的计算总能耗 $\mathrm{ES}_{i,\alpha}$ 为

$$\mathrm{ES}_{i,\alpha} = \mathrm{EC}_k^{i,\alpha} + \mathrm{ER}_k^{i,\alpha} + \mathrm{ET}_k^{i,\alpha} + \mathrm{EI}_k^{i,\alpha} \tag{6.15}$$

每个 DNN 计算任务至少会分配一个以上计算资源，对于每个任务所属计算资源，计算该任务的总能耗为其所有分区能耗之和：

$$\mathrm{ED}_i = \sum_{\alpha=p}^{q} \mathrm{ES}_{i,\alpha}, \quad p > q \tag{6.16}$$

对于边缘环境中的不同 DNN 计算任务的任务响应时间需求，需要为环境中每一个计算任务 task_i 进行合理划分并分配相应的计算资源，使得任务的响应时间 $t_{\max_i}$ 达到响应时间约束 ddl_i。在所有任务都可达到响应时间约束时，本节的优化目标是降低整个边缘系统的总能耗 E。因此，优化问题表述为

$$\min E = \sum_{i=1}^{n} \sum_{\alpha=p}^{q} \mathrm{ES}_{i,\alpha}, \quad p > q$$

$$\text{s.t.} \quad \forall t_{\max_i} \leqslant \mathrm{ddl}_i \tag{6.17}$$

6.2.4　基于莱维飞行粒子群的深度神经网络划分卸载算法

根据 DNN 计算任务的时间和能耗模型，本节提出了基于莱维飞行粒子群的深度神经网络划分卸载算法（DBLPSO-MD）。首先介绍莱维飞行行为以及如何与粒子群算法相结合，接着介绍适应度函数的设置并对算法步骤进行阐述。

1. 莱维飞行行为

基于莱维飞行粒子群的深度神经网络划分卸载，进一步考虑了多任务的统一卸载和系统能耗优化，所涉及的数据量更大，本节设计了一种基于莱维飞行粒子群的深度神经网络划分卸载算法，该算法在粒子群算法的基础上融合莱维飞行改进策略。莱维飞行是以数学家保罗·莱维（Paul Lévy）来命名，用来描述自然界中很多现象，如噪声扩散、昆虫的飞行行为等[18]。简单来说，莱维飞行是一种随机的游走行为，个体每次游走中会以一定的步长进行移动，而这个步长大小是符合莱维分布的。莱维分布是一个类幂律的分布，一般表示为

$$L(s) \sim |s|^{-1-\beta}, \quad 0 < \beta \leqslant 2 \tag{6.18}$$

由于莱维分布的概率密度函数的复杂性，难以用计算机语言实现，因此，本节使用普遍的方法——Mantegna 算法[19]模拟莱维飞行分布，步长 s 的计算公式为

$$s = \frac{\mu}{|\vartheta|^{\frac{1}{\beta}}} \tag{6.19}$$

式中，μ 和 ϑ 都服从正态分布：$\mu \sim N(0, \sigma_\mu^2)$，$\vartheta \sim N(0, \sigma_\vartheta^2)$，且

$$\sigma_\mu = \left\{ \frac{\Gamma(1+\beta) \times \sin\left(\dfrac{\pi\beta}{2}\right)}{\Gamma\left(\dfrac{1+\beta}{2}\right) \times \beta \times 2^{\frac{\beta-1}{2}}} \right\}^{\frac{1}{\beta}}, \quad \sigma_\vartheta = 1 \tag{6.20}$$

式中，$\Gamma(\cdot)$ 表示 Gamma 函数，β 取值 1.5。

本节通过莱维分布进行长跳来对粒子群中粒子的位置产生影响，与粒子群算法相比，可以让搜寻中的粒子降低其受全局最优解的影响，并防止其被困在局部最优解，从而可以更有效地利用搜索空间。具体来说，在每个粒子位置更新过程中，让部分粒子做莱维飞行运动来产生新的粒子，这种方式本质上来说是增加了

粒子的种群多样性，很大程度地解决了粒子群算法中求解容易陷入局部最优的困境。莱维飞行的位置更新表达式为

$$x_i^{t+1} = x_i^t + \alpha \cdot \text{Lévy}(\beta) \tag{6.21}$$

式中，x_i^t 表示粒子群中第 t 代中第 i 个粒子位置；α 表示对步长范围的控制量，将其与莱维飞行路径点乘得出该粒子做莱维飞行运动的随机步长，从而更新粒子的位置得到 x_i^{t+1}。

2. 算法描述

DBLPSO-MD 算法用于获得边缘计算环境中各 DNN 计算任务在一定截止时间范围内的系统能耗最优任务卸载方案。算法的伪代码如下所示。

算法 6.2　基于莱维飞行粒子群的深度神经网络划分卸载算法

输入：算法迭代次数 ITER，粒子数量：N_p，任务截止时间 ddl，计算资源信息，DNN 各层执行时间；

输出：最优的卸载方案 S_{gb}

初始化样本空间

1　　初始化样本空间

2　　for i = 1 to N_p do

3　　　　随机初始化任务卸载方案 S_i 中粒子位置 x_k^i 和粒子速度 v_k^i；

4　　end for

5　　for i = 1 to N_p do

6　　　　计算划分卸载方案 S_i 中各组任务的平均响应时间 t_{max}；

7　　　　计算划分卸载方案 RL 中各组任务的平均能耗 E；

8　　　　计算划分卸载方案 S_i 的适应度值 $F(S_i)$；

9　　　　初始化当前粒子的局部最优解 $S_{pb_i} = S_i$；

10　　end for

11　从 N_p 个卸载方案中选出适应度值最优的全局最卸载方案 S_{gb}；

12　for t = 1 to ITER do

13　　for i = 1 to N_p do

14　　　　if rand < 0.5 do

15　　　　　　通过更新粒子的位置 x_k^i 和速度 v_k^i 更新方案 S_k；

16　　　　else do

17　　　　　　计算粒子莱维飞行步长 RL；

18　　　　　　通过粒子的位置 x_k^i 和莱维飞行步长 RL 更新方案 S_k；

19	end if
20	计算划分卸载方案 S_i 中各组任务的平均响应时间 t_{max};
21	计算划分卸载方案 RL 中各组任务的平均能耗 E;
22	计算划分卸载方案 S_i 的适应度值 $F(S_i)$;
23	if $F(S_i) < F(S_{gb})$
24	更新该粒子局部最优卸载方案 $S_{gb} = S_i$;
25	end if
26	从 N_p 个卸载方案中选出适应度值最优的为新的全局最优方案 S_{gb};
27	end for
28	end for
29	return 最终得到最优卸载方案 S_{gb}

首先根据种群大小，对每个粒子进行初始化，并计算每个粒子对应卸载方案中各任务的时间和能耗，从而计算卸载方案的适应度值，同时这组粒子将用作问题的初始解空间，并从中选出适应度值最低的卸载方案作为全局最优解（第 1～10 行）。

然后是算法的迭代部分，每次迭代对新生成的卸载方案进行评价，从中搜索出性能最优的卸载方案（第 11～28 行）。其中，粒子会有 50%的概率根据全局最优解和局部最优解更新当前位置和速度（第 13～15 行），另一半的粒子根据莱维飞行的步长更新当前位置（第 16～19 行）。根据两种粒子位置更新生成新的卸载方案，并计算每个方案的适应度值，然后将每个方案的适应度值与当前粒子对应的局部最优解进行比较，如果适应度值更小则将其替换为新的局部最优解（第 20～25 行）。

最后从所有的局部最优解中选出适应度值最优的作为当前全局最优解（第 26 行），在最后一次迭代完成后，全局最优解就是最终得出的卸载方案，作为算法的输出（第 29 行）。

3. 适应度函数

适应度是对评价任务卸载方案的综合性指标，结合边缘计算环境中系统能耗模型，适应度函数设置如公式(6.22)～公式(6.24)所示。适应度函数计算需要对环境中每个 DNN 计算任务执行情况逐个分析。每个任务的适应度值主要分为两个部分，第一部分为该任务在截止时间约束下执行所需能耗，第二部分为任务在超出截止时间约束后的惩罚值。将所有任务的适应度值求和，最终得出整个卸载方案的适应度值。

$$\text{fitness} = \sum_{i=1}^{n}\left(d_{1i} \times \text{ED}_i + d_{2i} \times \text{ED}_i \times 10 \times \frac{t_{\max_i}}{\text{ddl}_i} \right) \tag{6.22}$$

$$d_{1i} = \begin{cases} 1, & t_{\max_i} \leqslant \text{ddl}_i \\ 0, & \text{其他} \end{cases} \tag{6.23}$$

$$d_{2i} = \begin{cases} 1, & t_{\max_i} > \text{ddl}_i \\ 0, & \text{其他} \end{cases} \tag{6.24}$$

6.2.5　仿真实验与结果分析

1. 实验环境与参数设置

实验采用边缘计算实验平台 EdgeWorkflow 进行仿真模拟。考虑到边缘计算环境中计算资源(包括终端设备、边缘服务器和云服务器)的异构性,计算资源的计算性能和不同状态下的运行功率设置如表 6.12 所示。每组实验中,从四种主流 DNN 模型(VGG-16、GoogLeNet、DarkNet-53 和 ResNet-101)中选取作为 DNN 计算任务。所有实验模型都在 ImageNet[13]上进行预训练,并选择大规模数据集 Cifar-10[14]上的图像分类作为计算任务。

表 6.12　计算资源性能参数

参数名称	终端设备	计算节点
计算性能/GHz	1.0~1.5	1.8~3.0
负载功率/mW	700~800	3000~4800
数据传输功率/mW	100~150	300~550
空闲功率/mW	30~40	80~120

本节系统模型不同于其他研究,考虑了多个 DNN 计算任务的统一划分卸载,因此,将本节的算法与现有其他卸载策略进行比较并不合适。但为评估 DBLPSO-MD 的性能,本节将 DBLPSO-MD 与其他改进算法作对比:GA-MD、PSO-MD、M-DBPSO 和 R-DBPSO。其中 GA-MD 和 PSO-MD 使用了与 DBLPSO-MD 相同的优化目标和适应度函数,GA-MD 采用了基于遗传算法的优化策略,PSO-MD 是未添加莱维飞行策略的粒子群优化算法。由于 6.1 节中的 DBPSO 是面向单个 DNN 计算任务的划分卸载算法,本节对 DBPSO 进行改进,推广到多任务场景中,M-DBPSO 和 R-DBPSO 分别表示在 DBPSO 的算法基础上,对各组任务使用贪心和随机策略逐个进行卸载[20]。粒子群算法参数设置如表 6.13 所示。

表 6.13　莱维飞行粒子群算法的主要参数设置

名称	数值
种群规模	50
学习因子 C_1	2
学习因子 C_2	2
惯性权因子	$0.8\sim1.2$

2. 截止时间达成率

本组实验比较了不同算法的任务卸载方案对任务时间优化的性能。为了模拟真实边缘环境，每次实验随机选举四组 DNN 计算任务。每组计算任务的截止时间随机设置为终端设备中执行时间的 30%～80%，比较在不同任务卸载策略下，每组计算任务的截止时间约束的达成率。同时，为了探究计算资源的数量对实验的影响，每次实验的资源数量设置为 10～30。为降低截止时间约束和 DNN 任务模型差异对实验造成的影响，每次实验重复 100 次，取平均值进行比较。

如图 6.11 所示，随着计算资源数量的增多，各算法所得的任务卸载方案的截止时间达成率逐步提升。在不同的资源数量下，DBLPSO-MD 算法所得卸载方案的截止时间达成率最高。虽然 GA-MD、PSO-MD 与 DBLPSO-MD 有着相同的适应度函数，但 DBLPSO-MD 能够通过莱维飞行策略提高算法的结果搜索能力，在解决较复杂的问题时有着更强的适应性，且较少陷入局部最优解，从而达到了更优的求解效果。而 M-DBPSO 和 R-DBPSO 算法的结果并不理想，在贪心策略中优先卸载的任务可能造成其他任务资源分配的不足，而随机策略更无法保证计算资源分配的公平性。

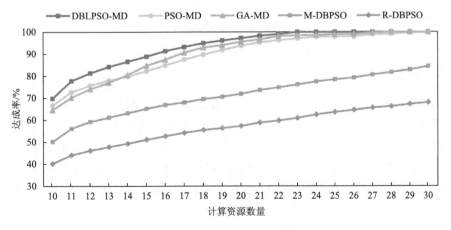

图 6.11　截止时间达成率比较

3. 系统能耗

本组实验对不同算法所得出的任务卸载方案的系统能耗进行比较。实验中，计算资源数量设置为 30。每组 DNN 计算任务的截止时间随机设置为终端设备中执行时间的 50%～80%，比较边缘计算环境系统能耗，能耗评价指标为各组 DNN 计算任务中每次 DNN 推理所需的能耗之和。同时，为了探究 DNN 计算任务数量对实验的影响，每次实验逐步将 DNN 计算任务组数从 2 增加到 10。为降低截止时间设置的影响，每次实验重复 100 次并取平均值进行比较。

如图 6.12 所示，随着任务组数增多，各算法所得出方案的能耗也在逐步增加，各算法性能差异也更加明显，DBLPSO-MD 算法所得卸载方案的能耗始终保持最低。GA-MD、PSO-MD 与 DBLPSO-MD 的结果在任务组数较少时相差不大，当任务组数增多时，问题复杂度上升，DBLPSO-MD 的高效结果搜寻能力更加体现出来。M-DBPSO 和 R-DBPSO 算法由于未把多组任务统筹考虑，结果最不理想。

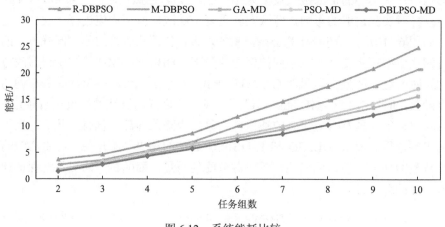

图 6.12　系统能耗比较

6.2.6　小结

本节在前面章节基础上，考虑了一个更加复杂的场景，多个终端设备共享多个异构边缘计算资源，并提出了在截止时间约束下，降低边缘计算系统的能耗。然后建立了面向多 DNN 计算任务卸载的时间和能耗模型，提出了基于莱维飞行粒子群的深度神经网络划分卸载算法 DBLPSO-MD，并通过实验证明新提出的策略和对应的算法在各方面的性能的优越性。对于边缘环境中的不同 DNN 计算任务的任务响应时间需求，该策略对每个任务统一进行划分和卸载，尽可能让每个任务在满足截止时间的基础上，使得系统总能耗最低。

参 考 文 献

[1] ATITALLAH S B, DRISS M, BOULILA W, et al. Leveraging deep learning and IoT big data analytics to support the smart cities development: review and future directions [J]. Computer science review, 2020, 38: 1-29.

[2] OSCO L P, MARCATO J Jr, RAMOS A P M, et al. A review on deep learning in UAV remote sensing [J]. International journal of applied earth observation and geoinformation, 2021, 102: 1-21.

[3] GRIGORESCU S, TRASNEA B, COCIAS T, et al. A survey of deep learning techniques for autonomous driving [J]. Journal of field robotics, 2020, 37(3): 362-386.

[4] XU J, LIU X, LI X J, et al. Energy-aware computation management strategy for smart logistic system with MEC [J]. IEEE internet of things journal, 2022, 9(11): 8544-8559.

[5] SIMONYAN K, ZISSERMAN A. Very deep convolutional networks for large-scale image recognition [J]. arXiv preprint arXiv:1409. 1556, 2014: 1-14.

[6] IGNATOV A, TIMOFTE R, KULIK A, et al. AI benchmark: all about deep learning on smartphones in 2019[C]//Proceedings of the 2019 IEEE/CVF international conference on computer vision workshop (ICCVW), Seoul, Korea (South), 2019.

[7] RAMAMOORTHY C V, LI H F. Pipeline architecture [J]. ACM Computing Surveys (CSUR), 1977, 9(1): 61-102.

[8] KANG Y P, HAUSWALD J, GAO C, et al. Neurosurgeon: collaborative intelligence between the cloud and mobile edge [J]. ACM SIGARCH computer architecture news, 2017, 45(1): 615-629.

[9] SZEGEDY C, LIU W, JIA Y Q, et al. Going deeper with convolutions[C]//Proceedings of the IEEE conference on computer vision and pattern recognition, Boston, MA, 2015.

[10] REDMON J, FARHADI A. YOLOv3: An incremental improvement [J]. arXiv preprint arXiv:1804. 02767, 2018: 1-6.

[11] KURAMOCHI M, KARYPIS G. Frequent subgraph discovery[C]//Proceedings of the 2001 IEEE international conference on data mining, San Jose, CA, 2001.

[12] ELSEIDY M, ABDELHAMID E, SKIADOPOULOS S, et al. GraMi: frequent subgraph and pattern mining in a single large graph [J]. Proceedings of the VLDB endowment, 2014, 7(7): 517-528.

[13] DENG J, DONG W, SOCHER R, et al. ImageNet: a large-scale hierarchical image database[C]//Proceedings of the 2009 IEEE conference on computer vision and pattern recognition, Miami, FL, 2009.

[14] YANG L T, BANKMAN D, MOONS B, et al. Bit error tolerance of a CIFAR-10 binarized convolutional neural network processor[C]//Proceedings of the 2018 IEEE international symposium on circuits and systems (ISCAS), Florence, Italy, 2018.

[15] CHEN X, LI M, ZHONG H, et al. DNNOff: offloading DNN-based intelligent IoT applications in mobile edge computing [J]. IEEE transactions on industrial informatics, 2022, 18(4): 2820-2829.

[16] MAO J C, CHEN X, NIXON K W, et al. MoDNN: local distributed mobile computing system for deep neural network[C]//Proceedings of the design, automation & test in europe conference & exhibition (DATE), Lausanne, Switzerland, 2017.

[17] XU M W, QIAN F, ZHU M Z, et al. DeepWear: adaptive local offloading for on-wearable deep learning [J]. IEEE transactions on mobile computing, 2020, 19(2): 314-330.

[18] SHLESINGER M F, KLAFTER J. Lévy walks versus Lévy flights [M]//STANLEY H E, OSTROWSKYN. On Growth and Form. Dordrecht: Springer, 1986: 279-283.

[19] MANTEGNA R N. Fast, accurate algorithm for numerical simulation of Lévy stable stochastic processes [J]. Physical review E, 1994, 49(5): 4677-4683.

[20] XU J, DING R, LIU X, et al. EdgeWorkflow: one click to test and deploy your workflow applications to the edge [J]. Journal of systems and software, 2022, 193: 1-16.

第 7 章　边缘计算中无人机服务组合策略

随着物联网的快速发展，低延迟、高可靠性的边缘计算已经广泛用于智慧交通、智慧物流等领域。在智慧物流领域，迅猛发展的电子商务物流市场对最后一公里包裹配送效率提出了更高的要求。如何高效节能地配送包裹成为当前的关键问题，面向服务的架构(service-oriented architecture, SOA)为此提供了一种新的解决方案，具体来说就是将无人机的配送与计算业务建模作为服务，并使用服务管理算法进行管理。然而，不合适的无人机服务管理方案将导致交付超时、配送效率低等问题。目前针对无人机服务管理的各项研究工作很多，但是缺乏对无人机配送包裹整个业务流程中服务组合问题的考虑。另外，无人机配送过程中存在许多不确定性，忽视不确定因素带来的影响将不能保证无人机服务组合方案的效率，甚至导致配送失败。因此，本章主要关注两类问题：

(1)如何优化边缘计算环境中无人机整体配送过程的配送服务与计算服务组合问题；

(2)如何优化边缘计算环境中包裹质量、风向风速、服务可用性等不确定因素影响下的无人机服务组合问题。

本章具体的研究内容与主要工作如下：

首先，针对配送系统如何根据订单配送请求自动生成高效节能的配送方案问题，先对包裹配送的业务流程进行分析，该流程主要包括接收包裹配送请求、制定初始服务组合方案、执行并调整服务与接收结果等阶段，并讨论其中的主要服务即配送服务与计算服务，随后综合分析边缘计算环境中的资源层级结构，包括服务管理层、无人机应用层与基础设施层资源。最后提出一个基于边缘计算的无人机配送系统框架，重点关注配送过程中的服务组合。

其次，针对目前的研究工作中忽视无人机配送与执行计算任务配送过程的现状与其未能充分优化无人机能耗的问题，首先详细描述无人机最后一公里配送场景下包裹配送能耗优化问题，然后根据配送场景与过程构建配送服务模型、计算服务模型、配送服务质量与适应度模型、计算服务质量与适应度模型，接着以截止时间为约束、以优化无人机能耗为目标，提出资源受限环境下的无人机服务组合策略，该策略结合改进的遗传算法。最后使用边缘计算实验平台 EdgeWorkflow 对所提策略进行实验验证，实验从配送时间、配送效率、配送能耗等方面证明该策略的有效性与效率。

最后，针对目前的研究工作忽视包裹质量、风向风速、服务可用性等不确定性影响服务组合方案效率的问题，首先详细描述不确定环境下无人机服务组合优化问题，然后根据配送场景构建基础配送服务模型、组合配送服务模型、基础与组合配送服务质量模型，接着提出不确定环境下的无人机服务组合策略，以满足订单配送请求时间约束、优化无人机能耗。最后使用 EdgeWorkflow 实验平台从配送时间与能耗两个方面证明该策略的有效性与效率。

针对边缘计算中智慧物流配送系统的无人机服务组合优化问题，本章首次考虑包裹配送的整体业务流程，提出资源受限环境下的无人机服务组合策略。又考虑到配送环境的不确定性，提出不确定环境下的无人机服务组合策略。本章不仅为基于边缘计算的无人机服务组合策略研究提供了思路，还为智慧物流公司提高包裹配送效率提供了方案。

7.1　基于边缘计算的无人机配送系统框架

7.1.1　引言

由于智能物流配送系统中存在大量的订单配送请求与无人机，当系统接收到订单配送请求后，如何根据订单及无人机信息生成合适的包裹配送方案是一个十分重要的问题。另外，执行包裹配送的过程中无人机需要实时处理大量的计算任务，例如检测障碍物。若所有计算任务均在计算能力、电池容量有限的无人机本地计算，这无疑会加速无人机能量消耗、降低配送效率，因此如何基于边缘计算对无人机的计算任务进行合理卸载值得研究。本节主要探究如何在配送系统中高效节能地完成包裹配送，主要的工作内容如下：

（1）针对边缘计算环境下无人机最后一公里配送场景中包裹配送的业务流程与资源进行分析。不同于传统无人机配送业务流程，该流程对计算任务与配送任务进行了综合考虑，较为全面地反映了无人机配送过程中的能量开销。边缘计算环境中的资源层级结构包括云计算层、边缘计算层与终端设备层。

（2）提出一个基于边缘计算的无人机配送系统框架，该框架为如何根据包裹配送请求及配送站等信息生成合适的包裹配送方案、基于边缘计算对无人机的计算任务进行合理卸载调度提供了解决思路。

本节共分为五个部分，7.1.1 节为引言，主要介绍了边缘计算环境下无人机最后一公里配送场景中存在的问题与挑战。7.1.2 节对包裹配送的业务流程进行分析，并讨论其中可能存在的问题。7.1.3 节综合分析边缘计算环境中的资源层级结构。7.1.4 节提出一个基于边缘计算的无人机配送系统框架，重点关注配送包裹过程中的服务组合。最后，7.1.5 节中给出了本节的工作小结。

7.1.2　业务流程分析

一般来说，基于边缘计算的无人机最后一公里配送场景中存在多种元素，如配送站、无人机等。具体而言，无人机提供商在某一区域提供包裹配送服务，该区域建设了许多地理位置固定的配送站，每个配送站要么是包裹的起点或终点，要么是中间配送站点，并且每个配送站均配备着边缘服务器或其他边缘节点，拥有多架不同类型的无人机。类型不同的无人机具有不同的属性，如电池容量、最大载质量、平均飞行速度等。另外，配送站之间存在固定的航线，且航线的设置遵循禁飞区等规则。

包裹配送系统的业务流程可以简单理解为：当用户发起包裹配送请求后，无人机应该携带包裹从起点配送站飞到终点配送站以完成配送任务，其间也许会经过一系列中间配送站点。图 7.1 展示了具体的无人机配送业务流程。首先，用户线上下单形成用户订单并向云服务器发送包裹配送请求。其次，云服务器根据订单信息、配送站点分布信息、无人机信息按照一定的配送策略生成适合该订单的包裹配送方案，并向部署着边缘节点的起点配送站发送指令。接着，无人机开始携带包裹从起点配送站起飞。飞行途中无人机需要不断获取建筑物等环境信息、不断处理计算任务，其中一部分计算任务需要卸载到边缘或云服务器执行以降低无人机能耗、提高配送效率。当无人机到达某一个中间配送站点时，可以根据配送方案选择对无人机进行充电、更换电池、更换无人机或由该无人机继续携带包裹飞行。持续这个过程直到无人机将包裹送达终点配送站。

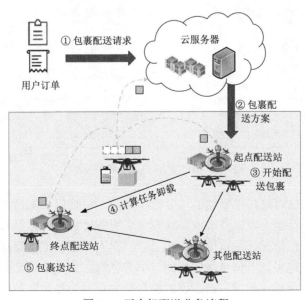

图 7.1　无人机配送业务流程

由上述无人机配送业务流程可知，与其他智能系统类似，基于边缘计算的无人机最后一公里配送系统也面临着许多关键问题。例如，当用户发送包裹配送请求后，云服务器需要生成对应的包裹配送方案以完成配送任务，然而不合适的包裹配送方案会导致配送时间长、配送能耗高等问题。因此，如何根据包裹配送请求、配送站及无人机等信息生成合适的包裹配送方案是一个十分重要的问题。为了解决这些问题，本章设计了基于边缘计算的无人机配送系统框架，并提出了资源受限环境下的无人机服务组合策略和不确定环境下的无人机服务组合策略，最后基于 EdgeWorkflow 进行实验验证。

7.1.3 系统资源架构

近年来，在智慧物流领域使用无人机配送包裹引起了广泛关注。如图 7.2 所示，边缘计算环境中的无人机最后一公里配送系统资源主要包含三层：云计算层、边缘计算层与终端设备层。

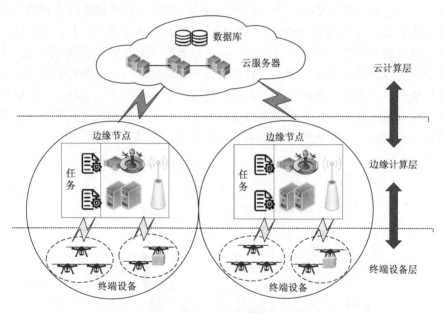

图 7.2 无人机配送系统资源架构

云计算层负责存储配送系统的重要数据资源、根据用户配送订单与数据资源制定初始的服务组合方案以及响应终端设备层服务请求。具体而言，配送系统中的重要数据资源包括配送站点位置分布信息、无人机服务提供商提供的无人机服务信息、用户的包裹订单信息、完成的订单信息等。此外，当云服务器接收到用户的包裹订单请求后，云服务器需要根据存储的数据信息和服务组合策略生成初始的服务组合方案。另外，当终端设备层向云服务器发起服务请求时，云服务器需要进行处理与响应。

边缘计算层负责及时为云服务器提供更新的数据信息、接收云服务器指令以及及时响应终端设备层服务请求。边缘计算层位于云计算层与终端设备层之间，起着桥梁纽带的作用。当无人机服务开始使用或结束使用时，边缘服务器都需要及时更新相关信息给云计算层。此外，当云服务器制定好初始服务组合方案后，则将组合方案信息发给边缘计算层以执行包裹配送任务。另外，边缘计算层需要及时处理并响应终端设备层的服务请求。

以无人机为代表的终端设备负责执行配送任务，同时在飞行过程中不断向边缘与云服务器发送服务请求并接收响应结果。无人机需要按照服务组合方案配送包裹，在配送包裹的过程中，它们会不断收集环境数据并处理一系列计算任务以避开障碍物、保证正常飞行。为了节约自身能量，有些计算任务需要卸载到边缘与云服务器执行，然后接收服务器响应的结果并继续飞行。

7.1.4　系统框架设计

在配送系统具有延迟敏感性、无人机电池容量与计算能力有限的情况下，如何根据包裹配送请求及配送站等信息生成合适的包裹配送方案、基于边缘计算对无人机的计算任务进行合理卸载调度已成为配送系统的关键问题。为了解决上述问题，并且在订单配送时间的约束下降低配送能耗、提高配送效率，我们基于配送业务流程与边缘计算层级资源设计了无人机配送系统框架。如图 7.3 所示，该框架分为三层：基础设施层、服务管理层与无人机应用层。

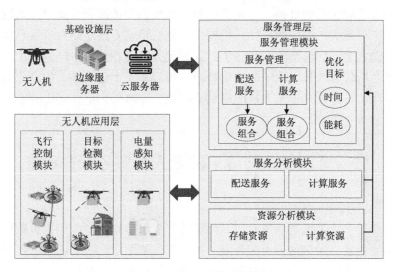

图 7.3　无人机配送系统框架

　　基础设施层主要包含云服务器、边缘服务器与无人机等配送系统资源，主要负责提供边缘计算环境资源信息。云服务器主要负责存储配送系统的重要数据、制定配送方案以及处理卸载的计算任务。边缘服务器主要负责更新配送系统数据、指导无人机飞行以及处理卸载的计算任务。无人机则主要负责配送包裹、处理部分计算任务。

　　服务管理层包括资源分析、服务分析与服务管理三个模块，主要负责管理边缘计算环境资源、生成可用服务与合适的服务组合方案，并提供给无人机应用层服务请求接口。资源分析模块负责获取配送系统资源。服务分析模块根据配送站点分布与无人机信息生成可用的服务集合。服务管理模块则结合前两个模块的结果根据配送系统的优化目标进行服务管理，生成合适的服务组合方案。

　　无人机应用层由包括目标检测等所有系统应用组成，主要负责保证无人机正常飞行。例如，在无人机飞行过程中，飞行控制模块负责收集、分析和计算环境数据，目标检测模块负责对配送站、包裹与建筑物进行确认，电量感知模块负责获取与分析电池电量状态。

　　框架的整体流程为当基础设施中的云服务器接收到包裹配送请求后，云服务器会将请求交由服务管理层处理。服务管理层通过对资源与服务进行分析管理生成合适的服务组合方案，并反馈给无人机应用层。无人机应用层执行配送任务、不断产生计算任务请求、执行计算任务并获取计算任务响应结果。

7.1.5　小结

　　本节主要介绍了基于边缘计算的无人机最后一公里配送业务流程、资源层级结构与无人机配送系统框架。首先明确配送系统的业务流程并指出无人机包裹配送场景中存在两大关键问题：如何根据包裹配送请求及配送站点等信息生成合适的包裹配送方案、如何节约能耗且实时处理无人机飞行过程中产生的大量计算任务，随后分析边缘计算环境中的三层资源，最后基于上述问题、配送业务流程与边缘计算环境资源设计出无人机配送系统框架。该框架为后续提出的服务组合策略提供了参考与指导。

7.2　资源受限环境下的无人机服务组合策略

7.2.1　引言

　　由于最后一公里配送场景对包裹配送效率要求越来越高，无人机数量、计算能力与电池容量、配送站等资源有限，如何在订单截止时间的约束下充分优化无人机能耗是一个关键问题。通过对无人机的计算任务进行卸载、使用节能的包裹配送方案可以降低无人机能耗、提高包裹配送效率。然而，现有的研究工作或者关注无人机的计算任务卸载，或者聚焦于包裹配送方案的优化，忽略了无人机执行包裹配送与处理计算任务的整体业务流程，导致配送能耗优化不充分、配送效率低。本节首先描述无人机最后一公里配送场景下包裹配送能耗优化问题，然后介绍针对该问题建立的系统模型，接着在该模型的基础上提出资源受限环境下的无人机服务组合策略，最后从配送时间、配送效率、配送能耗等方面证明了该策略的有效性与效率。因此，本节的工作内容如下：

(1)基于无人机最后一公里配送场景与配送系统框架，提出了两种服务模型，包括配送服务模型和计算服务模型，为基于边缘计算的无人机配送服务组合问题提供了整体建模。

(2)在这两种服务模型的基础上，提出了一种资源受限环境下的无人机服务组合策略，该策略由能耗感知的配送服务组合策略和计算服务组合策略组成。

(3)使用边缘计算实验平台 EdgeWorkflow 对所提策略进行实验验证。实验结果证明，所提策略能够有效优化无人机配送时间、配送能耗与配送效率。

本节共分为六个部分，7.2.1 节为引言，主要介绍了边缘计算环境中影响无人机配送过程能耗与效率的问题与挑战。7.2.2 节对边缘计算环境中影响无人机配送过程能耗进行了分析与描述。7.2.3 节针对该问题建立的系统模型进行了详细介绍。在 7.2.4 节对本节所提解决方案——资源受限环境下的无人机服务组合策略进行了介绍，并在 7.2.5 节对所提解决方案进行了实验验证。最后，在 7.2.6 节中给出了本节的工作小结。

7.2.2　问题描述

在无人机最后一公里配送场景下，包裹配送的时效性与效率要求不断提高，然而无人机数量、计算能力与电池容量有限，有限的电池容量导致其飞行范围有限，并且具有一定存储与计算能力的配送站分散分布、数量有限。因此如何在资源受限的环境下优化无人机服务组合方案以满足包裹配送时间约束、充分降低无人机能耗是一个巨大挑战。

在包裹配送时间的约束下优化无人机能耗应重点考虑两个方面。一方面，对于包裹配送方案优化而言，无人机、飞行路径、电量不足等问题如何选择或处理不容忽视。例如，不合适的无人机或飞行路径通常会导致长的配送时间与高的能耗，从而难以保证包裹的配送时间约束与配送效率。因此，如何根据包裹配送请求、配送站及无人机等信息生成合适的包裹配送方案是一个十分重要的问题。另一方面，无人机配送过程中需要实时处理大量计算任务，如障碍物检测，若所有计算任务均在计算能力、电池容量有限的无人机本地计算，这无疑会加速无人机能量消耗、降低配送效率。因此，如何对计算任务进行合理卸载调度值得关注。

　　计算任务卸载调度与包裹配送方案优化通常可以解决无人机电池容量受限的问题、高效地完成订单配送请求，然而众多的研究工作中要么仅考虑无人机的计算任务卸载问题，要么仅考虑包裹配送方案优化问题，忽略了对整体交付过程的考虑。忽略整体交付过程轻则导致无法充分降低无人机能耗，重则影响系统性能。

7.2.3　模型设计

　　针对上述问题，本节基于无人机配送系统框架设计了系统服务模型。首先介绍无人机配送环境中的资源模型，然后根据包裹配送需求构建配送服务模型与对应的服务质量模型，最后结合任务卸载调度技术构建计算服务模型与服务质量模型，这些模型为后面提出服务组合策略提供了帮助。

1. 环境资源模型

　　由于边缘计算环境中存在三层资源，所以无人机最后一公里配送场景下的环境资源模型可以用一个三元组 $R = \langle R_u, R_e, R_c \rangle$ 来表示，R 中三个元素分别代表无人机终端设备、边缘节点资源与云服务器资源，其中每个元素可以表示为一系列资源的集合，如边缘节点资源可以表示为 $R_e = \langle R_e^1, R_e^2, \cdots, R_e^m \rangle$，每个具体资源又可以表示为资源处理速度等一系列属性的集合，例如，R_e^i 可以表示为 $R_e^i = \langle r_i^1, r_i^2, \cdots, r_i^n \rangle$。三层资源可以使用局域网与广域网进行通信，并且无人机计算任务可以进行卸载调度。

2. 配送服务模型

　　在边缘计算环境下，根据迅蚁公司的 **ADNET** 对无人机最后一公里配送场景进行了抽象[1]。假设无人机服务提供商在某一区域内提供服务，该区域内建设着一系列位置固定的配送站，配送站中存在具有计算与存储能力的边缘节点。每个配送站或者是包裹的起点、终点，或者是包裹经过的中间站点，停放着许多不同类型的无人机。配送站之间最短的航线作为无人机的飞行路线，并假设其遵守禁飞区等规定。

　　图 7.4 展示了无人机最后一公里配送场景下的配送服务模型。图中的节点代表配送站，两个配送站之间的线段代表一个配送服务。配送服务不仅对应着航线，还对应着特定的无人机与包裹，由于每个配送站中停放着多架不同类型的无人机，因此任意两个配送站之间存在着多个配送服务可供选择。单个配送服务可以表示为三元组 $DS = \langle D_{id}, F, Q \rangle$，三个元素分别代表该配送服务的唯一标识、功能属性与非功能属性。举个例子，功能属性 F 包括从配送站 A 到配送站 B 这一配送功能，非功能属性 Q 也称为服务质量，是用来区分功能属性相同的配送服务的关键

参数，包括对应的包裹配送时间、无人机能耗等。

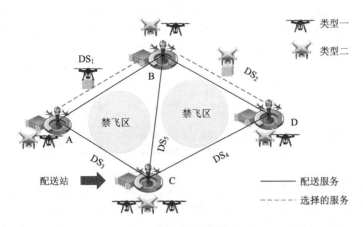

图 7.4　配送服务模型

一般来说，单个配送服务无法满足包裹的配送需求，因此需要将多个配送服务组合在一起协同完成任务。组合在一起的多个配送服务之间存在着一定的依赖关系，比如一个配送服务的终点是下一个配送服务的起点。满足依赖关系的组合配送服务可以表示为 $\mathrm{CDS} = \langle \mathrm{CD}_{id}, \mathrm{DS}_1, \mathrm{DS}_2, \cdots, \mathrm{DS}_n \rangle$，其中 CD_{id} 为组合配送服务的唯一标识，DS_i 为组合服务中的第 i 个配送服务。

3. 配送服务模型

本节服务组合的主要目标是在包裹配送时间的约束下优化无人机能耗。对于单个配送服务来说，配送时间指的是完成配送服务所花费的时间，主要依赖于两个配送站之间航线的距离及无人机飞行速度。配送能耗指的是完成配送服务需要消耗的无人机能量，主要依赖于无人机飞行功率与配送时间。用 q_i^{dis} 与 q_i^v 分别表示配送服务 DS_i 对应的航线距离与无人机飞行速度，q_i^{power} 表示无人机的飞行功率。完成配送服务 DS_i 需要的配送时间与配送能耗表示为 q_i^{time} 与 q_i^{energy}，公式为

$$q_i^{\mathrm{time}} = \frac{q_i^{\mathrm{dis}}}{q_i^v} \tag{7.1}$$

$$q_i^{\mathrm{energy}} = q_i^{\mathrm{time}} \times q_i^{\mathrm{power}} \tag{7.2}$$

相较于单个配送服务，若组合配送服务包含两个或多个配送服务，并且顺序执行的两个配送服务使用的是两种不同类型的无人机，那么还要考虑中途更换无人机的接力时间与能耗[2]。对于组合配送服务来说，配送时间指的是包裹从源点配送站开始配送到包裹到达目的配送站所需的时间，主要依赖于各配送服务的配

送时间与接力时间。对应地，配送能耗指的是包裹从源点配送站出发到目的配送站所需的无人机能耗，主要依赖于各个配送服务的配送能耗与接力能耗。假定组合配送服务由 m 个配送服务组成，用 T_r 与 E_r 分别表示完成包裹配送需要的无人机接力时间与能耗。组合配送服务的配送时间与配送能耗分别表示为 T_d 与 E_d，公式为

$$T_d = \sum_{i=1}^{m} q_i^{\text{time}} + T_r \tag{7.3}$$

$$E_d = \sum_{i=1}^{m} q_i^{\text{energy}} + E_r \tag{7.4}$$

为了在保证配送时间的同时优化配送能耗，我们使用适应度函数来评价服务组合解的情况。适应度函数可以形成对当前配送服务组合方案的综合评价。D_d 表示包裹订单的截止时间，p 为一个常量惩罚值。当组合配送服务的配送时间小于订单截止时间时，适应度值为配送能耗 E_d，否则，适应度值为配送能耗与一定惩罚值之和[3]。具体的适应度函数设置为

$$F_d = \begin{cases} E_d, & T_d \leqslant D_d \\ E_d + \dfrac{T_d}{D_d} \times p, & T_d > D_d \end{cases} \tag{7.5}$$

4. 计算服务模型

在执行配送服务的过程中，无人机会产生一系列计算任务。假定无人机每隔一定时间产生一个计算任务处理请求，该请求对应一个或多个计算任务，并且计算任务是线性顺序执行的。在边缘计算环境中，单个计算任务可以在无人机本地执行、卸载到边缘节点或者是云服务器。因此根据无人机配送系统框架，我们将卸载调度单个计算任务、返回响应结果的过程建模为计算服务。计算服务与特定的无人机、计算任务、任务处理位置相对应，如图 7.5 所示，由于每个计算任务可以在本地、多个可选的边缘节点及云服务器执行，所以每个计算任务对应着多个计算服务可供选择。单个计算服务可以表示为三元组 $\text{CS} = \langle C_{id}, F, Q \rangle$。$C_{id}$、$F$、$Q$ 分别表示计算服务的唯一标识、功能属性与非功能属性。功能属性 F 包括处理对应计算任务的功能特性，非功能属性 $Q = \langle q_1, q_2, \cdots, q_n \rangle$ 是个属性集，包括任务处理时间、传输时间及无人机能耗等属性。

单个计算任务对应一个计算服务，而一个计算任务处理请求通常包含多个计算任务。因此，针对一个计算任务处理请求，通常需要多个计算服务来完成。根据一个计算任务请求生成合适的组合计算服务方案的过程，即计算服务组合。组合计算服务可以表示为 $\text{CCS} = \langle \text{CC}_{id}, \text{CS}_1, \text{CS}_2, \cdots, \text{CS}_n \rangle$，其中 CC_{id} 与 CS_i 分别为组

合计算服务的唯一标识与第 i 个计算服务。

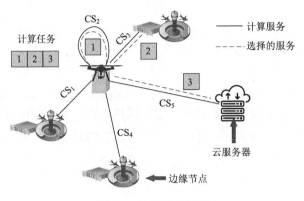

图 7.5　计算服务模型

5. 计算服务质量与适应度模型

为了在计算任务请求时间约束下进一步优化无人机能耗，我们建立了计算服务质量与适应度模型。对于单个计算服务来说，计算时间指的是完成计算服务需要消耗的时间，主要依赖于任务处理时间及网络传输时间。计算能耗指的是完成计算服务需要消耗的无人机能量，主要依赖于无人机任务处理能耗与传输能耗。对于组合计算服务来说，计算时间与计算能耗指的是完成该计算任务请求所需的时间的能量，主要依赖于各计算服务的计算时间与能耗。用 q_i^{load} 与 q_i^v 分别表示计算任务的负载与任务处理速度，q_i^{tran} 表示任务的传输数据量，q_i^{band} 表示数据传输带宽。q_i^{ppow} 与 q_i^{tpow} 分别表示无人机的任务处理功率与数据传输功率，当该计算服务对应的计算任务在无人机本地执行时，$q_i^{lflag}=1$，$q_i^{oflag}=0$，而当计算任务需要卸载到云或边缘节点处理时，$q_i^{lflag}=0, q_i^{oflag}=1$。假定组合计算服务由 n 个计算服务组成，其中第 i 个计算服务 CS_i 的计算时间与计算能耗分别表示为 q_i^{time} 与 q_i^{energy}，组合计算服务的计算时间与能耗分别表示为 T_c 与 E_c，公式分别为

$$q_i^{time} = \frac{q_i^{load}}{q_i^v} + \frac{q_i^{tran}}{q_i^{band}} \tag{7.6}$$

$$q_i^{energy} = \frac{q_i^{load}}{q_i^v} \times q_i^{ppow} \times q_i^{lflag} + \frac{q_i^{tran}}{q_i^{band}} \times q_i^{tpow} \times q_i^{oflag} \tag{7.7}$$

$$T_c = \sum_{i=1}^{n} q_i^{time} \tag{7.8}$$

$$E_c = \sum_{i=1}^{n} q_i^{\text{energy}} \tag{7.9}$$

适应度函数用来评价服务组合解的情况，以保证计算时间约束、优化计算能耗。类似于配送服务组合的适应度函数，在计算服务组合的适应度函数中，D_c 表示计算任务请求的响应截止时间，p 为一个常量惩罚值，用来惩罚超时的解。当组合计算服务的计算时间小于任务请求响应截止时间时，适应度值为计算能耗 E_c，否则，适应度值为计算能耗与一定惩罚值之和。具体的适应度函数设置为

$$F_c = \begin{cases} E_c, & T_c \leqslant D_c \\ E_c + \dfrac{T_c}{D_c} \times p, & T_c > D_c \end{cases} \tag{7.10}$$

7.2.4　能耗感知的无人机服务组合策略

本节首先提出资源受限环境下能耗感知的无人机服务组合策略(energy-aware UAV service composition strategy，ESC)，随后介绍染色体设计与遗传算法流程，最后介绍梯度下降算法(coordinate descent algorithm，CD)。ESC 策略分为配送服务组合子策略(energy-aware UAV service composition strategy for delivery，ESCD)与计算服务组合子策略(energy-aware UAV service composition strategy for computing，ESCC)。

如图 7.6 所示，ESC 的核心思想是：对于包裹配送请求而言，ESCD 策略在云服务器接收到包裹配送请求到开始执行配送服务之前的静态阶段，系统先根据包裹的源点、目的点与配送站分布图基于 Dijkstra 算法进行路径规划，然后根据包裹质量与最短路径筛选可用配送服务，随后根据改进的遗传算法生成合适的配送服务组合方案；在正式执行配送服务时，若静态配送服务组合方案中的服务不可用，则贪心地选择次优的配送服务，局部更新服务组合方案，持续这个过程直到包裹送达目的地，最后返回配送服务组合结果。对于计算任务请求而言，ESCC 策略在系统接收到计算任务请求到开始执行计算服务的静态阶段，系统接收到计算任务处理请求后，首先通过可选计算服务、改进的梯度下降算法生成静态的计算服务组合方案；在正式执行计算服务的动态阶段，若静态阶段规划的计算服务不可用或边缘节点负载过多，贪心地选择次优的计算服务实现局部调整计算服务组合方案，最后返回计算服务组合结果。ESCD 与 ESCC 两个策略的伪代码如算法 7.1 与算法 7.2 所示。

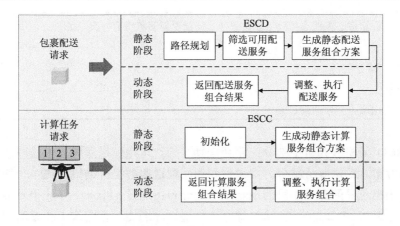

图 7.6　ESC 流程

算法 7.1　ESCD 策略

输入：包裹配送请求 PDR，配送站分布图 G，种群个体数量 N，遗传算法迭代次数 iter

输出：配送服务组合结果 CDS

1　初始化配送服务组合结果 CDS ← ∅

2　根据 PDR、G 与 Dijkstra 算法获取最短路径的配送站点集合 stationList

3　for each station in stationList do

4　　for i = 1 to M do

5　　　if 配送服务 DS_i 无法配送该包裹

6　　　　从可选配送服务集中去掉该配送服务

7　　　end if

8　　end for

9　end for

10　根据 G、N 与 stationList 初始化种群

11　while 迭代次数 count < iter do

12　　while 子类种群数量少于 N

13　　　使用公式(7.10)计算每个染色体的适应度值

14　　　选择、交叉、变异

15　　end while

16　end while

17　获取初始配送服务组合方案 initCDS

18　for each DS_i in iniCDS do

19　　if DS_i 不可用

20	根据贪心算法选择次优配送服务，局部更新服务组合方案 CDS
21	end if
22	执行配送服务
23	end for
24	返回配送服务组合结果 CDS

ESCD 策略分为五个部分：路径规划、筛选可用配送服务、生成静态配送服务组合方案、配送服务组合方案调整和返回配送服务组合结果。在第一部分，配送系统根据包裹的源点、目的地与配送站分布图通过 Dijkstra 算法得到最短的无人机飞行路线(第 2 行)。在第二部分，外层循环遍历飞行路线中经过的配送站，内层循环根据当前配送站中无人机与包裹质量筛选出可用的配送服务(第 3～9 行)。在第三部分，根据可用配送服务、改进的遗传算法获得初始的配送服务组合方案(第 10～17 行)。第四部分，若某个配送服务不可用，则使用贪心算法局部更新该配送服务，执行配送服务(第 18～23 行)。最后，当所有配送服务执行完成、包裹送达目的地时，该策略返回配送服务组合结果(第 24 行)。由于该策略的时间复杂度主要在于利用改进的遗传算法获得静态配送服务组合方案，因此我们重点分析这一部分。假设配送站之间最多拥有 M 个可选配送服务，遗传算法的迭代次数为 iter，种群个体数量为 N，则该策略的时间复杂度为 $O(N \times \text{iter} \times M)$。

算法 7.2　ESCC 策略

输入：任务处理请求 TPR，配送站分布图 G，种群个体数量 N，梯度下降算法迭代次数 iter
输出：计算服务组合结果 CCS

1	根据 TPR、G 生成可选计算服务
2	初始化种群与计算服务组合结果 CCS ← ∅
3	while 迭代次数 count < iter do
4	计算种群中每个染色体适应度值，获取最优适应度值染色体
5	梯度下降法更新种群
6	end while
7	获取当前种群中适应度值最小的初始计算服务组合方案 initCCS
8	for each CS_i in initCCS do
9	if CS_i 不可用
10	根据贪心算法选择次优计算服务，局部更新服务组合方案 CCS
11	end if
12	执行计算服务

13　end for

14　返回计算服务组合结果 CCS

ESCC 策略分为四个部分：初始化、生成动态计算服务组合方案、计算服务组合方案调整与返回计算服务组合结果。第一部分，系统接收到计算任务处理请求后，根据请求信息生成可选的计算服务集合，并初始化种群与计算服务组合结果（第 1～2 行）。第二部分，系统根据可选计算服务基于梯度下降算法生成静态的计算服务组合方案（第 3～7 行）。第三部分，在真正执行每个计算服务之前，系统会检查按照初始方案中的计算服务是否不可用或服务器是否繁忙，若是，则根据贪心算法局部更新该计算服务（第 8～13 行）。第四部分，当所有计算服务执行完成后，该策略返回计算服务组合结果（第 14 行）。由于该策略的时间复杂度主要在于基于梯度下降算法获得计算服务组合方案，因此我们重点分析这一部分。假设可选计算服务数量最多为 T，遗传算法迭代次数为 iter，染色体粒子数为 N，那么该策略的时间复杂度为 $O(N \times \text{iter} \times T)$。

遗传算法的主要流程为种群初始化、选择、交叉、变异[4]。对于 ESCD 策略而言，在初始化种群阶段，算法根据最短路径与可选服务随机生成一定数量的染色体，即种群。选择阶段首先需要计算种群中每个染色体的适应度，然后根据染色体适应度选择父代。交叉阶段则是父代交配的过程，最后变异操作则是随机变异一部分子代染色体。经过这四个阶段便生成了一个新的种群，并且完成了一次迭代，等迭代次数达到了阈值便可获得当前的服务组合最优解。其中我们对遗传算法的改进在于选择父代的过程中始终淘汰无法满足时间约束的染色体，以选择优质双亲，实现时间约束优化无人机能耗的目标。图 7.7 展示了染色体与遗传算法的操作过程，染色体的长度为最短路径的航线段数，也是需要组合的服务的个

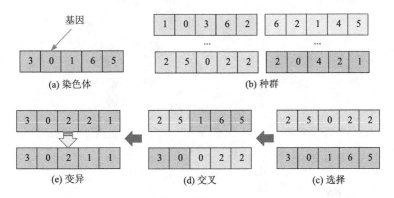

图 7.7　染色体与遗传算法的操作过程

数，染色体中的每一个数值位置代表一个基因。以第二个基因为例，假设第二个基因的可选服务数量为 n，那么这些服务对应的编码一次为 $1\sim n$，若该基因对应的数值为 1，则表示组合服务中该位置选择了编号为 1 的服务。特别地，在电量充足的条件下，无人机可以在多个配送站点间连续配送包裹，若当前配送服务仍然使用前驱配送服务中的无人机，那么该基因对应的编码为 0。

梯度下降算法主要包括种群生成、获取当前最优染色体与更新种群三个阶段[5]。对于 ESCC 策略而言，在种群生成阶段，系统根据计算任务请求信息，可用的边缘节点与云服务器信息生成指定数量的染色体，每个染色体表示一种计算服务组合方案。在获取当前最优染色体阶段，首先根据当前种群计算每个染色体的适应度值，然后选取适应度值最小的染色体作为当前最优染色体。在更新种群阶段，整个种群的更新均是基于上一阶段的最优染色体。其中我们对梯度下降算法的改进在于，选择最优染色体的过程中始终淘汰无法满足时间约束的染色体，以保证时间约束、优化无人机能耗。经过这三个阶段便生成了一个新的种群，并且完成了一次迭代，等迭代次数达到了阈值便可获得当前服务组合的最优解。

7.2.5　实验设计与分析

实验采用边缘计算实验平台 EdgeWorkflow，在无人机最后一公里配送场景下，根据迅蚁公司的 ADNET 抽象出配送站分布图，如图 7.8 所示，节点表示配送站，两个配送站之间的边表示无人机的航线。每个配送站停放着多架不同类型的无人机，具体参数信息如表 7.1 所示。包裹配送请求参数设置如表 7.2 所示，其

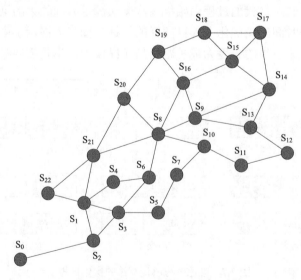

图 7.8　资源受限环境下的配送站分布

表 7.1　资源受限环境下的无人机参数设置

类型	最大载质量 /kg	电池容量 /kJ	飞行速度 /(m/s)	飞行功率 /W
类型一	5.5	359.64	12	999
类型二	0.83	145.53	12	202.125
类型三	1.13	277.2	15	355.74
类型四	1.0	159.84	27	444

表 7.2　资源受限环境下的包裹配送请求

唯一标识	质量/kg	源点配送站	目的配送站	截止时间/s
P1	1.0	S_7	S_{15}	1268.398
P2	1.0	S_7	S_{15}	1268.398
P3	0.8	S_2	S_{29}	1507.371
P4	0.9	S_3	S_{10}	1562.519
P5	0.8	S_2	S_{35}	1801.492
P6	0.9	S_2	S_{36}	1893.405

中，截止时间设置为无人机平均配送时间的两倍。在边缘计算环境中，广域网 WAN 与局域网 LAN 的数据传输带宽分别为 100Mb/s 与 40Mb/s，无人机、边缘节点与云服务器的处理速度分别为 1.0GHz、1.3GHz 与 1.6GHz，无人机的负载功率与数据传输功率分别为 700mW 与 100mW[6, 7]。每个计算任务的工作负载设置在 1.0~50.0Megacycles 之间，输入数据与输出数据大小设置在 0.1~2.0MB 之间。此外，启发式算法的共同参数设置相同，以遗传算法为例，初始随机生成的染色体数量为 30，迭代次数为 50，交叉位置随机生成且交叉率为 0.8，变异率为 0.1，学习因子为 2[8, 9]。

由于目前还没有文献或方法综合考虑无人机包裹配送整体过程，不能将现有的方法与我们的方法直接进行比较。首先，我们采用控制变量法来验证所提策略的有效性，然后，我们选取了无人机配送场景中最具代表性的两种算法来验证所提策略的效率。对于 ESCD 策略，证明有效性的三种方法分别是静态阶段随机（random static, RS）、动态阶段随机（random dynamic, RD）、静态动态阶段均随机（random static and dynamic, RSD）处理的方法。对于 ESCC 策略，证明有效性的方法是所有计算任务卸载到云服务器的方法（All-In-Cloud）与所有计算任务卸载到边缘节点的方法（All-In-Edge），证明效率的方法为 GA 与 PSO 算法[10, 11]。

根据本节的优化目标，在包裹或任务请求的时间约束下优化无人机能耗，来展示和分析实验结果。实验整体分为两组，第一组实验用来展示并行配送多个包裹时 ESCD 策略的有效性与效率，其中并行配送多个包裹指的是同时开始配送，这样做的目的是更接近实际情况，横轴表示并行配送包裹数量，数量从左到右呈现递增趋势，纵轴分别表示配送时间、配送能耗与配送效率。第二组实验用来展示在不同计算任务数量对应的计算任务请求中 ESCC 策略的有效性与效率，横轴表示一个计算任务请求中对应的计算任务数量，数量从左到右呈现递增趋势，纵轴表示处理计算任务需要花费的计算时间或计算能耗。

图 7.9～图 7.11 分别展示了并行配送多个包裹对应的配送时间、配送效率与配送能耗的对比情况。由图 7.9 可知，在配送时间方面，各个方法均满足时间约束，这是因为各个方法都基于最保守的 Dijkstra 方法。ESCD 策略的配送时间在大多数情况下优于其他方法。在配送效率方面，ESCD 策略的优化效果类似于图 7.9

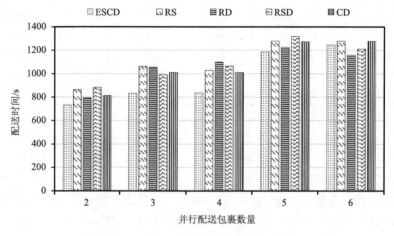

图 7.9　并行配送包裹的配送时间对比

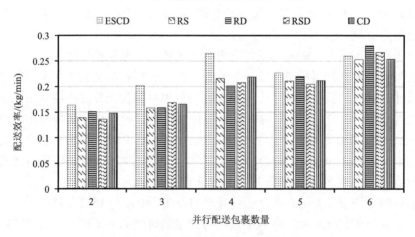

图 7.10　并行配送包裹的配送效率对比

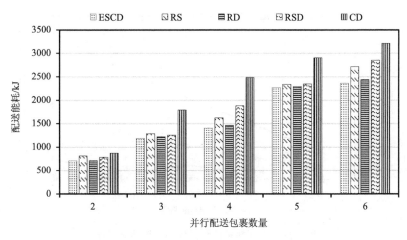

图 7.11　并行配送包裹的配送能耗对比

的趋势。在配送能耗方面，ESCD、RD 方法优于其他方法，且 ESCD 策略始终具有最低的能耗。这是因为 RS、RSD 选择配送服务时具有随机性。CD 在迭代过程中种群更新得较慢，RD 是 ESCD 的动态阶段随机方法，在并行配送包裹过程中，服务不可用时 RD 的随机性影响了其优化效果。以并行配送 4 个包裹为例，ESCD 策略比 CD 方法节约了 43.431%能耗。

图 7.12 和图 7.13 展示了不同数量计算任务对应的计算时间和计算能耗对比。ESCC 与 PSO 算法始终满足计算任务请求的时间约束，且 ESCC 与 PSO 相比具有更低的计算能耗，而其他方法无法保证任务请求的时间约束。All-In-Cloud 与 All-In-Edge 算法超时主要是因为二者受限于网络带宽，将全部计算任务交由边缘节点或云服务器处理会额外消耗大量的数据传输时间，与此同时，无人机仅需要消

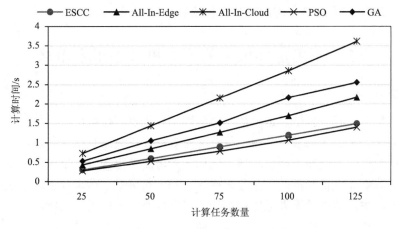

图 7.12　不同数量计算任务的计算时间对比

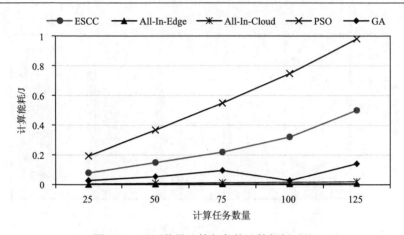

图 7.13　不同数量计算任务的计算能耗对比

耗较低的数据传输能耗。GA 的计算时间与能耗较高的主要原因是：随机生成的种群中存在大量适应度值较高的染色体时，根据概率选择双亲时大概率选到高适应度值的父代，从而导致子代整体计算时间与能耗值仍然较高。PSO 算法可以满足时间约束，但容易陷入局部最优，从而无法充分优化无人机能耗。以计算任务数量 75 为例，ESCC 策略节约了 PSO 方法 60.109%的能耗。

7.2.6　小结

针对资源受限环境下的无人机服务组合优化问题以及目前的研究工作忽略包裹配送整体过程的现状，本节提出一种资源受限环境下的无人机服务组合策略ESC。该策略能够优化边缘计算中无人机最后一公里配送场景下的无人机能耗。通过对比实验在配送时间、配送效率、配送能耗、计算时间、计算能耗五个方面的比较，最终证明 ESC 策略的有效性和效率。

7.3　不确定环境下的无人机服务组合策略

7.3.1　引言

无人机由于其成本低、速度快、灵活性强等优点，已被广泛应用于边缘计算中的最后一公里配送场景下。由于包裹配送效率要求较高且配送包裹过程中存在许多不确定性，如何在不确定环境下优化无人机服务组合方案以满足订单配送时间约束、降低无人机能耗是一个巨大挑战。基于包裹配送请求与配送系统中的无人机服务，生成节能的无人机服务组合方案可以有效降低无人机能耗。然而，现有的研究工作要么忽略了无人机静态与动态两个阶段的配送过程，要么忽略了包裹配送过程中的不确定性，如风向风速，导致无人机服务组合方案的有效性难以得到保证，甚至导致配送失败。因此，本节主要的工作内容如下：

（1）结合实际无人机配送系统，建立了边缘计算环境下能耗感知服务模型。该服务模型包含三个关键的不确定性因素，即服务可用性、包裹质量和风向风速。

（2）提出了一种包含静态和动态两个阶段所不确定性下的能耗感知配送即服务（delivery as a service, DaaS）组合策略，以优化交付订单截止日期下无人机的能量消耗。

（3）为了验证所提策略的有效性和效率，在最后一公里配送系统的真实数据集上进行了实验。实验结果表明，该策略在无人机能耗和配送时间方面具有较好的性能。

本节共分为六个部分，7.3.1 节为引言，主要介绍了边缘计算环境中无人机配送能耗优化问题与挑战。7.3.2 节对边缘计算环境中无人机能耗优化问题进行了分析与描述。7.3.3 节针对该问题建立的系统模型进行了详细介绍。在 7.3.4 节对所提解决方案——不确定环境下的无人机服务组合策略进行了介绍，并在 7.3.5 节对所提解决方案进行了实验验证。最后，在 7.3.6 节中给出了本节的工作小结。

7.3.2　问题描述

在无人机服务组合问题中，如何在包裹配送请求的时间约束下优化无人机能耗是不可忽视的一部分。采用服务范式，将无人机配送建模为服务有利于推进无人机配送过程。基于边缘计算的最后一公里配送系统提供多种服务，如计算服务、配送服务，本节所考虑的服务组合方案面向无人机配送服务。对于大多数包裹配送请求，单个配送服务可能无法完成整个配送过程，所以需要将不同的服务分配给同一个配送订单，即需要组合多个配送服务来完成配送任务。然而不合适的配送服务组合方案将导致无人机能耗较高、配送超时等问题。目前针对无人机配送包裹的各项研究工作很多，但是缺乏考虑静态、动态两个阶段配送过程的服务组合策略。因此，如何在考虑配送过程的同时，生成合适的无人机服务组合方案以在配送时间的约束下优化无人机能耗是一个值得研究的问题。

此外，无人机配送包裹的过程中存在许多不确定性。具体而言，典型的不确定性主要包括两个方面，分别是内在因素和外在因素[12]。内在因素与无人机服务本身有关，如有限的有效负载、有限的电池容量、电池消耗的非线性变化。外部因素与包裹配送环境有关，如包裹质量、天气因素等。研究表明，风速可以轻易达到无人机飞行速度的 50%[13, 14]。这些不确定性会影响初始无人机服务组合方案的有效性，甚至导致配送失败。因此，当云服务器接收包裹配送请求时，我们需要解决的问题是：在不确定环境下选择最优或次优的无人机服务组合方案，实现在订单配送请求的截止时间下优化无人机能耗。

7.3.3 模型设计

本节设计不确定环境下无人机服务组合策略需要的模型。首先根据配送场景设计了配送环境模型，然后对基于边缘计算的无人机最后一公里配送场景进行抽象，设计了基础配送服务模型、组合配送服务模型，最后结合本节的优化目标构建了基础与组合配送服务质量模型，这些模型为后面提出不确定环境下的无人机服务组合策略提供了帮助。

1. 配送环境模型

在迅蚁公司 ADNET 的基础上介绍一个典型的无人机最后一公里配送场景。如图 7.14 所示，假设无人机提供商在某一区域内提供包裹配送服务，该地区有多个地理位置固定的配送站，每个配送站配备着一台边缘服务器或边缘节点，并拥有多架不同类型的无人机。不同类型的无人机有不同的属性，如电池容量、最大有效载荷和平均飞行速度。假设无人机都是在电量充足的情况下起飞，配送站之间有固定的路线，路线的设置遵循禁飞区等规则，并且风向和风速不断变化。

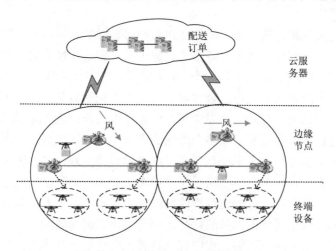

图 7.14　无人机最后一公里配送场景

无人机配送包裹过程中受多种不确定性因素的影响。一方面，无人机容易受到天气条件的影响，尤其是风。时变的风向和风速对包裹配送时间和无人机能耗有复杂的影响。具体来说，首先，风可以推动无人机偏离航线，为了纠正这一点，使用航向修正的风修正角(wind correction angle, WCA)。如图 7.15 所示，WCA 使无人机稍微逆风飞行，从而抵消了将无人机推离航线的风速分量。其次，在风的影响下，无人机相对于地面的速度不仅取决于无人机的空速，还取决于相应的速

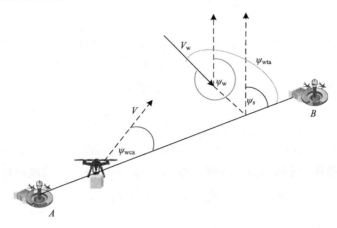

图 7.15　配送环境模型

度分量。在较小的区域和较短的时间范围内，假设风场是稳定的[15-17]。那么无人机相对地面的速度 V_g 为

$$V_g = V\cos(\psi_{wca}) + V_w\cos(\psi_{wta}) \tag{7.11}$$

式中，V 为无人机空速矢量；$V\cos(\psi_{wca})$ 为无人机航路方向航速分量；V_w 为风速矢量；$V_w\cos(\psi_{wta})$ 为沿路线方向的风速分量。另外，ψ_{wta} 为风迹角，ψ_{wca} 为风修正角，计算为

$$\psi_{wta} = \psi_s - \psi_w \tag{7.12}$$

$$\psi_{wca} = \arcsin\left(\left(\frac{V_w}{V}\right)\sin(\psi_{wta})\right) \tag{7.13}$$

式中，ψ_s 为掠向角；ψ_w 为风向角。

另一方面，包裹质量以非线性的关系影响着无人机的飞行功率。在相同的条件下，订单包裹质量越大，无人机的飞行功率也就越大。因此在一定的电池容量下，无人机配送质量较大的包裹时飞行时间就会缩短，这也是许多工作容易忽略的一点。研究表明，飞行功率与无人机空速、无人机质量、包裹质量等因素有关。无人机飞行功率 P 为

$$P = \frac{1}{2}C_D A D V^3 + \frac{(w_v + w)^2}{Db^2 V} \tag{7.14}$$

式中，C_D、A、D、b、w_v 与 w 分别为阻力系数、无人机前表面长度、空气密度、无人机宽度、无人机质量与包裹质量[18]。

2. 基础配送服务模型

本节根据无人机配送包裹过程中的关键属性建立基础配送服务模型。具体定

义如下：

定义一：包裹配送请求（parcel delivery request, PDR）。一个包裹配送请求可以表示为一个六元组 $\text{PDR}_i = \langle p_{\text{id}}, s_i, e_i, w_i, d_i, t_i \rangle$，其中每个元素分别代表包裹的唯一标识、源点配送站、终点配送站、包裹质量、截止时间和发起包裹配送请求的时间戳。

定义二：基础配送服务（delivery service, DS）。基础配送服务可以抽象为一个三元组 $\text{DS} = \langle D_{\text{id}}, F, Q \rangle$。其中，$D_{\text{id}}$ 表示唯一的服务 ID，F 表示无人机将包裹从一个站点送到另一配送站点的功能，$Q = \langle q_1, q_2, \cdots, q_n \rangle$ 为非功能属性集合，又被称为服务质量，包括配送时间、配送能耗等属性信息。

3. 组合配送服务模型

对于一个 PDR，基础配送服务可能无法完成整个包裹配送任务，有必要将多个基础配送服务分配给相同的交付订单。组合多个不同功能的配送服务在一起，既满足了无人机的电池容量限制，又扩展了无人机的包裹配送能力，这些基础配送服务在功能上需要满足一定的依赖关系，具体的依赖关系取决于配送站点分布网络。例如，在功能上 DS_1 负责将一个包裹从 1 号配送站送到 2 号配送站，DS_2 负责将一个包裹从 2 号配送站送到 3 号配送站，所以将这两个配送服务组合在一起便可以将包裹从 1 号配送站送到 3 号配送站。具体的组合配送服务模型定义如下：

定义三：组合配送服务（composed delivery service, CDS）。组合配送服务可以表示为 $\text{CDS} = \langle C_{\text{id}}, \text{DS}_1, \text{DS}_2, \cdots, \text{DS}_n \rangle$。其中，$C_{\text{id}}$ 表示唯一的组合服务 ID，该组合配送服务由 n 个满足依赖关系的基础配送服务组成，DS_i 表示第 i 个基础配送服务。

4. 基础配送服务质量模型

为了在包裹配送请求时间约束下优化无人机能耗，我们建立了基础配送服务质量模型。基础配送服务最为关键的服务质量建模如下：

配送时间：对于基础配送服务，配送时间是指无人机将包裹从一个站点送到下一个站点所花费的时间。由于风向和风速是不断变化的，因此无人机相对于地面的速度是不断变化的。假设风向和风速在 t_j 内保持不变，且 DS_i 需要 m 个时间段才能完成配送服务，则配送时间 T_i 为

$$T_i = \sum_{j=1}^{m} t_j \tag{7.15}$$

配送能耗：基础配送服务的配送能耗指的是无人机将包裹从一个站点运送到下一个站点所消耗的无人机能量。由公式（7.14）可知，不同的无人机、不同的包

裹会导致不同的飞行功率。DS_i 的能耗为

$$E_i = T_i \times P_i \tag{7.16}$$

式中，T_i 和 P_i 分别为配送服务 DS_i 的配送时间和无人机飞行功率。

5. 组合配送服务质量模型

对于组合配送服务，其服务质量模型如下：

配送时间：组合配送服务 CDS 的配送时间指的是包裹从源配送站到目的配送站所花费的总时间。该配送时间主要由所有基础配送服务的配送时间与中途自动更换电池的时间组成。假设 CDS 由 n 个配送服务组成，那么 CDS 的配送时间 T 计算为

$$T = \sum_{i=1}^{n} T_i + T_s \tag{7.17}$$

式中，T_i 是第 i 个配送服务的配送时间；T_s 是电池自动交换所花费的时间。

配送能耗：与配送时间对应，CDS 的配送能耗是将包裹从源配送站运送到目的配送站所消耗的无人机能量。该能耗主要包括所有配送服务的能耗与自动更换电池的额外能耗之和。假设 CDS 包含 n 个配送服务，则 CDS 的能耗 E 计算为

$$E = \sum_{i=1}^{n} E_i + E_s \tag{7.18}$$

式中，E_i 为 DS_i 的能耗；E_s 为中途自动更换电池的能耗。

7.3.4　能耗感知的无人机配送服务组合策略

在本节中，我们首先提出不确定环境下能耗感知的无人机配送服务组合策略（energy-aware UAV delivery service composition strategy, EDSC），随后介绍本节考虑的不确定性，最后介绍该策略中改进的 A*算法。EDSC 策略的核心思想与系统流程如图 7.16 所示。该策略分为静态和动态两个阶段。从云服务器接收 PDR 到开始执行配送服务的这个阶段称为静态阶段，这个阶段云服务器会根据接收到的 PDR、当前天气信息与可用配送服务生成初始的配送服务组合方案。从开始执行配送服务到包裹送达目的配送站的这段时间称为动态阶段，这个阶段边缘服务器会根据时变的风向风速与不可用服务动态调整配送服务组合方案。策略 7.3 为 EDSC 策略的伪代码。

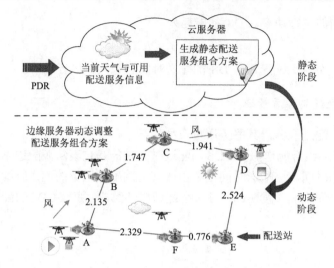

图 7.16　EDSC 流程

策略 7.3　EDSC 策略

输入：包裹配送请求 PDR，配送站分布图 G，可选配送服务集合 DS_s

输出：配送服务组合结果 DSC

1　初始化静态配送服务组合方案 $\text{initDSC}_s \leftarrow \varnothing$

2　初始化配送服务组合结果 $\text{DSC} \leftarrow \varnothing$

3　根据 PDR_w、PDR_s、DS_s 过滤掉以源点配送站为起点的不可用配送服务，剩余可用配送
　　服务的无人机类型集合为 types

4　获取当前的天气信息 weather

5　for each type in　types　do

6　　　根据 weather 与改进的 A*算法生成当前配送服务组合方案 DSC_i

7　　　根据 weather 与公式(7.14)～式(7.16)计算 DSC_i 的配送时间 T 与配送能耗 E

8　　　if $T \leqslant PDR_d$

9　　　　　$\text{initDSC}_{s\,\text{add}}(DSC_i)$

10　　　　initDSC_s 中维持 top-k 个最优服务组合方案

11　　　end if

12　　end for

13　for each　initDSC　in　initDSC_s　do

14　　　if DS 可用

15　　　　选择并执行该方案的配送服务

16　　　　break

```
17      end if
18    end for
19    repeat
20       获取变化的天气与服务信息
21       边缘服务器基于上述信息与改进的 A*算法动态调整配送服务组合方案 DSC
22    until  包裹送达目的地
23    return  DSC
```

EDSC 策略包括静态和动态两个阶段。静态阶段由配送服务组合方案初始化、过滤不可用服务、维持 top-k 静态配送服务组合方案这三部分组成（第 1～12 行）。第一部分负责初始化静态配送服务组合方案与配送服务组合结果（第 1～2 行）。第二部分，云服务器根据 PDR 中的包裹质量、源点配送站与 DS_s 过滤掉以源点配送站为起点的不可用配送服务（第 3 行）。第三部分，云服务器根据可用配送服务无人机类型、PDR、weather 与改进的 A*算法生成并维持 top-k 静态配送服务组合方案（第 4～12 行）。具体来说，A*算法的服务组合原理类似于深度优先搜索，利用改进 A*算法不断组合相邻服务，直到到达目的站，形成配送服务组合方案。最后，选择满足配送时间约束且能耗值最低的 top-k 服务组合方案作为当前最优静态配送服务组合方案。动态阶段由选择可用配送服务组合方案与动态调整配送服务组合方案两部分组成（第 13～22 行）。第一部分，边缘服务器首先检查在静态配送服务组合方案中的配送服务是否可用，如果不可用，则从剩余方案中贪婪地选择次优的配送服务组合方案（第 13～18 行）。第二部分，执行配送服务期间，边缘服务器基于改进的 A*算法、电池剩余容量和风向变化，不断生成调整配送服务组合方案。持续这个过程直到包裹到达目的地（第 19～22 行）。

该策略的时间复杂度讨论如下：由于主要的时间复杂度在于根据可用的配送服务生成初始服务组合方案，因此我们重点分析这一过程。假设可用无人机类型数量为 T，源点配送站到目的配送站需要经过 N 个节点，N 个节点中可选连接点的最大个数为 M，并且改进的 A*算法通过优先级队列获取最小能耗的 $f(n)$ 值，那么该策略的时间复杂度为 $O(T \times N \times M)$。

大部分相关工作只关注静态阶段的确定性 DaaS 组合，然而现实世界中无人机最后一公里配送场景充满不确定性。一方面，包裹质量对电池容量有限的无人机飞行功率产生着复杂的非线性影响，而现有研究很少考虑这一关键因素。另一方面，初始配送服务组合方案中的配送服务可能已用于其他 PDR，也就是配送服务不可用，如果服务不可用而不处理将导致包裹投递失败。此外，在飞行过程中风向、风速不断变化，初始的配送服务组合方案可能不再是最优方案。因此该策略综合考虑上述不确定性以优化配送服务组合方案。

改进 A*算法以适应无人机最后一公里配送场景、提高配送服务组合效率。由于本节的目标是在保证 PDR 时间约束的同时优化无人机的能耗，因此如公式(7.19)所示，在无人机最后一公里配送场景中，改进的 A*算法中 $g(n)$ 表示已完成配送服务的交付时间和能耗值，$h(n)$ 表示根据当时的天气、最短航线预估的剩余配送服务的配送时间和能耗值。$h(n)$ 值是根据当时的天气、通过最短航线配送包裹计算出的估计值，$f(n)$ 表示组合配送服务的配送时间与能耗值。当 $f(n)$ 的预估配送时间超过 PDR 的截止时间约束时，放弃相应的配送服务组合方案，随后在现有方案中选择 $f(n)$ 能耗值最小的方案作为当前最优方案。

$$f(n) = g(n) + h(n) \tag{7.19}$$

7.3.5　实验设计与分析

基于无人机最后一公里配送场景，本节首先确定配送站的分布。如图 7.17 所示，根据杭州迅蚁公司的配送站分布图，选取了由 30 个配送站点组成的小型配送网络进行实验[19]。网络中的每个配送站都配备了三种类型的无人机，无人机型号信息来自大疆，如表 7.3 所示，每个配送站下各型号无人机 15 架[20]。当无人机电量不足时，采用电池交换技术更换无人机电池。这个电池更换过程需要花费一定的时间和能量。收集中国杭州市 537 条每小时真实天气数据，数据集来自中国国家气象科学数据中心，使用的属性信息主要包括年、月、日、小时、气压、风向、

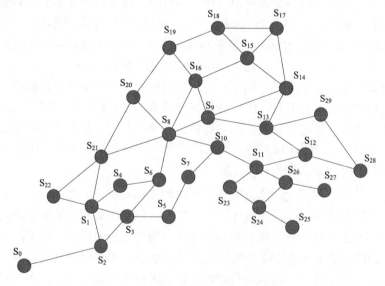

图 7.17　不确定环境下的配送站分布

表 7.3 不确定环境下的无人机参数设置

类型	飞行速度 /(m/s)	前表面长度 /m	宽度/m	质量/kg	电池容量 /kJ	最大载质量 /kg
类型一	27	0.312	0.255	1.1	159.84	1.0
类型二	15	0.348	0.283	1.23	277.2	1.13
类型三	12	1.668	1.518	10	359.64	5.5

风速、温度[21]。基于真实天气数据集，随机生成一定范围内变化的天气信息。在生成的 150 个 PDR 中，将 PDR 截止时间设置为平均配送时间的两倍，平均配送时间为最短路径距离与不同无人机类型的平均飞行速度的商[6, 7]。另外，包裹质量在 0.5～2.5kg 之间，实验平台为 EdgeWorkflow。

就对比方法而言，首先本节实现四种方法来验证所提出的两阶段策略的有效性，然后实现两种主流算法来验证 EDSC 的有效性。由于 EDSC 是一个两阶段策略，使用控制变量方法来验证静态与动态阶段的有效性。验证所提策略有效性的四种方法分别是只考虑 EDSC 静态阶段的方法(only static, OS)，静态阶段随机生成、动态阶段与 EDSC 策略相同的方法(random static，RS)，静态阶段与 EDSC 相同、动态阶段随机处理的方法(random dynamic，RD)，静态阶段随机生成、动态阶段随机处理的方法(random both，RB)。验证所提策略效率的两种方法是离线最短路径(offline shortest path，RB_OSP)算法和概率前向搜索(probabilistic forward search，PFS)算法[22, 23]。我们在 IntelliJ IDEA 2020.1 实验平台上对所提出的策略进行实验。

围绕优化目标，优化 PDR 截止时间约束下的无人机能耗，展示和分析实验结果。实验整体分为五组，从第一组到第五组，PDR 之间的最短距离呈递增趋势，同一组的包裹质量不同，需要在同一时间从同一个源点配送站并行投递到同一目的配送站，不同组的包裹有不同的源点和终点站。在同一时间并行配送包裹是为了更接近现实中的包裹配送问题。

图 7.18 和图 7.19 为第一组 PDR 的配送时间和能耗对比。在配送时间方面，EDSC 一直保持最小的配送时间。OS、PFS 方法有时无法满足 PDR 截止时间约束。OS 方法会出现超时现象，因为它只考虑静态阶段，当并行配送包裹数量不断增加，出现配送服务不可用时，OS 方法无法处理，会导致配送失败。PFS 方法超时主要是因为一些无人机需要在中途等待充电。这个充电时间相对于配送时间来说是一个巨大的时间消耗。除了 OS 和 PFS 以外，其他方法都不会超时，主要是因为无人机在电量不足时采用了自动更换电池技术，电池更换耗时短、避免等待充电。此外，对比方法有时与 EDSC 的配送时间相同，这是因为在源配送站、目的配送站及风向风速相同的情况下，质量最大的包裹只能由同一种类型的无人机投

递，且耗时较长。

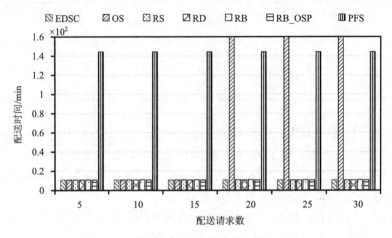

图 7.18　第一组 PDR 的配送时间对比

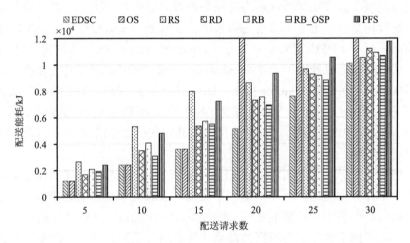

图 7.19　第一组 PDR 的配送能耗对比

　　在能耗方面，EDSC 策略的能耗低于其他方法。OS 方法本身是 EDSC 的静态阶段，在配送服务可用且风向风速影响较小的情况下，其能耗值与 EDSC 基本相同。但是，一旦风向风速等不确定性对无人机飞行产生较大影响，OS 方法就无法处理，会导致交付失败。对于 RS、RD 和 RB 方法，随机生成静态方案或调整服务组合方案不能保证能耗的优化效果。RB_OSP 基于保守的最短路径算法，无法对不确定因素的影响做出反应，因而不能保证能耗优化效果。虽然 PFS 是一种不确定性感知算法，但它的目标是优化配送时间，没有考虑包裹质量的影响，因此，PFS 的能耗相对较高。以 PDR 为 20 为例，EDSC 策略节约了 RB_OSP 方法

28.897%的能量，节约了 PFS 方法 44.94%的能量。

　　由于上述原因，图 7.20～图 7.27 的趋势也与图 7.18、图 7.19 的趋势相似。值得注意的是，与图 7.18、图 7.19 不同的是，在图 7.20～图 7.27 中，RS 和 RB 方法存在超时现象，这是由它们自身的随机选择机制造成的。从五组实验可以看出，随着 PDR 源点与终点之间最短距离的增加，配送时间与配送能耗通常也会不断增加。此外，随着 PDR 源点与终点之间最短距离的不断增加，EDSC 在配送时间和能耗方面仍然优于其他方法。随着实验趋向于用尽所有配送服务，各个方法在配送能耗方面差异变小。

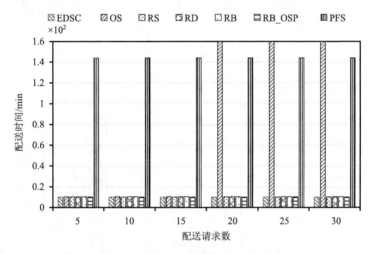

图 7.20　第二组 PDR 的配送时间对比

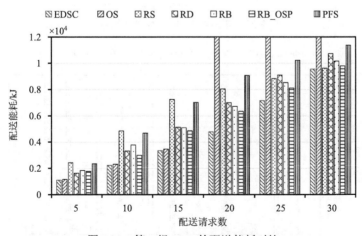

图 7.21　第二组 PDR 的配送能耗对比

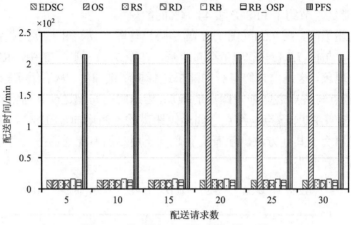

图 7.22 第三组 PDR 的配送时间对比

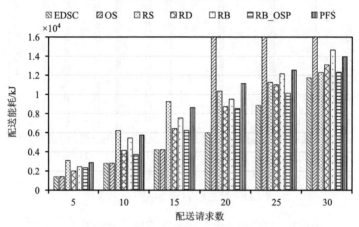

图 7.23 第三组 PDR 的配送能耗对比

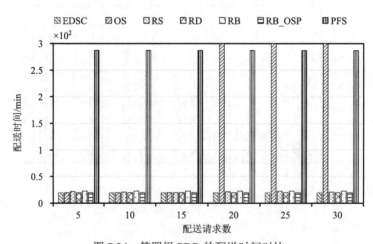

图 7.24 第四组 PDR 的配送时间对比

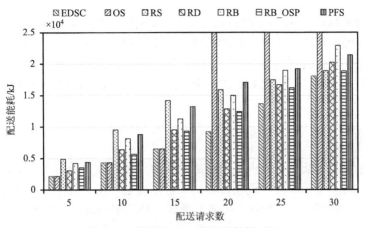

图 7.25　第四组 PDR 的配送能耗对比

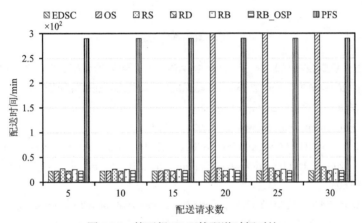

图 7.26　第五组 PDR 的配送时间对比

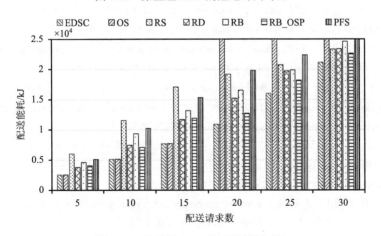

图 7.27　第五组 PDR 的配送能耗对比

实验结果验证了 EDSC 的有效性和效率。OS 方法不适合动态变化的条件。RS、RB 和 PFS 方法不能保证 PDR 的截止时间约束。RD 和 RB_OSP 方法不能保证无人机能耗优化效果。所提出的 EDSC 策略在配送时间和配送能耗方面优于其他方法。EDSC 策略平均比 RB_OSP 和 PFS 算法分别节省 22.841% 和 35.637% 的能量。

7.3.6　小结

针对不确定环境下，无人机服务组合优化问题以及目前的研究工作忽略包裹配送静态、动态两个阶段的现状，提出一种不确定环境下的无人机服务组合策略 EDSC。该策略能够优化不确定环境下最后一公里配送场景中的无人机能耗。通过对比方法在配送时间与配送能耗两个方面的比较，最终证明 EDSC 策略的有效性和效率。

参 考 文 献

[1] 迅蚁科技. 迅蚁发布的机器人运力网络 ADNET，能成为无人配送的终极解决方案吗? [EB/OL]. [2023-06-19]. https://www.antwork.link/newsDetail.html?newsId=20.

[2] COKYASAR T. Optimization of battery swapping infrastructure for e-commerce drone delivery[J]. Computer communications, 2021, 168: 146-154.

[3] NETJINDA N, SIRINAOVAKUL B, ACHALAKUL T. Cost optimal scheduling in IaaS for dependent workload with particle swarm optimization [J]. The journal of supercomputing, 2014, 68: 1579-1603.

[4] WANG D D, YANG Y, MI Z Q. A genetic-based approach to web service composition in geo-distributed cloud environment [J]. Computers & electrical engineering, 2015, 43: 129-141.

[5] GUO H Z, LIU J J. UAV-enhanced intelligent offloading for internet of things at the edge [J]. IEEE transactions on industrial informatics, 2020, 16(4): 2737-2746.

[6] ZHU T X, SHI T, LI J Z, et al. Task scheduling in deadline-aware mobile edge computing systems [J]. IEEE internet of things journal, 2019, 6(3): 4854-4866.

[7] XU J, LI X J, LIU X, et al. Mobility-aware workflow offloading and scheduling strategy for mobile edge computing[C]//Proceedings of the international conference on algorithms and architectures for parallel processing, Melbourne, VIC, 2020.

[8] NASERI A, NAVIMIPOUR N J. A new agent-based method for QoS-aware cloud service composition using particle swarm optimization algorithm [J]. Journal of ambient intelligence and humanized computing, 2019, 10(5): 1851-1864.

[9] XU J, LIU X, LI X J, et al. Energy-aware computation management strategy for smart logistic system with MEC [J]. IEEE internet of things journal, 2022, 9(11): 8544-8559.

[10] JATOTH C, GANGADHARAN G R, BUYYA R. Optimal fitness aware cloud service

composition using an adaptive genotypes evolution based genetic algorithm [J]. Future generation computer systems, 2019, 94: 185-198.

[11] YU C X, ZHANG L P, ZHAO W F, et al. A blockchain-based service composition architecture in cloud manufacturing [J]. International journal of computer integrated manufacturing, 2020, 33(7): 701-715.

[12] DORLING K, HEINRICHS J, MESSIER G G, et al. Vehicle routing problems for drone delivery [J]. IEEE transactions on systems, man, and cybernetics: systems, 2017, 47(1): 70-85.

[13] HAORONGBAM L, NAGPAL R, SEHGAL R. Service oriented architecture (SOA): a literature review on the maintainability, approaches and design process[C]//Proceedings of the 2022 12th international conference on cloud computing, data science & engineering, Noida, India, 2022.

[14] WANG S G, ZHOU A, BAO R, et al. Towards green service composition approach in the cloud [J]. IEEE transactions on services computing, 2021, 14(4): 1238-1250.

[15] COOMBES M, FLETCHER T, CHEN W H, et al. Optimal polygon decomposition for UAV survey coverage path planning in wind [J]. Sensors, 2018, 18(7): 1-28.

[16] THANELLAS G A, MOULIANITIS V C, ASPRAGATHOS N A. A spatially wind aware quadcopter (UAV) path planning approach [J]. IFAC-PapersOnLine, 2019, 52(8): 283-288.

[17] CECCARELLI N, ENRIGHT J J, FRAZZOLI E, et al. Micro UAV path planning for reconnaissance in wind[C]//Proceedings of the 2007 American control conference, New York, 2007.

[18] THIBBOTUWAWA A, BOCEWICZ G, RADZKI G, et al. UAV mission planning resistant to weather uncertainty [J]. Sensors, 2020, 20(2): 1-24.

[19] HAMDI A, SALIM F D, KIM D Y, et al. Drone-as-a-service composition under uncertainty [J]. IEEE transactions on services computing, 2022, 15(5): 2685-2698.

[20] 大疆公司. DJI 大疆创新[EB/OL]. [2023-06-19]. https://www.dji.com/cn.

[21] 中国气象数据网. 国家气象科学数据中心 [EB/OL]. [2023-06-19]. http://data.cma.cn/.

[22] SHAHZAAD B, BOUGUETTAYA A, MISTRY S. Robust composition of drone delivery services under uncertainty[C]//Proceedings of the 2021 IEEE international conference on web services (ICWS), Chicago, IL, 2021.

[23] SORBELLI F B, CORÒ F, DAS S K, et al. Energy-constrained delivery of goods with drones under varying wind conditions [J]. IEEE transactions on intelligent transportation systems, 2021, 22(9): 6048-6060.

第8章 边缘计算中无人机配送系统的入侵检测策略

随着人工智能、物联网等技术的快速发展，边缘计算技术的出现加速了智能系统的应用，如智慧物流系统、智能家居系统、智慧城市系统等。边缘计算网络的资源有限，无法提供强大的计算能力来执行网络入侵检测或访问控制等安全防御活动，也无法有效识别新的网络攻击。因此，在边缘计算环境下，智能系统面临的安全挑战越来越严峻，研究和设计一种可靠的入侵检测方法，以保证智能系统的安全运行显得尤为重要。同时，探究边缘计算环境下智能系统的入侵检测方法，对于为物联网应用在边缘计算架构下提供安全运行环境具有极大的现实意义。

本章针对业务流程较复杂且具代表性的智慧物流最后一公里配送场景的入侵检测问题展开了深入的研究。基于边缘计算环境的无人机最后一公里配送系统的入侵检测领域范围，首先根据无人机最后一公里配送的实际场景并结合边缘计算环境与入侵检测技术，构建边缘计算中无人机配送系统的入侵检测框架。其次，通过边缘计算环境中终端设备产生的特征数据，分别针对异常入侵检测问题和隐私保护问题进行研究。主要关注以下三类问题：

(1) 如何构建边缘计算环境中面向边缘设备的入侵检测框架；

(2) 如何构建边缘计算环境中面向边缘设备多特征的异常入侵检测算法；

(3) 如何构建边缘计算环境中面向边缘设备隐私保护的入侵检测算法。

最后，通过使用目前主流边缘计算实验平台 EdgeWorkflow 对所提算法进行实验验证。实验结果证明，所提算法能够有效执行入侵检测任务和优化无人机能耗。

本章具体的研究内容与主要工作如下：

(1) 边缘计算中无人机配送系统的入侵检测框架。为了解决在边缘计算环境下，传统入侵检测系统(intrusion detection system, IDS)在性能、资源消耗和时效性方面所面临的挑战，确保边缘计算的安全性和可靠性，提出了边缘计算中无人机配送系统的入侵检测框架。该框架是一种在边缘网络环境中部署的安全防御系统，旨在实时监测、分析网络行为并识别潜在的恶意活动。

(2) 无人机配送系统中的多特征入侵检测方法。为了解决在真实的无人机配送系统中检测异常入侵行为困难的问题，提出了无人机配送系统中的多特征入侵检测方法。首先，在边缘计算环境下的无人机最后一公里配送系统中，对无人机的飞行数据进行正常行为模型建模。其次，通过深度学习算法对特征数据进行预测。接着，对无人机的飞行数据进行预测识别是否存在异常行为，检测网络中的恶意攻击。最后，设计了实验并进行了详细的性能分析，证明了该模型的有效性和可靠性。

（3）无人机配送系统中面向隐私保护的入侵检测方法。为了解决在无人机配送系统中，保护用户隐私和保障系统安全的问题，提出了无人机配送系统中面向隐私保护的入侵检测方法。首先，利用边缘设备和云服务器的计算资源，对分布式数据进行聚合和处理。然后，利用边缘计算环境中的分布式数据和计算资源，将模型训练和推理任务分布在多个设备上，从而实现对网络系统的入侵检测。最后，设计了实验并进行了详细的性能分析，证明该算法相比传统算法具有更好的性能和效率，在保证安全性和隐私性的同时，降低了计算和通信的开销，提高了系统的可扩展性。

本章主要针对边缘计算环境下智能系统中的入侵检测问题，设计了边缘计算中无人机配送系统的入侵检测框架。以边缘计算环境下的无人机配送系统为例进行入侵检测研究，分别提出了一种多特征入侵检测方法和一种面向隐私保护的入侵检测方法，并进行了实验验证。实验结果证明本章所提方法具有实际意义，可以有效提高入侵检测准确率和降低系统能耗。

8.1　边缘计算中无人机配送系统的入侵检测框架

8.1.1　引言

边缘计算通过在网络边缘处对终端设备所产生的数据进行存储和运算，以减少数据在产生端和云端之间的交互，从而实现相比于云计算更为迅速的服务响应。然而，边缘计算所采用的特殊网络结构也使得附近的边缘网络节点面临着来自各方的入侵威胁。一旦边缘网络节点被攻陷，将会导致其无法再提供高质量、高效率的服务，甚至可能危及其他用户的信息安全。因此，及时发现并检测出边缘网络中的入侵行为非常必要。

通过第 4 章对边缘计算环境下安全策略研究的分析可知，边缘计算环境下的终端设备很容易受到非法入侵的威胁，入侵检测系统是一种能主动检测系统中是否存在入侵行为的主动安全防御手段[1]。目前，入侵检测系统可大致分为两类：基于签名的入侵检测系统（signature-based intrusion detection system, SIDS）和基于异常的入侵检测系统（anomaly-based intrusion detection system, AIDS）。SIDS 通过模式匹配技术来寻找已知的攻击，这种方法也被称为基于特征的检测或误用检测[2]。

在 SIDS 中，匹配方法用于识别过去出现过的入侵行为，当入侵特征与特征数据库中已有的入侵签名相匹配时，系统会发出报警信号。对于 SIDS，通过检查主机的日志来找到以前被认定为恶意软件的命令或行动序列，其核心思想是建立一个入侵特征数据库，将当前的活动与现有特征进行比较，如果发现匹配，则触发警报。例如，"如果：前因-后果"形式的规则可能导致"如果（源 IP 地址=目的 IP 地址），则标记为攻击"。

SIDS 通常能够有效地检测到已知的入侵行为[3]。然而，对于零日攻击和新型攻击方式，SIDS 很难进行检测，因为在提取并存储新攻击签名之前，数据库中不存在匹配的签名。许多常见的工具，如 SNORT[4] 和 I-SiamIDS[5]，都采用了 SIDS 技术。传统的 SIDS 方法检查网络数据包，试图将其与数据库中的签名进行匹配。但这些技术无法识别跨多个数据包的攻击。由于现代恶意软件变得越来越复杂，可能需要在多个数据包上提取签名信息。这就要求 SIDS 回顾之前的数据包内容。关于创建 SIDS 签名，有多种方法，例如，将签名构建为状态机[6]、形式语言字符串模式或语义条件等[7]。

在 AIDS 中，使用机器学习、基于统计的方法或基于知识的方法创建一个计算机系统行为的正常模型。观察到的行为与模型之间的任何重大偏差都被视为异常，异常在 AIDS 中可以被解释为入侵。AIDS 的开发包括两个阶段：训练阶段和测试阶段。在训练阶段，正常的流量概况被用来学习正常行为的模型。根据用于训练的方法，AIDS 可以被分为若干类别，例如，基于统计的、基于知识的和基于机器学习的[8]。在测试阶段，采用一个全新的数据集提升系统对于之前未遭遇过的入侵行为进行概括和辨识的能力。

近年来，为了应对不断发生的网络威胁，SIDS 和 AIDS 在各个领域都得到了应用。Aldweesh 等在他们的综述文章中对 AIDS 技术进行了分类、分析并讨论了未来研究方向[9]。与此同时，Dina 和 Manivannan 关注了计算机网络中基于机器学习技术的入侵检测方法，并通过实证数据评估了这些技术的性能[10]。在工业物联网的背景下，Yazdinejad 等提出了一种基于集成深度学习模型的网络安全威胁猎取方法，为该领域的网络安全研究提供了新的思路[11]。为了辅助研究人员和实践者选择适用于特定场景的机器学习技术，Kilincer 等对不同机器学习方法在网络安全入侵检测领域的应用进行了对比研究，并详细介绍了用于评估这些方法的数据集[12]。

在上一章完成了对边缘计算环境中无人机服务组合优化问题后，需要进一步对边缘计算环境中无人机配送系统的安全问题进行深入研究。本章根据边缘计算环境中终端设备产生的特征数据以及边缘计算的三层计算资源环境，设计出边缘计算中无人机配送系统的入侵检测框架。以期在保证边缘设备可以自主检测和防止黑客攻击，减少数据传输和处理的负担，提高安全性和隐私保护水平的同时，还可以改善网络响应速度和延迟，提高用户体验。因此，本节主要的工作内容如下：

(1)首先，根据边缘计算环境的特殊性，提出了边缘计算中无人机配送系统的入侵检测框架。不同于传统入侵检测系统在性能、资源消耗和时效性方面所面临的局限性，该框架相较于云计算环境下的入侵检测框架在延迟、网络带宽利用率、数据隐私和安全性、适应分布式计算环境以及资源利用等方面具有明显的优势。

(2)然后，根据上述入侵检测框架设计出适用于评价边缘计算环境中入侵检测方案的实验，该实验可以证明边缘计算中无人机配送系统的入侵检测框架的优势，比较边缘计算环境下和云计算环境下的入侵检测性能。

本节共分为六个部分，8.1.1 节为引言，主要介绍了边缘计算中无人机配送系统的入侵检测框架设计过程中存在的问题与挑战。8.1.2 节对设计边缘计算中无人机配送系统的入侵检测框架的动机与相关问题进行了分析与描述。8.1.3 节对边缘计算中无人机配送系统的入侵检测框架的系统功能需求进行了详细介绍。8.1.4 节对本章所提框架的设计方案与优势进行了介绍，8.1.5 节对所提解决方案进行了实验验证。最后，8.1.6 节中给出了本节的工作小结。

8.1.2　问题描述和示例分析

随着物联网和边缘计算的发展，越来越多的设备和应用程序都连接到了互联网，这也使得网络安全面临着更加严峻的挑战。尤其是在传统的中心化计算模式下，边缘设备往往缺乏足够的计算能力和安全保障，容易成为黑客攻击的目标，从而导致重大的安全风险。边缘计算环境中存在以下几点问题是传统入侵检测系统无法解决的：

(1)有限的计算和存储资源：边缘设备通常具有有限的计算能力和存储资源，这限制了它们运行资源密集型的入侵检测算法的能力。

(2)网络带宽限制：边缘计算环境中的带宽有限，而传统的入侵检测系统可能需要大量的网络通信来实现数据同步和分析。

(3)实时性需求：由于边缘计算的应用场景通常对实时性要求较高，因此需要在较短的时间内检测到潜在的入侵行为。

(4)分布式计算环境：边缘计算涉及大量的分布式设备和服务，这使得传统的集中式入侵检测系统难以适应。

(5)数据隐私和安全：在边缘计算环境中，数据可能会在不同设备之间传输和处理，因此需要考虑数据隐私和安全问题。

现在越来越多的智能家居设备都需要连接到互联网，如智能灯泡、智能音箱、智能门锁等。但是这些设备往往没有足够的计算能力和安全保障来保护自己，容易被黑客攻击。黑客通过攻击智能门锁的安全漏洞，获取门锁密码或者操纵门锁，在没有得到授权的情况下进入家庭内部。这样的攻击不仅会直接危及家庭成员的安全，也会泄露个人隐私信息。而在传统的中心化计算模式下，所有的设备数据都需要传输到云端进行处理和分析，这不仅会增加网络负担，也会增加数据传输的安全风险。

边缘计算入侵检测系统框架的提出，就是为了解决这些安全问题。边缘计算入侵检测系统框架将安全功能集成到边缘设备中，使得边缘设备可以自主检测和防止黑客攻击，减少了数据传输和处理的负担，提高了安全性和隐私保护水平。同时，边缘计算入侵检测系统框架还可以改善网络响应速度和延迟，提高用户体验。

随着无人机技术的快速发展，无人机已经成为现代物流和配送行业的重要工具。无人机配送系统具有快速、便捷、高效和低成本的优势，可以将货物在短时间内送达目的地。如图 8.1 所示是一个基于移动边缘计算(mobile edge computing, MEC)无人机配送系统智能应用。它将最后一公里交付过程分为六个阶段，第一阶段是用户订购，即用户在客户端购买产品并生成订单信息。第二阶段是订单分配，配送系统会根据无人机(UAV)的可用性和投递截止日期来选择合适的投递站。第三阶段是订单分销，UAV 机场从系统接收订单交付信息，并选择适当的 UAV 进行最终交付。第四阶段是位置确认，当到达目的地时，UAV 首先会通过识别收件人的姿势在人群中定位收件人。之后，为了确认用户身份，在第五阶段，将进行人脸识别。最后，第六阶段是包裹交付，并录制视频，作为成功完成配送的证据。

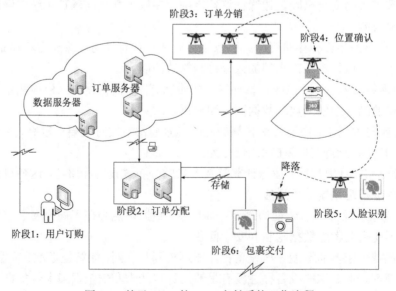

图 8.1　基于 MEC 的 UAV 交付系统工作流程

　　然而，由于无人机需要在空中飞行，其安全性和可靠性尤为重要。因此，无人机配送系统需要采用先进的边缘计算技术和入侵检测技术来保证其安全。针对上述问题描述和实例分析，本章提出了针对边缘计算中无人机配送系统的入侵检测框架设计。

8.1.3　系统功能需求分析

　　为了确保系统设计和开发能满足预期的功能和性能目标，本节首先进行系统功能需求分析。边缘计算入侵检测系统中需要包含的主要功能如下：

　　(1)数据采集功能：在边缘设备(如传感器、智能手机、工业设备等)上部署轻量级代理程序，用于监控网络流量、设备状态和应用行为。数据采集应尽可能实时、高效。

　　(2)数据预处理功能：在边缘节点上执行实时的数据预处理，包括数据清洗、特征提取和数据压缩。预处理后的数据应具有较低的维度，以便快速分析。

　　(3)特征选择：基于统计方法或机器学习算法，选择与入侵行为最相关的特征。特征选择应在边缘节点上进行，以减少数据传输和存储的开销。

　　(4)模型训练和更新：在云端服务器上，利用大量的正常和异常样本数据，采用传统的机器学习方法(如决策树、支持向量机等)或深度学习方法(如卷积神经网络、长短时记忆网络等)训练入侵检测模型。进一步，为了满足联邦学习模式的要求，所训练出的模型应当具备在边缘节点上顺利执行的能力，并能根据实际情况进行更新。

　　(5)入侵检测：在边缘节点上运行训练好的模型，对实时收集的数据进行分析。模型应能识别潜在的异常行为，包括恶意软件、网络攻击和未经授权的访问等。检测结果应实时反馈给相关人员或系统。

　　(6)决策与响应：根据检测结果，采取相应的安全措施，如隔离受感染的设备、阻止恶意流量或通知管理员进行手动干预。

8.1.4　框架设计

　　为了解决在边缘计算环境下，传统入侵检测系统在性能、资源消耗和时效性方面所面临的挑战，本节提出了边缘计算中无人机配送系统的入侵检测框架。根据上节的系统功能需求分析，框架主要由五个模块组成：数据收集与预处理模块、特征提取与选择模块、边缘端入侵检测模块、云端分析和决策模块、管理与协同模块。各个模块协同工作，实现对网络安全威胁的实时检测和响应。该系统的整体框架图如图 8.2 所示。

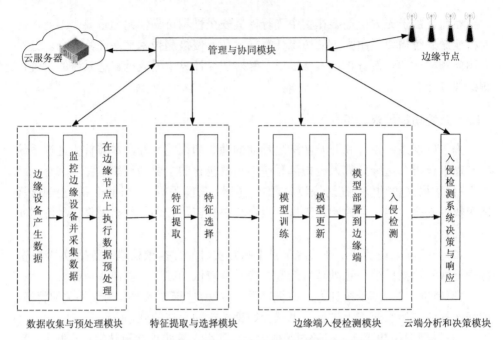

图 8.2　边缘计算中无人机配送系统的入侵检测框架

数据收集与预处理模块的主要任务是从边缘设备(如无人机)收集传感器和通信数据,并对数据进行预处理。数据收集可以通过网络流量监控、系统日志、应用日志等途径实现。预处理包括数据清洗、去重、缺失值处理等操作,以保证数据质量。

特征提取与选择模块的主要任务是从预处理后的数据中提取与网络安全相关的特征,并进行特征选择。特征提取可以采用统计方法、机器学习方法等手段,提取出与入侵行为相关的特征。特征选择旨在减少数据维度,消除冗余特征,提高入侵检测模型的训练和测试效率。

边缘端入侵检测模型的主要任务是在边缘设备上运行轻量级的入侵检测算法,实时监测潜在的安全威胁。这可以减少数据传输的负担和延迟,提高系统的实时性。根据提取的特征,构建并训练入侵检测模型,实现对网络异常行为的检测。入侵检测模型既可以采用传统机器学习方法,如支持向量机(SVM)、决策树、随机森林等,也可以采用深度学习方法,如卷积神经网络、递归神经网络(recurrent neural network, RNN)、长短期记忆(long short-term memory, LSTM)网络等。通过对训练数据集的学习,训练出一个具有较高检测准确率的模型,用于对未知数据进行分类,识别是否存在入侵行为。

云端分析和决策模块的主要任务是将边缘设备的部分数据上传至云端,利用云端强大的计算能力进行深入的数据分析和机器学习,以辅助边缘设备做出更精确的安全决策。分析入侵检测模型的输出结果，判断是否存在网络安全威胁，并根据判断结果执行相应的安全响应措施。当检测到潜在的入侵行为时，该模块将生成告警信息，通知网络管理员及时采取措施。根据检测到的威胁类型，系统可以自动执行一定的安全策略，如隔离受影响的设备、封锁可疑的 IP 地址、关闭恶意进程等，以降低网络安全风险。

管理与协同模块的主要任务是负责系统内各个模块的协同工作，以及与其他边缘计算节点或云端服务器的通信和协同。通过与其他边缘计算节点的通信，可以实现数据和信息的共享，提高整个网络的安全防护能力。与云端服务器的通信则可以实现更高层次的数据分析和策略制定，以及模型的更新和优化。多个边缘设备之间通过安全的通信协议进行数据交换和协同，可以提高整个系统的入侵检测能力和准确性。

边缘计算环境下的入侵检测框架与云计算环境下的入侵检测框架的主要区别在于计算资源的分布和数据处理的位置。边缘计算将部分计算任务分发到离数据源更近的边缘设备上进行处理，而云计算则将所有计算任务集中在远程的数据中心进行处理。

以下是边缘计算中无人机配送系统的入侵检测框架相较于云计算环境下的入侵检测框架的优势：

(1) 降低延迟：边缘计算将部分计算任务分发至网络边缘的设备上，数据处理的位置更靠近数据源，因此边缘计算环境下的入侵检测框架可以大幅降低数据传输和处理的延迟，实现更快速的反应。

(2) 提高网络带宽利用率：由于边缘计算将部分计算任务放在边缘设备上进行处理，这样可以减少从边缘设备到云端的数据传输量，从而降低网络拥塞和提高网络带宽利用率。

(3) 增强数据隐私和安全性：在边缘计算环境下，数据可以在边缘设备上进行处理，而无须将所有数据传输至远程的数据中心。这样可以降低数据在传输过程中的安全风险，并有助于保护数据隐私。

(4) 更好地适应分布式计算环境：边缘计算天然地支持分布式计算，因此边缘计算环境下的入侵检测框架可以更好地适应大量分布式设备和服务。这有助于提高系统的可扩展性和灵活性。

(5) 资源利用优化：边缘计算充分利用了边缘设备的计算和存储资源，使得资源得到更合理的分配和利用。这有助于提高整个系统的性能和效率。

综上所述，边缘计算中无人机配送系统的入侵检测框架相较于云计算环境下的入侵检测框架在延迟、网络带宽利用率、数据隐私和安全性、适应分布式计算环境以及资源利用等方面具有明显的优势。这些优势使得边缘计算环境下的入侵检测框架更适合应对无人机配送系统所面临的安全挑战。

8.1.5　实验设置和评估

为了证明边缘计算中无人机配送系统的入侵检测框架的优势，可以设计一组仿真实验来比较边缘计算环境下和云计算环境下的入侵检测性能。以下是实验的详细内容和结果。

1. 实验设置

(1)确定实验环境：分别在边缘计算和云计算环境下部署相同的无人机配送系统，包括无人机、控制中心、监控设备等。

(2)搭建入侵检测框架：在两个环境中分别部署入侵检测框架，确保算法和配置相同。

(3)设定评价指标：选定一系列评价指标，如检测准确率、误报率、响应时间、网络带宽占用等。

(4)设定攻击场景：设计不同类型的攻击场景，如分布式拒绝服务(distributed denial of service, DDoS)攻击、恶意软件植入、数据窃取等。

(5)进行实验：在两个环境下分别进行入侵检测实验，记录实验数据。

(6)分析结果：对比两个环境下的入侵检测性能，验证边缘计算环境下的优势。

2. 实验评估

本节对比了边缘计算环境和云计算环境下的入侵检测模型在以下几个方面的性能。检测准确率：表示正确检测到的网络攻击占总网络攻击的比例。误报率：表示错误将正常行为识别为网络攻击的比例。响应时间：表示从检测到网络攻击到采取相应防御措施的时间。网络带宽占用：表示运行入侵检测模型所需的数据传输速率即系统需要在特定时间内通过网络传输的数据量。表 8.1 展示了实验结果。

表 8.1　边缘计算与云计算框架对比

环境	检测准确率/%	误报率/%	响应时间(平均)/ms	网络带宽占用(平均)/(kb/s)
边缘计算	95	4	15	20
云计算	92	6	50	50

根据实验结果，可以得出以下结论：

(1)边缘计算环境下的入侵检测模型在检测准确率方面略优于云计算环境。这可能是因为边缘计算环境可以实现更加分布式和实时的数据处理，有利于捕捉到攻击行为的特征。

(2)边缘计算环境下的入侵检测模型在误报率方面表现更佳。这意味着边缘计算环境下的模型更能准确地区分正常行为和恶意行为，降低了误报对正常业务的影响。

(3)边缘计算环境下的入侵检测模型在响应时间方面明显优于云计算环境。这是由于边缘计算将计算任务分布在网络边缘设备上，降低了延迟。这一特点使得边缘计算环境更适合应对实时性要求较高的应用场景，如无人机配送系统。

(4)边缘计算环境下的入侵检测模型在网络带宽占用方面较云计算环境更低。这得益于边缘计算将计算任务分布在多个边缘设备上，从而减轻了单个设备的负担。此外，边缘计算环境下的模型可以根据实际需求进行灵活调整，以适应不同设备的性能限制。

为了进一步验证所提出的边缘计算中无人机配送系统的入侵检测框架的有效性，本节进行了以下额外实验：在不同类型的边缘设备上部署了入侵检测模型，以评估框架在不同设备上的适应性和性能。实验结果如表 8.2 所示。实验结果表明，无论是在哪种类型的边缘设备上，所提出的框架都能保持较高的检测性能，且响应时间较短。

表 8.2　不同边缘设备的性能评估

设备类型	检测准确率/%	误报率/%	响应时间/ms
树莓派	95	4	10
智能手机	94	5	11
边缘服务器	96	3	9

除了上述实验结果所展示的优势外，边缘计算中无人机配送系统的入侵检测框架还具有其他潜在优势：

(1)数据隐私保护：由于边缘计算将部分数据处理放在网络边缘设备上进行，减少了数据在云端的暴露，有助于提高数据隐私保护。

(2)可扩展性：边缘计算环境下的入侵检测框架可以更方便地扩展到其他分布式设备，有助于提高整个系统的可扩展性。

(3)应对网络不稳定性：边缘计算环境下的入侵检测框架可以在局部网络出现问题时，仍然保持正常运行，提高了系统的稳定性。

(4)适应性：边缘计算环境下的入侵检测框架可以根据实际需求和设备性能动态调整资源分配，提高系统的适应性和灵活性。

(5)协同计算：边缘计算环境下的入侵检测框架可以利用协同计算技术，实现多个边缘设备间的协同分析和处理，提高检测效率和准确性。

通过实验和潜在优势分析，边缘计算中无人机配送系统的入侵检测框架在检测准确率、误报率、响应时间和网络带宽占用等方面均表现出优于云计算环境的性能。这说明本节所提出的框架在实际应用中具有较高的可行性和有效性,这将有助于无人机配送行业在面临网络安全挑战时,实现更安全、可靠和高效的服务,为保障边缘计算环境下无人机配送系统的安全性和可靠性提供了有力支持。

8.1.6　小结

本节针对边缘计算环境下无人机配送系统的安全问题,提出了一种基于边缘计算的无人机配送系统入侵检测框架。该框架是一个集成了边缘计算、物联网、云计算和安全保障的系统,可以实现边缘设备的自主检测和防止黑客攻击,减少数据传输和延迟,提高用户体验。通过实验证明了框架具有较高的可行性和有效性。该系统还可以应用于智能家居、智能工厂、智慧城市等领域,为用户提供更加安全、智能、便捷的服务。

8.2　无人机配送系统中的多特征入侵检测方法

8.2.1　引言

随着通信基础设施的快速发展和移动边缘计算等物联网计算设施的广泛应用,无人机的应用越来越多,特别是在智能物流的最后一公里配送中。然而,在移动边缘计算环境下的入侵检测解决方案仍然是一个尚未解决的问题。近年来,UAV 入侵检测的方法主要集中在对 UAV 的特定类型或 UAV 的某一特征进行检测,并不一定能达到高效可靠的结果,更不用说,目前还缺乏更好的方法来解决UAV 网络中的安全问题。因此本节针对基于 MEC 的无人机配送系统,提出了一种多特征入侵检测方法,通过 UAV 的异常状态来检测网络中的恶意攻击。首先,利用正常状态下常见的几种 UAV 数据(包括高度和速度),利用深度学习构建了正常 UAV 行为模型。其次,在数据中添加噪声来模拟网络攻击下的异常 UAV 行为。接着,将异常数据合并到所选择的正常行为模型中,检测输入数据与正常行为模型提供的数据之间的归一化均方根误差(NRMSE)。最后,对 UAV 传感器数据的实验表明,该方法不仅可以有效地检测异常,还可以降低 UAV 传输系统的能耗。

本节将会介绍多特征异常检测方法的技术细节。本节提出的检测方法的总体流程如图 8.3 所示。主要分为三个模块:UAV 飞行特征采集模块、预测模块以及异常检测模块。首先,在 UAV 飞行特征采集模块中采集无人机的飞行数据;其次,基于第二模块中采集到的 UAV 数据,利用深度学习算法生成预测模型;最后,在最后一个模块中进行异常检测。下面将会详细介绍这三个模块。

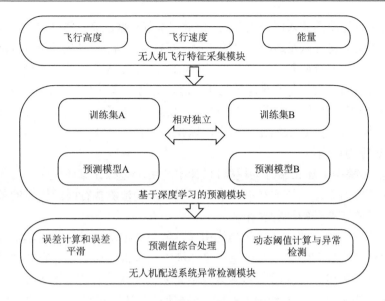

图 8.3　多特征异常入侵检测流程

随着移动边缘计算技术的发展，智能系统得到了越来越广泛的应用。海量的物联网设备需要合适的计算解决方案。由于边缘计算在高带宽、低延迟、可扩展性和可靠性方面的优势，边缘计算被广泛应用于智慧城市、智慧医疗、智慧物流等智能系统中。Aldegheishem 等提出了一种用于智能灌溉系统的通信协议[13]。Chen 等提出了一种基于集成知识蒸馏的两阶段学习框架驱动的智能医疗物联网(IoMT)[14]。此外，Xu 等提出了一种基于 MEC 的 UAV 配送系统 EXPRESS，这是智能物流领域的典型应用[15]。

然而，大量的设备带来了各样的安全问题，系统异常可能会产生严重的影响。例如，在无人机系统(unmanned aircraft system, UAS)中，GPS 欺骗可以通过向 GPS 接收器发送虚假位置信息来控制和引导无人机的位置[16]。此外，还有虚假信息传播攻击、拒绝服务攻击、干扰攻击等。这些攻击可能导致意外的控制动作、碰撞和劫持，也可能导致无人机系统异常，产生严重的影响，如无人机坠毁或被劫持。

入侵检测系统(IDS)是对网络中的攻击进行识别的系统。在智能系统中 IDS 具有以下主要功能：①监控路由器、防火墙、密钥管理服务器、文件等功能；②为用户提供持续的支持，安排审计跟踪和其他日志；③检测到安全漏洞时报警，一旦检测到可疑活动，它们立即封锁服务器。现有的入侵检测分为两大类：基于误用的方法和基于异常的方法。

然而，传统的 IDS 是针对简单系统的单一特征而设计的，难以处理当前边缘计算环境中智能系统的许多不同特征。因此，迫切需要开发能够适应边缘计算环境并支持多特征检测的入侵检测算法。因此，本节根据边缘计算环境中无人机配送系统终端设备的特征以及边缘计算的三层计算资源环境，设计出边缘计算环境中无人机配送系统的多特征入侵检测方法。以期在保证完成无人机配送系统终端设备入侵检测任务的同时，优化检测任务能耗开销。因此，本节主要的工作内容如下：

（1）首先根据边缘计算环境中多种特征数据，给出了无人机配送系统多特征入侵检测方法深度学习算法的比较结果，以找到适合于 UAV 时间序列特征预测的正常 UAV 行为模型。

（2）然后根据上述正常行为模型，设计出适用于边缘计算环境中异常入侵检测执行的深度学习方法，该方法能够在保证用户入侵检测执行时间约束的条件下，对终端设备的能耗开销进行优化。

本节共分为六个部分，8.2.1 节为引言，主要介绍了边缘计算环境中入侵检测存在的问题与挑战。8.2.2 节对边缘计算环境中无人机配送系统的研究动机与问题进行了分析与描述。8.2.3 节对边缘计算中无人机配送系统的检测方法——多特征入侵检测方法进行了详细介绍。8.2.4 节对所提解决方案进行了实验验证，并在8.2.5 节中对所提方法的能耗进行了分析。最后，8.2.6 节中给出了本节的工作小结。

8.2.2　问题描述

无人机配送系统是边缘计算技术在物流行业的应用之一，具有极高的实用价值。目前，国内外在无人机配送系统的研究方面已经有了一些成果。

在国外，无人机配送系统的研究起步较早，已经形成了一定的研究成果和应用案例。通过利用无人机的优势，可以更快、更便捷、更安全地完成物流配送任务。无人机可以在交通不便的地区完成货物配送，同时还可以减少人力投入，节省成本。近年来，边缘计算技术的发展也促进了无人机配送系统的研究。利用边缘计算技术，可以将无人机与物流配送网络相结合，实现快速高效的物流配送。例如，Jeon 等通过利用边缘节点和无人机的协同作业，实现快速便捷的物流配送[17]。

在国内，随着无人机技术的不断发展，无人机配送系统研究也在不断深入。例如，邢政等基于无人机技术、边缘计算、多期 DEM 监测、低空数据采集及分析技术建立了一种高效、经济、全面的环境监测系统[18]。国内的研究人员也开始探讨基于边缘计算的无人机配送系统。例如，华南师范大学的研究人员 Luo 等基于边缘计算技术和无人机技术，开发了一种基于无人机的物流配送系统[19]。该系统通过将无人机与边缘节点相结合，实现了更快、更便捷的物流配送。

随着无人机配送系统的应用越来越广泛，其安全问题也日益凸显。国内外的研究人员对无人机配送系统的安全问题进行了一些探讨。澳大利亚迪肯大学的Dong 等开发了一种基于区块链技术的无人机配送系统，通过利用区块链的去中心化、不可篡改等特点，保证了无人机配送过程的安全性[20]。Li 等开发了一种基于区块链技术的无人机配送系统，该系统利用区块链的特点保证了无人机配送过程的安全性[21]。Yao 等提出了一个基于 MEC 的智能系统的安全框架 A2DSEC。通过 A2DSEC，可以安全地验证用户的身份，并提供有效的预警，使系统有足够的时间进行安全防御[22]。

入侵检测是对计算机网络和系统的网络流量、系统事件和行为进行监测和分析，从而发现可能的入侵行为，并及时做出相应的响应和防御。其主要目的是通过对系统的监控来保证系统的安全。随着计算机网络的飞速发展，入侵检测逐渐成为计算机网络安全领域的一个重要研究方向。

入侵检测的起源可以追溯到 20 世纪 80 年代，当时的研究和开发集中在 UNIX 系统的一些基础设施和协议上。最早的入侵检测系统可以追溯到 1987 年，当时的系统是由 Dorothy Denning 和 Peter Neumann 共同开发的[23,24]。该系统主要使用了基于规则的方法，通过编写一些特定的规则来检测网络流量中是否存在异常行为。这些规则通常是基于一些已知的攻击类型和行为特征。这种方法虽然简单有效，但是很难应对新型攻击和未知漏洞的攻击。

为了应对新型攻击和未知漏洞的攻击，入侵检测系统的研究逐渐转向了基于机器学习的方法。这种方法通过对网络流量、系统事件等数据进行分析和建模，来构建一个分类器，以区分正常行为和异常行为[24]。最早的基于机器学习的入侵检测系统可以追溯到 1990 年，当时是由 Richard Lippmann 等开发的。他们提出了一种基于神经网络的入侵检测系统，称为 "AUDIT" [25]。该系统使用了一种叫做 "多层感知器" 的神经网络来对网络流量进行分类。这种方法相对于基于规则的方法具有更好的泛化能力，能够适应未知攻击和新型漏洞的检测。

8.2.3　多特征入侵检测方法

1. 无人机飞行特征采集模块

本节介绍 UAV 飞行数据采集、特征构建和数据预处理的核心功能。为了更好地确定 UAV 的异常状态，本书提出的多特征异常入侵检测方法将使用 UAV 的多个特征数据，并以经纬度、飞行高度、飞行速度表示实时位置。

在飞行开始时，UAV 交付系统 EXPRESS 将生成一个飞行计划，其中包括 UAV 的飞行路径规划。飞行计划存储在区块链中，不能修改。因此，UAV 的飞行计划被认为是可以安全引用信息的，它可以确定 UAV 将要飞过的边缘节点和飞行路线。UAV 的经纬度信息将直接在该模块中处理。

首先，计算 UAV 所经过的边缘节点，然后比较它与边缘节点的距离，确定 UAV 的飞行是沿着计划的飞行路径。接着，再利用收集到的 UAV 的实时特征数据，如飞行高度和速度进行第二个模块的预测。这些数据是由 UAV 自己的传感器测量的时间序列数据。

2. 基于深度学习的预测模块

时间序列预测问题可以描述为基于历史信息推断下一时刻值的过程[26]。本节的预测模型基于深度学习，使用历史信息来推断下一时刻的价值。分别使用常见的递归神经网络(RNN)、门控循环单元(gated recurrent unit, GRU)和长短期记忆(LSTM)模型来预测 UAV 特征，并通过大量的实验选择最优的预测模型。通过大量的实验，最终确定 GRU 作为最终的预测模型。本节提出的异常检测问题是通过组合多个 UAV 飞行特征来解决的，但不同的特征在 GRU 预测模型中没有融合在一起。事实上，每个特征都会有一个单独的预测模型，以确保这些特征是独立预测的。在这种情况下，保证了单一深度神经网络不太复杂，从而减少了预测时间。

应用 RNN 对 UAV 特征数据进行时间序列训练，需要对三种基于 RNN 的正常行为模型的可靠性进行实验和比较，以获得最佳的最终模型。通过对三种模型的可靠性进行比较，选择出适合于 UAV 配送系统场景的最优模型结构。

3. 无人机配送系统异常检测模块

本模块对上述两个模块提供的数据进行分析，并将其与模型生成的预测值进行比较，以检测异常。

误差计算和误差平滑：深度学习算法得到的预测值与真实值之间存在误差。在误差处理之前，无法确定预测误差是由 UAV 异常引起的，还是由预测模型本身引起的。因此，有必要对误差进行平滑处理，以削弱预测模型的预测偏差对异常检测模型性能的影响。

预测值综合处理：在这个模块中，我们可以根据用户自己的选择来决定哪个 UAV 特征对 UAV 的整体异常影响最大。这是一个可定制的检测条件。在某些情况下，可以认为 UAV 飞行高度的较大变化对安全影响很大。在这种情况下，高度检测可以设置为优先级或在最终结果中分配更大的权重。在其他一些情况下，UAV 的速度或电池电量可能变得更重要，因此模块可以相应地改变。

动态阈值计算与异常检测：在最终异常检测之前，需要进行动态阈值计算，由公式(8.1)和公式(8.2)计算，分析不同特征的分布特点，根据预测值给出一个冗余范围，称为动态阈值。使用动态阈值，需要将传感器在每个时刻采集到的真实值与预测值进行比较，以判断是否异常。如果一个特征的真实值超出了预测值的冗余范围，则认为该特征存在异常。

$$X_s = \frac{(X - X_{min}) \times (max - min)}{(X_{max} - X_{min})} + min \tag{8.1}$$

式中，X_s 表示数据的所有样本；X_{min} 和 X_{max} 表示每列的最小值和最大值。因为规范化的最大值是 1，最小值是 0。因此，max=1，min=0。

$$NRMSE(X_s) = \sqrt{\frac{1}{m} \sum_i^m \left[X_s(i) - \tilde{X}_s(i) \right]} \tag{8.2}$$

式中，m 表示数据列的总数；$X_s(i)$ 表示的是原始数据；$\tilde{X}_s(i)$ 表示的是从预测模型中获得的预测数据。

　　本节构建系统的正常行为和活动模式，然后确定系统行为或活动模式是否有异常变化。这种方法不依赖于特定的攻击是否发生，而且它还具有发现一些未知攻击模式的优势。如图 8.4 所示，介绍了基于深度学习的正常行为模型的具体建立过程。

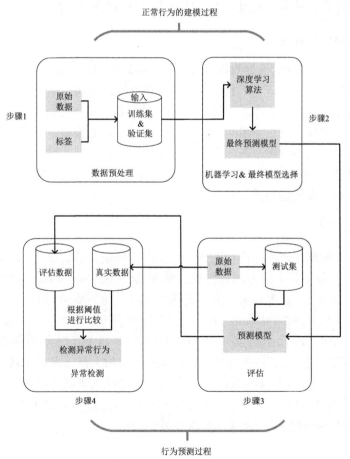

图 8.4　基于深度学习的正常行为建模与异常行为检测过程

步骤 1 和步骤 2 是正常行为的模型构建过程。步骤 1 对采集到的 UAV 行为特征数据进行预处理。在数据预处理过程中,采用公式 (8.1) 将数据归一化到一个固定的区间。假设步长设计为 N,原始数据由 N 个数据组成,标签为 $N+1$ 个数据。利用原始数据和标签作为训练集和验证集,通过深度学习算法得到预测模型。

本节使用了目前评估良好的三种深度学习算法:递归神经网络 (RNN)[27]、长短期记忆 (LSTM)[28] 和门控循环单元 (GRU)[29],并使用 R^2 评分作为这三种算法的评估。使用相同的数据选择最优的正常行为模型作为后续步骤的预测算法。首先,通过调整参数优化正常行为模型的效果。然后对三种模型进行比较,得到最佳的正常行为模型。步骤 3 和步骤 4 涵盖了将预测数据与原始数据进行比较以发现异常行为的过程。步骤 3 在原始数据中加入一部分随机噪声作为测试集,输入到步骤 2 中最终选择的模型中进行数据预测,得到预测值。步骤 4 比较真实数据与正常行为模型提供的数据之间的 NRMSE,并使用公式 (8.1) 和式 (8.2) 计算阈值。如果预测值与原始值的差值超过阈值,则认为 UAV 存在异常行为。

8.2.4　实验设置和评估

在本节中,以 UAV 飞行数据进行实验,以评估所提方法在预测 UAV 飞行特性方面的有效性。首先,本书使用深度神经网络算法训练 UAV 正常行为模型,如图 8.4 中的步骤 1 和步骤 2 所示,从 UAV 传感器收集飞行高度数据,并进行相关数据处理和建模。通过 Python 建立 UAV 的正常行为模型,包括 RNN、LSTM 和 GRU。通过比较不同模型在相同数据和相同实验环境下的精度,选择最优模型。此外,使用基于 Python 的序列处理工具 TensorFlow 构建深度学习模型,获得最优模型的参数。实验的相关设计如下。

1. 实验环境

仿真实验的硬件环境如图 8.5 所示。第一部分是计算资源,即移动边缘计算环境。MEC 环境下,云服务器为腾讯云标准 SA2 (16 Core AMD EPYC Rome 2.6 GHz, 32GB 内存)。计算边缘服务器为戴尔 G5 笔记本电脑 (第 8 代英特尔酷睿 i7-10750H 2.6 GHz, 8GB 内存)。第二部分是数据资源,即基于区块链的数据库。在这个数据库中,存储边缘服务器是 Mi 笔记本电脑 (8 核英特尔酷睿 i7-9750H 2.6 GHz, 1TB 存储)。第三部分是 UAV,本书实验使用的大疆无人机 Matrice 600 Pro。

仿真实验采用 64 位 Windows 10 计算机,CPU 为英特尔酷睿 i5-11400F 2.6 GHz 版本,内存为 16 GB,显卡为 NVIDIA GeForce GTX 1650 SUPER。采用 Python 3.7 和 TensorFlow 深度学习框架实现深度神经网络。

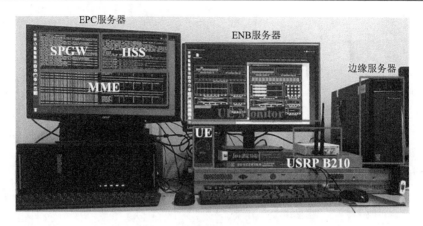

图 8.5　仿真实验 MEC 环境

2. 正常无人机行为模型的建立及最优模型的选择

本节展示了三种不同神经网络的实验结果：RNN、LSTM 和 GRU，以确定最可靠的最终模型。首先进行了一系列实验，以选择模型的最优参数。实验结果如图 8.7 所示，横坐标为不同参数设置，纵坐标为 R^2 的评估值。

RNN、LSTM 和 GRU 模型的参数设置由图 8.6(a)可知，RNN 神经元数的最优值分别为 16、16 和 32。从图 8.6(b)可以得出，最优的全连接层神经元数分别为 64、16 和 64。从图 8.6(c)可以得出，最优的全连接层层数为 4、4 和 3。

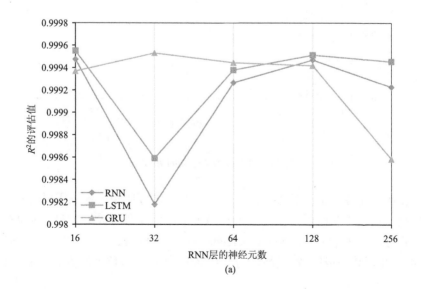

(a)

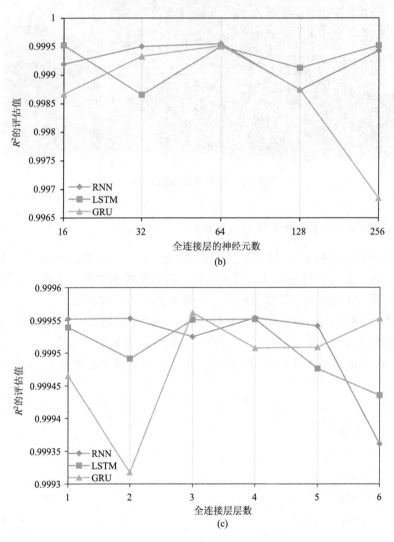

图 8.6　不同 RNN 结构的 R^2 结果

　　在得到三个模型的最佳参数后，将三个模型进行比较，得到需要的最佳正常行为模型。如表 8.3 所示，比较三种不同正常行为模型的 R^2、MSE、RMSE、平均绝对百分比误差(mean absolute percentage error, MAPE)。与 RNN 和 LSTM 相比，GRU 在训练完成时 R^2 最高，为 0.99860。因此，最终实验选择 GRU 作为最终的正常行为模型。

表 8.3　不同模型的最佳状态比较结果

模型	R^2	MSE	RMSE	MAPE
RNN	0.99830	0.00390	0.06249	0.01158
LSTM	0.99845	0.00376	0.06129	0.01118
GRU	0.99860	0.00343	0.05857	0.01021

3. 阈值确定与异常检测

为了保证 UAV 异常行为检测方案的准确性，本书采用了异常检测方法。具体来说，当阈值过大时，意味着对 UAV 与正常行为模型的偏差存在较大的容忍度，这会导致 UAV 的一些异常行为无法正常检测，从而降低检测的准确性；如果阈值过小，则说明 UAV 偏离正常行为模型的容忍范围过小，意味着环境影响引起的 UAV 的微小变化也会被认为是异常行为。因此，本书需要大量的实验来选择最合适的阈值，并使用多个样本和不同的阈值进行测试。实验结果如图 8.7 所示，图中给出了不同阈值下的检测精度。从图中可以看出，随着阈值的增加，准确率(ACC)曲线和精确率(PRE)曲线都呈现出先上升后下降的趋势。异常召回曲线先缓慢下降后迅速下降。ACC 和 PRE 在阈值 0.1 处取最大值，因此选择最优阈值 0.1。既能保证异常行为检测的准确性，又能容忍 UAV 受气压影响时的轻微偏差，从而准确检测异常行为。

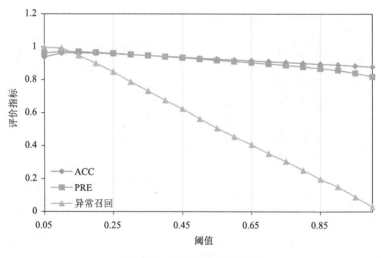

图 8.7　阈值与精度的关系

在前一节中，实验使用无异常的 UAV 飞行数据来训练和测试本书提出的正常行为模型。在本节中，通过在飞行数据中添加随机噪声来模拟无人机受到攻击的状态。测试本节设置的阈值和正常行为模型是否可以判断 UAV 的异常行为，UAV 飞行高度和速度的异常检测结果如图 8.8 和图 8.9 所示，其中横坐标表示传感器采集数据的时间戳，纵坐标分别表示 UAV 的飞行高度和速度。在这些图形结果中，蓝色曲线为真实值，橙色曲线为 UAV 的正常行为模型给出的预测值。红色虚线表示预测不确定性区间。图中红色三角形表示检测到数据异常，即实际数据超出检测间隔。可以看到，大部分异常点都被标记出来了。

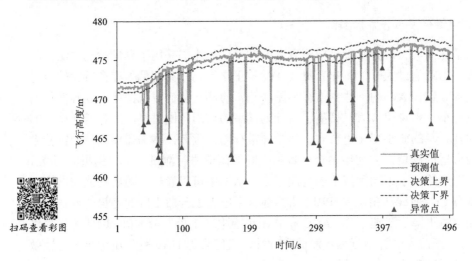

图 8.8　飞行高度异常检测模块结果

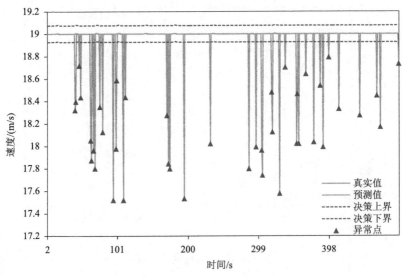

扫码查看彩图

图 8.9　飞行速度异常检测模块结果

4. 对比试验

为了证明本章所提的基于深度学习的多特征入侵检测方法 (multi-feature intrusion detection method based on deep learning, MFDLM) 的有效性，本节设置了一组对比实验进行验证。本节的研究选取了两种轻量级的入侵检测算法，以便进行详细的比较和分析。这两种方法是基于统计的方法 (statistical-based method, SBM) 和基于机器学习的方法 (machine learning-based method, MLBM)。为了进行公正的比较，我们将数据集分成了两个部分：训练集和测试集。训练集的主要目的是用于训练和优化各个入侵检测模型，使它们能够学习到数据中的模式和特征。在模型训练过程中，根据训练集的表现调整模型的参数，以提高模型的准确性和泛化能力。

另一方面，测试集的作用是评估模型在未知数据上的性能，从而得出模型的实际表现。这是非常重要的一步，因为这可以确保模型在面对真实世界数据时也能保持高水平的性能。通过使用测试集，可以比较不同算法在识别和防御入侵行为方面的能力。

实验的评价指标如下：

准确率 (accuracy)：是分类器正确分类的样本数与总样本数之比。公式为

$$Acc = \frac{TP + TN}{TP + TN + FP + FN} \tag{8.3}$$

式中，TP (true positives) 是真正例，即正确识别的攻击样本数；TN (true negatives) 是真负例，即正确识别的正常样本数；FP (false positives) 是假正例，即将正常样本误判为攻击样本数；FN (false negatives) 是假负例，即将攻击样本误判为正常样本数。

召回率 (recall)：又称为真正例率 (true positive rate, TPR)，是分类器正确识别的攻击样本数与实际攻击样本总数之比。公式为

$$Recall = \frac{TP}{TP + FN} \tag{8.4}$$

精确率 (precision)：是分类器正确识别的攻击样本数与分类器识别出的所有攻击样本数之比。公式为

$$PRE = \frac{TP}{TP + FP} \tag{8.5}$$

F1 值 (F1-score)：是准确率和召回率的调和平均值，用于综合评估分类器的性能。公式为

$$F1\text{-}score = 2 \times \frac{PRE \times Recall}{PRE + Recall} \tag{8.6}$$

资源消耗(resource consumption)：是指运行入侵检测算法所需的计算和存储资源。在本实验中，资源消耗以内存占用(MB)表示。

实验结果如表 8.4 所示，从实验结果中，可以看出本书提出的方法在准确率、召回率、精确率和 F1 值方面均优于其他两种方法。然而，MFDLM 在资源消耗方面的表现略逊于基于统计的方法(SBM)和基于机器学习的方法(MLBM)。

表 8.4   算法性能对比

方法	准确率/%	召回率/%	精确率/%	F1 值/%	资源消耗/MB
SBM	92.0	88.0	91.0	89.5	20
MLBM	95.5	93.0	96.0	94.5	35
MFDLM	97.5	96.0	98.0	97.0	50

考虑到边缘计算环境下设备的计算和存储资源限制，需要在性能和资源消耗之间进行权衡。因此在 8.2.5 节中进行了能耗分析，通过对无人机能量消耗来比较。

8.2.5   无人机异常检测的能耗分析

对于基于 MEC 的无人机配送系统，能量消耗是衡量任何新模块的可行性和有效性的关键因素之一[30]。为此，本书进一步对检测模块进行了能耗分析以评估其整体性能，进行了能量消耗分析实验，实验内容包括对分层和非分层的异常检测。实验结果表明，分层的异常情况检测可以节省更多的计算成本。本节的分层实验是在不影响精度的情况下进行的，并且检测过程通过模拟实验进行建模。分析了在理想条件下分层实验和非分层实验的能耗差异。当一个无人机被黑客攻击时，入侵者需要与无人机网络进行通信。所以这种通信往往会导致无人机的能量消耗发生异常变化。因此，检测过程被建模为如下。特征建模：用计算机每隔 0.1s 产生 5 个随机数，代表用于检测的 5 个无人机飞行特征，并将其存储到 5 个数组中，代表 5 个特征数据。随机数的值为 0~1。当随机数小于 0.05 时，该特征被认为是异常的。当能量消耗异常时，所有其他异常情况的概率也会增加。也就是说，当随机数小于 0.2 时，就认为这个特征也是异常的。

首先，简单地进行了两组模拟实验分层检测和非分层检测。识别无人机异常的条件(终止检测的条件)被设定为：无人机的电池电量异常和任何其他特征的异常。因此两种检测方案实现如下：分层检测法首先检测电池电量的异常，当电池电量出现异常时，再分析历史数据和其他特征的未来数据。非分层检测则是同时检测这五个特征。该实验通过查询数组中随机数的结果来模拟检测过程，然后检查能量消耗。

　　本节设置了两组模拟实验：首先，当检测到异常结果时中断检测，并返回能耗值。然后，当检测到异常时，检测不中断，随后的检测继续进行，直到飞行结束。结果显示在图 8.10 和图 8.11 中。图 8.10 显示了两个解决方案在检测到单个异常情况下的能量消耗比较。由于异常检测中异常的发生是偶然的，因此本节进行了 9 组实验，每组实验是综合五个单次检测的能耗平均值得到的结果。结果表明，分层方案在整体上优于非层级方案。图 8.11 是一个完整的飞行记录异常检测的能量消耗的比较，每分钟计算一次当前的能量消耗。从分析结果来看，分层方案的能耗要比非分层方案的能耗小得多。

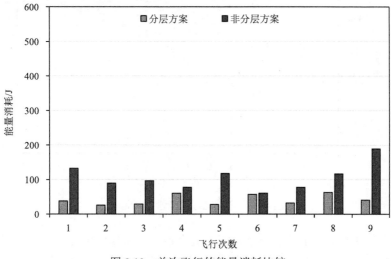

图 8.10　单次飞行的能量消耗比较

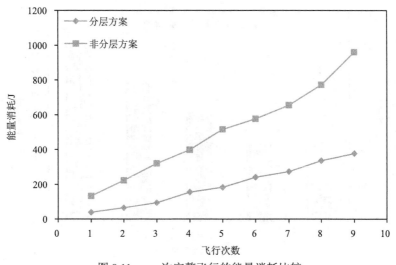

图 8.11　一次完整飞行的能量消耗比较

考虑到上述设置的检测终止条件对分层方案过于有利，因此接下来的实验修改了终止条件，并再次对两种方案的能耗进行了对比分析。分层方案：在检测到能耗异常后，再检测其余四个姿态异常，检测到任何姿态异常时终止；非分层方案：检测任意两个特征的异常即终止。在此设置下，获得了图 8.12 所示的结果。分析结果表明，在没有任何有利条件的情况下，分层方案仍优于非分层方案。

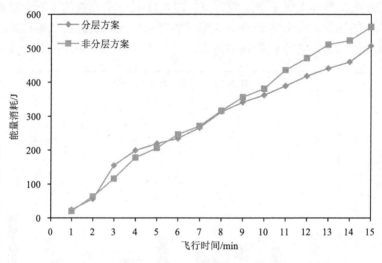

图 8.12　全程飞行的能量消耗趋势

最后，进行实验比较了一个特征和五个特征异常检测的能量消耗和准确率。结果如图 8.13 和表 8.5 所示。从图 8.13 可以看出，使用的 UAV 特征使用越多，

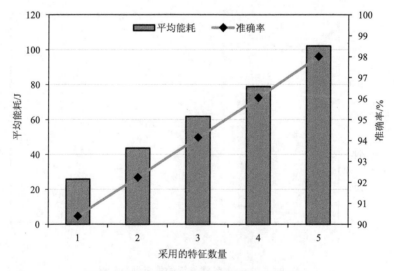

图 8.13　特征数量、精度与能量消耗的关系

表 8.5　使用不同数量特征的准确率对比

使用特征数	检测准确率/%
1	90.39
2	92.24
3	94.12
4	96.04
5	98.00

检测精度越高，但它也消耗了更多的能量成本。具体来说，从表 8.5 可以发现当只使用一个特征进行异常入侵检测时，检测准确率为 90.39%，能耗仅为 25.85%。因此，在一些精度要求较低的系统中，可以牺牲一些精度来节省能耗。

8.2.6　小结

为了对基于 MEC 的 UAV 配送系统进行有效的异常检测，本节提出了一种基于深度学习预测模型的多特征异常检测的数据驱动异常检测方法。通过大量的实验验证，找到了最佳的 UAV 正常行为表示模型，并利用 UAV 机载数据验证了该方法的有效性。对所提方法的能耗分析也表明，所提分层方案的节能效果优于非分层方案。

未来的工作将收集更多的特征，并将它们应用到本书的异常检测模型中。例如，可以附加 UAV 交付系统中 UAV 之间的通信数量的特性，并且会考虑使用不同的算法/模型进行异常检测，并集成传统的基于误用的入侵检测方法，以减少潜在的高误报率问题。

8.3　无人机配送系统中面向隐私保护的入侵检测方法

8.3.1　引言

在无人机配送系统中，保护用户隐私和保障系统安全至关重要。为了实现这一目标，本节采用了基于联邦学习的入侵检测方法。边缘计算是一种新兴的计算模式，它将计算和存储资源从中心服务器移动到网络边缘的智能设备和节点中，使得数据处理和分析能够更加高效和灵活。联邦学习则是一种分布式机器学习技术，它允许在多个设备或节点之间共享和协同训练机器学习模型，而无须将数据传输到中心服务器进行集中式训练。基于联邦学习的入侵检测算法结合了边缘计算和联邦学习的优点，能够实现在边缘设备上进行数据处理和模型训练，保护用户的隐私，同时又能够提高入侵检测的准确性和效率。本节主要的工作内容如下：

(1)结合实际无人机配送系统和联邦学习流程,探讨了联邦学习在入侵检测中的应用以及在边缘计算环境下的动态部署。

（2）提出了一种基于联邦学习的入侵检测算法，旨在入侵检测中保护用户数据隐私。

（3）为了验证所提算法的有效性和效率，在公开的网络流量数据集 NSL-KDD 上进行了实验。实验结果表明，该算法在无人机入侵检测方面具有较好的性能。

本节共分为六个部分，8.3.1 节为引言，主要介绍了边缘计算环境中无人机配送系统面向隐私保护的入侵检测问题。8.3.2 节对边缘计算环境中无人机配送系统的入侵检测问题进行了分析与描述。8.3.3 节针对该问题建立的入侵检测模型进行了详细介绍。8.3.4 节对本节所提解决方案——基于联邦学习的入侵检测算法进行了介绍，并在 8.3.5 节对所提解决方案进行了实验验证。最后，在 8.3.6 节中给出了本节的工作小结。

8.3.2　问题描述

随着互联网和物联网的快速发展，越来越多的设备和系统被连接到网络中，这些设备和系统都有可能面临来自互联网的安全威胁。其中，入侵攻击是最常见的一种网络安全威胁。入侵攻击指的是黑客通过手段，包括但不限于漏洞利用、密码破解、拒绝服务攻击等方式，进入到网络系统中，破坏、篡改、窃取和干扰网络系统的正常运行。入侵攻击给网络系统带来的危害非常严重，不仅可能泄露用户的个人信息和机密数据，也会对企业、政府和个人的生产和生活带来重大影响。

为了保护网络系统的安全，入侵检测技术应运而生。入侵检测技术指的是通过分析网络流量、主机行为、系统日志等方式，检测和识别出网络系统中的异常行为和攻击行为，从而及时进行防御和响应。传统的入侵检测技术主要基于集中式架构，即将所有的数据都传输到中心服务器进行处理和分析。然而，由于数据量庞大、网络带宽有限等原因，集中式架构的入侵检测系统存在许多缺点，如高延迟、低效率、隐私泄露等。为了解决这些问题，边缘计算技术和联邦学习技术被引入到入侵检测领域中。

当前，基于联邦学习的入侵检测算法正处于快速发展阶段。研究者们通过利用联邦学习的机制，将不同的边缘设备的本地数据聚合在一起进行联合训练。在这个过程中，每个边缘设备都可以使用本地的数据进行模型训练，而不必将数据上传到中心服务器，大大提高了数据隐私和安全性。同时，由于联邦学习使用了分布式计算的机制，也可以在边缘设备上进行训练，减少了数据传输和计算资源的开销，提高了入侵检测的实时性和效率。

然而，目前基于联邦学习的入侵检测算法还存在一些问题和挑战。首先，由于不同边缘设备的数据分布和特征不同，如何有效地对不同边缘设备进行模型的融合和更新是一个非常关键的问题。其次，由于入侵检测需要高精度和高效率的模型，如何在保证模型准确率的同时，减少模型的计算和存储开销也是一个非常重要的问题。此外，在联邦学习的过程中，由于参与训练的边缘设备可能存在恶意节点或数据篡改的问题，如何保证模型的安全性和鲁棒性也是一个重要的研究方向。

8.3.3　联邦学习在入侵检测中的应用

本节深入探讨了联邦学习在无人机配送系统入侵检测中的具体应用。由于无人机配送系统涉及多个边缘计算节点，传统的集中式入侵检测方法可能无法满足数据隐私和实时性的要求。因此，采用联邦学习的分布式入侵检测方法可以有效解决这些问题。

1. 联邦学习流程

联邦学习（federated learning）是一种分布式机器学习方法，它允许多个数据所有者在不泄露私密数据的情况下合作训练模型。在联邦学习中，各个数据所有者将本地数据用于训练本地模型，然后将本地模型上传到中心服务器进行聚合。通过这种方式，可以在不将数据集中在单个位置的情况下，训练出更加准确的模型，同时保护数据隐私。

联邦学习的流程如图 8.14 所示。其中，参与方包括中心服务器和多个设备。在训练过程中，中心服务器负责管理全局模型，设备负责维护本地数据并计算本地梯度。具体流程如下：

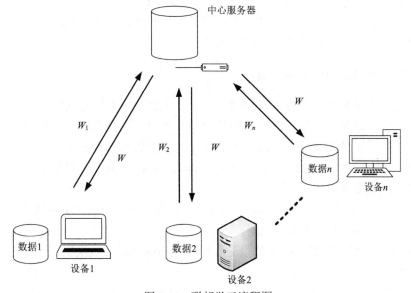

图 8.14　联邦学习流程图

(1)中心服务器初始化全局模型参数，并将其发送给所有设备。

(2)设备根据本地数据计算本地梯度，并将其发送给中心服务器。

(3)中心服务器将所有设备发送的本地梯度进行聚合，并更新全局模型参数。

(4)重复(2)、(3)步，直到全局模型收敛。

2. 联邦学习在边缘计算环境下的动态部署

联邦学习是一种分布式机器学习方法，其能够在保护数据隐私的同时，实现多个参与方之间的模型共享和协同训练。在边缘计算环境下，设备和传感器等终端节点数量庞大且分散，需要对海量的数据进行处理和分析，这时借助联邦学习技术可以实现模型的动态部署，以更好地支持业务扩展。

具体来说，联邦学习可以将模型的训练和推理任务分布到边缘设备上进行，从而避免由于数据集中和通信延迟等问题引起的性能瓶颈。同时，联邦学习还可以根据业务需求，动态地选择不同的模型结构和参数配置，并将其部署到相应的边缘节点上，以满足不同场景下的需求。这种动态部署的方式可以更好地适应业务的变化和扩展，提高系统的灵活性和可扩展性[31]。

另外，联邦学习也存在一些问题和挑战，比如，数据分布不均匀、本地数据质量差、恶意参与者的问题等。这些问题需要进一步的研究和解决方案，才能更好地应用联邦学习于实际场景中。

总之，联邦学习是一种非常有前途的机器学习方法，在保护数据隐私的同时提高模型的准确度和性能。在边缘计算环境下，联邦学习可以更好地应用于入侵检测等领域，从而提高边缘计算的安全性和效率。在入侵检测领域，联邦学习可以将不同设备上的本地数据合并起来，提高模型的泛化性和准确度，同时避免了将敏感数据上传至中心服务器的隐私问题。

8.3.4 基于联邦学习的入侵检测算法

在边缘计算环境中进行入侵检测任务时，由于数据的敏感性和私密性，传统的集中式学习方法存在数据泄露和隐私泄露的风险，而联邦学习是一种分散式学习方法，可以有效解决这些问题。本节将介绍基于联邦学习的入侵检测算法的原理和流程。为简化问题，以逻辑回归(logistic regression)为基础模型来说明。下面是该算法的主要步骤：

(1)数据预处理：在各个边缘计算节点上对收集到的无人机数据进行预处理，提取关键特征并进行数据标准化。

(2)分布式模型训练：在各节点上分布式地训练逻辑回归模型，采用梯度下降法进行参数优化。

(3)参数共享与更新：在训练过程中，各边缘计算节点通过安全的通信协议共享模型参数更新, 同时保护数据隐私。

(4)模型融合: 将各节点训练得到的模型参数融合为一个全局模型, 用于实时入侵检测。

算法伪代码如下:

算法 8.1　基于联邦学习的入侵检测算法

输入: 全局模型参数 θ_{global}

输出: 入侵检测结果

1　对于每个边缘计算节点 i:

2　　数据预处理: 收集本地数据 D_i, 提取特征并标准化

3　　模型训练:

4　　　初始化本地模型参数 θ_i

5　　　对于 $t = 1, 2, \cdots, T$ (训练迭代次数):

6　　　　计算本地梯度 $g_i = \nabla L(\theta_i, D_i)$ (L 为损失函数, D_i 为节点 i 的本地数据)

7　　　　更新本地模型参数 $\theta_i = \theta_i - \eta \cdot g_i$ (η 为学习率)

8　　参数共享与更新:

9　　　将本地模型参数更新 $\Delta\theta_i = \theta_i - \theta_{\mathrm{global}}$ 发送给中心服务器

10　　中心服务器计算全局模型参数更新 $\Delta\theta_{\mathrm{global}} = (1/n) \cdot \Sigma(\Delta\theta_i)$ (n 为边缘计算节点数)

11　　中心服务器将 $\Delta\theta_{\mathrm{global}}$ 发送给各个边缘计算节点

12　　各节点更新本地模型参数 $\theta_i = \theta_i + \Delta\theta_{\mathrm{global}}$

13　　模型融合: 计算全局模型参数 $\theta_{\mathrm{global}} = \theta_{\mathrm{global}} + \Delta\theta_{\mathrm{global}}$

14　　实时入侵检测: 使用全局模型 θ_{global} 对新的无人机数据进行实时入侵检测

逻辑回归的损失函数公式为

$$L(\theta, D) = -\frac{1}{m} \sum_{i=1}^{m} \left[y^{(i)} \log\left(h_\theta\left(x^{(i)}\right)\right) + \left(1 - y^{(i)}\right) \log\left(1 - h_\theta\left(x^{(i)}\right)\right) \right] \tag{8.7}$$

式中, m 为样本数; $x^{(i)}$ 为第 i 个样本的特征向量; $y^{(i)}$ 为第 i 个样本的标签(0 表示正常, 1 表示攻击); $h_\theta\left(x^{(i)}\right)$ 为逻辑回归模型预测的概率值, 表示为

$$h_\theta\left(x^{(i)}\right) = \frac{1}{1 + \mathrm{e}^{-\theta^{\mathrm{T}} x^{(i)}}} \tag{8.8}$$

式中, θ 为模型参数向量。

为了优化模型参数 θ, 采用梯度下降法对损失函数 L 进行最小化。损失函数关于模型参数 θ 的梯度计算公式为

$$\nabla L(\theta, D) = \frac{1}{m} \sum_{i=1}^{m} \left(h_\theta \left(x^{(i)} \right) - y^{(i)} \right) x^{(i)} \tag{8.9}$$

在每轮训练迭代中，各边缘计算节点计算本地梯度并更新本地模型参数。然后，节点将模型参数更新发送到中心服务器，中心服务器计算全局模型参数更新并将其分发给各节点。通过多轮参数共享与更新，可以在保护数据隐私的前提下获得一个性能优越的全局入侵检测模型。

需要注意的是，本节采用了逻辑回归作为基础模型进行说明。实际上，联邦学习框架可以与其他机器学习算法结合，如支持向量机、神经网络等。此外，为了提高模型训练的效率和鲁棒性，可以进一步研究加速梯度下降的方法（如动量法、RMSProp 等）以及引入正则化项等技术。

8.3.5 实验设置和评估

本节主要介绍实验设计与结果分析，包括实验环境与数据集、对比实验以及结果分析等内容。

1. 实验环境与数据集

实验使用的实验环境为英特尔酷睿 i5 处理器、16GB 内存和 NVIDIA GeForce GTX 1650 SUPER 显卡的计算机。该计算机运行了基于 Ubuntu 操作系统的 PyTorch 深度学习框架。本研究使用了一份公开的网络流量数据集 NSL-KDD 作为实验数据集。

NSL-KDD 数据集是基于 KDD Cup 1999 数据集重新构建的网络流量数据集，包含了 KDD Cup 1999 数据集中的部分数据，并增加了新的攻击数据，共计 41 个不同的攻击类型。NSL-KDD 数据集分为训练集和测试集两部分，训练集包含 125 973 个数据样本，测试集包含 22 544 个数据样本。实验针对 NSL-KDD 数据集进行了一系列的预处理，包括对数据进行去重、标准化和编码等操作，以便于算法的训练和测试。

为了验证所提出的基于联邦学习的入侵检测算法的有效性，本研究进行了多组对比实验。对比实验主要针对传统的入侵检测算法和基于联邦学习的入侵检测算法进行比较，以评估算法的检测性能和效率。

2. 实验结果分析

实验旨在比较传统入侵检测算法和提出的基于联邦学习的入侵检测算法的检测性能,选取了三种传统的入侵检测算法进行对比实验,分别是 k 最近邻(k-nearest neighbor, KNN)算法、支持向量机(support vector machine, SVM)算法和决策树算法。这些算法均是常用的入侵检测算法,具有较高的检测性能和可靠性。对于 KNN

算法和 SVM 算法，采用了开源机器学习库 scikit-learn 进行实现。对于决策树算法，采用了 Python 语言自带的 Decision Tree Classifier 实现。

实验中，分别对三种传统算法和提出的基于联邦学习的入侵检测算法进行了精度和时间效率的比较。对于精度的比较，采用了准确率和召回率这两个指标。对于时间效率的比较，采用了模型训练时间和模型预测时间这两个指标。

实验结果如表 8.6 所示，从表中可以看出，所提出的基于联邦学习的入侵检测算法在准确率和召回率上均优于传统算法，且模型预测时间也显著低于传统算法，但需要更多的模型训练时间。

表 8.6　基于联邦学习的入侵检测算法与传统入侵检测算法的对比

算法	准确率/%	召回率/%	模型训练时间/s	模型预测时间/s
KNN	0.8903	0.6173	19.34	4.53
SVM	0.8864	0.5456	38.56	5.43
决策树	0.8948	0.6001	10.24	3.24
联邦学习	0.9176	0.7182	101.34	2.56

在实验一的基础上，为了探讨不同数据分布下本章方法的检测性能，我们对 NSL-KDD 数据集进行了划分，确保每个客户端的数据分布具有差异性。具体来说，将训练集分为两个子集，分别由不同的客户端进行训练。其中，一个客户端的数据分布为正常流量数据的比例更高，另一个客户端的数据分布为攻击数据的比例更高。实验分别对不同数据分布下的所提出算法和传统算法进行了比较。

实验结果如表 8.7 所示，从表中可以看出，在平衡数据分布的情况下，基于联邦学习的入侵检测算法表现优异，准确率和召回率均高于传统算法。在不平衡数据分布的情况下，传统算法的准确率和召回率都有所提高，但所提出算法仍然优于传统算法。

表 8.7　不同数据分布下的对比实验

算法	数据分布	准确率/%	召回率/%	模型训练时间/s	模型预测时间/s
KNN	平衡数据分布	0.8791	0.5762	18.56	4.23
	不平衡数据分布	0.8023	0.8012	18.89	4.56
SVM	平衡数据分布	0.8836	0.5182	37.64	5.11
	不平衡数据分布	0.7945	0.7906	39.23	5.87
决策树	平衡数据分布	0.8921	0.5964	9.86	3.18
	不平衡数据分布	0.8156	0.8093	10.56	3.34
联邦学习	平衡数据分布	0.9152	0.6973	99.75	2.48
	不平衡数据分布	0.9103	0.6892	103.78	2.68

　　为了研究不同训练轮数对本书提出方法的影响，本实验对提出的方法进行了不同训练轮数下的对比。具体地，将训练轮数设置为 10 轮、20 轮和 30 轮，对比实验的指标与实验一相同。

　　实验结果如表 8.8 所示，从表中可以看出，随着训练轮数的增加，基于联邦学习的入侵检测算法的准确率和召回率均有所提高，且提高程度逐渐减小。当训练轮数为 30 轮时，算法的准确率和召回率达到了最高点，分别为 0.9176% 和 0.7182%。同时，从模型训练时间和模型预测时间来看，随着训练轮数的增加，模型训练时间和模型预测时间也逐渐增加，但增加程度逐渐减小。在训练轮数为 30 轮时，模型训练时间为 101.34s，模型预测时间为 2.56s，相比实验一的结果，模型训练时间和模型预测时间均有所增加，但增加程度并不明显。综上，基于联邦学习的入侵检测算法在训练轮数为 30 轮时表现最佳，准确率和召回率均较高，同时模型训练时间和模型预测时间也相对较短。因此，在实际应用中，建议将训练轮数设置为 30 轮以获得更好的检测效果。

表 8.8　不同训练轮数下的对比实验

算法	训练轮数/轮	准确率/%	召回率/%	模型训练时间/s	模型预测时间/s
联邦学习	10	0.9041	0.6756	33.75	2.79
联邦学习	20	0.9136	0.7023	67.89	2.85
联邦学习	30	0.9176	0.7182	101.34	2.56

8.3.6　小结

　　本节对基于联邦学习的入侵检测算法进行了验证和分析。实验结果表明，本研究提出的算法在准确率和召回率方面均表现优异，并且在不平衡数据分布的情况下也具有较好的检测效果。同时，还对不同训练轮数对算法性能的影响进行了分析，实验结果表明，在训练轮数为 30 轮时，算法的性能达到了最佳。因此，在实际应用中，建议将训练轮数设置为 30 轮以获得更好的检测效果。总的来说，基于联邦学习的入侵检测算法具有较好的检测性能，可应用于边缘计算环境下的入侵检测场景。未来的研究方向包括进一步优化算法性能，提高算法的可扩展性和实用性，以满足不同应用场景下的入侵检测需求。

　　至此，本书的第二部分工作是以 EdgeWorkflow 工作流系统为基础，围绕资源管理(任务卸载与调度)、服务管理(服务组合与选择)、安全管理(安全与隐私保护)，展开边缘工作流系统的性能与效率优化研究，未来将进一步从以下几方面深入研究：

　　(1)适用于移动设备和动态边缘环境的资源管理算法。本书针对边缘计算环境中任务与资源管理算法的研究工作缺乏对终端设备的移动性因素的考虑，进而可能会导致工作流计算任务的卸载与调度方案出现执行能耗与时间过高等问题。未来将继续深入探索更为复杂的移动性场景，如移动终端设备在边缘计算环境中运行多个不同的工作流或任务执行失败等问题。

（2）适用于不确定性因素的服务组合策略。本书在基于边缘计算的无人机服务组合研究过程中，主要考虑满足订单配送请求时间约束、优化无人机能耗。但是，在真实的无人机配送过程中还需要考虑不确定性因素对服务组合方案的影响，例如，网络带宽波动、边缘节点能耗、云服务器成本等。因此，未来还需要根据实际情况对无人机服务组合进行优化。

（3）适用于不同优先级与危害级别的入侵检测框架。本书重点研究了在边缘计算环境下入侵检测框架的构建，而其功能方面没有深入分析。例如，入侵检测系统需要生成和处理警报信息，不同的警报具有不同的优先级和危害级别。因此，在未来的研究中，需要进一步分析这方面的问题，并提出相应的算法来筛选掉一些无用的警报信息以提高入侵检测系统的效率，减少误报和漏报的情况。

参 考 文 献

[1] VINAYAKUMAR R, ALAZAB M, SOMAN K P, et al. Deep learning approach for intelligent intrusion detection system [J]. IEEE access, 2019, 7: 41525-41550.

[2] KHRAISAT A, GONDAL I, VAMPLEW P. An anomaly intrusion detection system using C5 decision tree classifier[C]//Proceedings of the Pacific-Asia conference on knowledge discovery and data mining, Melbourne, VIC, 2018.

[3] JIN S Y, CHUNG J-G, XU Y N. Signature-based intrusion detection system（IDS）for in-vehicle CAN bus network[C]//Proceedings of the 2021 IEEE international symposium on circuits and systems（ISCAS）, Daegu, Korea, 2021.

[4] BADOTRA S, PANDA S N. SNORT based early DDoS detection system using opendaylight and open networking operating system in software defined networking [J]. Cluster computing, 2021, 24: 501-513.

[5] BEDI P, GUPTA N, JINDAL V. I-SiamIDS: an improved Siam-IDS for handling class imbalance in network-based intrusion detection systems [J]. Applied intelligence, 2021, 51: 1133-1151.

[6] MEINERS C R, PATEL J, NORIGE E, et al. Fast regular expression matching using small TCAMs for network intrusion detection and prevention systems[C]//Proceedings of the the 19th USENIX conference on security, Washington, DC, 2010.

[7] ALMAHMOUD Z, YOO P D, ALHUSSEIN O, et al. A holistic and proactive approach to forecasting cyber threats [J]. Scientific reports, 2023, 13（1）: 1-15.

[8] BUTUN I, MORGERA S D, SANKAR R. A survey of intrusion detection systems in wireless

sensor networks [J]. IEEE communications surveys & tutorials, 2014, 16(1): 266-282.

[9] ALDWEESH A, DERHAB A, EMAM A Z. Deep learning approaches for anomaly-based intrusion detection systems: a survey, taxonomy, and open issues [J]. Knowledge-based systems, 2020, 189: 1-19.

[10] DINA A S, MANIVANNAN D. Intrusion detection based on machine learning techniques in computer networks [J]. Internet of things, 2021, 16: 1-18.

[11] YAZDINEJAD A, KAZEMI M, PARIZI R M, et al. An ensemble deep learning model for cyber threat hunting in industrial internet of things [J]. Digital communications and networks, 2023, 9(1): 101-110.

[12] KILINCER I F, ERTAM F, SENGUR A. Machine learning methods for cyber security intrusion detection: datasets and comparative study [J]. Computer networks, 2021, 188: 1-16.

[13] ALDEGHEISHEM A, ALRAJEHN, GARCÍ A L, et al. SWAP: smart water protocol for the irrigation of urban gardens in smart cities [J]. IEEE access, 2022, 10: 39239-39247.

[14] CHEN J, SONG X X, HUANG Z C, et al. On-site colonoscopy autodiagnosis using smart internet of medical things [J]. IEEE internet of things journal, 2022, 9(11): 8657-8668.

[15] XU J, LIU X, LI X J, et al. EXPRESS: an energy-efficient and secure framework for mobile edge computing and blockchain based smart systems[C]//Proceedings of the 35th IEEE/ACM international conference on automated software engineering, Melbourne, Australia, 2020.

[16] QIAO Y R, ZHANG Y X, DU X. A vision-based GPS-spoofing detection method for small UAVs[C]//Proceedings of the 2017 13th international conference on computational intelligence and security (CIS), Hong Kong, China, 2017.

[17] JEON A, KANG J, CHOI B, et al. Unmanned aerial vehicle last-mile delivery considering backhauls [J]. IEEE access, 2021, 9: 85017-85033.

[18] 邢政，何姝，黄俊，等. 基于边缘计算的无人机生态环境智能监测系统 [J]. 中国高新科技, 2021, (8): 34-36.

[19] LUO H Y, CHEN T X, LI X J, et al. KeepEdge: a knowledge distillation empowered edge intelligence framework for visual assisted positioning in UAV delivery [J]. IEEE transactions on mobile computing, 2023, 22(8): 4729-4741.

[20] DONG C Z, JIANG F, LI X J, et al. A blockchain-aided self-sovereign identity framework for edge-based UAV delivery system[C]//Proceedings of the 2021 IEEE/ACM 21st international symposium on cluster, cloud and internet computing (CCGrid), Melbourne, Australia, 2021.

[21] LI X J, GONG L N, LIU X, et al. Solving the last mile problem in logistics: a mobile edge computing and blockchain‐based unmanned aerial vehicle delivery system [J]. Concurrency and computation: practice and experience, 2022, 34(7): 1-14.

[22] YAO A T, JIANG F, LI X J, et al. A novel security framework for edge computing based UAV delivery system[C]//Proceedings of the 2021 IEEE 20th international conference on trust, security and privacy in computing and communications (TrustCom), Shenyang, China, 2021.

[23] MANIMARAN A, CHANDRAMOHAN D, SHRINIVAS S G, et al. A comprehensive novel

model for network speech anomaly detection system using deep learning approach [J]. International journal of speech technology, 2020, 23: 305-313.

[24] DENNING D E. An intrusion-detection model [J]. IEEE transactions on software engineering, 1987, 13(2): 222-232.

[25] ANDERSON R, KUHN M. Tamper resistance-a cautionary note[C]//Proceedings of the the second Usenix workshop on electronic commerce, Oakland, California, 1996.

[26] LIU X, CHEN J J, LIU K, et al. Forecasting duration intervals of scientific workflow activities based on time-series patterns[C]//Proceedings of the 2008 IEEE fourth international conference on eScience, Indianapolis, IN, 2008.

[27] ELMAN J L. Finding structure in time [J]. Cognitive science, 1990, 14(2): 179-211.

[28] GRAVES A. Long short-term memory [M]//Supervised Sequence Labelling with Recurrent Neural Networks. Studies in computational intelligence, vol 385. Berlin: Springer, 2012: 37-45.

[29] BACANIN N, JOVANOVIC L, ZIVKOVIC M, et al. Multivariate energy forecasting via metaheuristic tuned long-short term memory and gated recurrent unit neural networks [J]. Information sciences, 2023, 642: 1-28.

[30] XU J, LIU X, LI X J, et al. Energy aware computation management strategy for smart logistic system with MEC [J]. IEEE internet of things journal, 2022, 9(11): 8544-8559.

[31] LIM W Y B, LUONG N C, HOANG D T, et al. Federated learning in mobile edge networks: a comprehensive survey [J]. IEEE communications surveys & tutorials, 2020, 22(3): 2031-2063.